Membrane-Based Treatment Technology for
Oilfield Produced Wastewater

基于膜过程的
采油废水处理技术

张冰 范聪 申渝 等著

U0243737

化学工业出版社
·北京·

内容简介

本书针对目前聚驱采油废水的处理现状和技术难题,以基于膜过程的采油废水处理技术为主线,介绍了微滤膜、超滤膜及纳滤膜处理采油废水的性能及其影响因素,分析探讨了膜污染机理,研究了采油废水中主要污染物对膜污染的控制技术,开发了针对不同有机污染物的膜清洗方法,旨在为今后膜滤技术处理聚驱采油废水的实际工程应用提供技术指导。本书中的研究可为提高膜的使用效率、延长膜的使用寿命、改善污水处理质量、降低运行维护成本等提供理论保障和技术支持,进而推动膜技术经济、高效地应用于油田采出水的处理、回用及其产业发展。为便于读者阅读,本书对研究过程给出了较详细的介绍,并配以丰富的实验数据图表与机理分析,书后附有膜法水处理技术参考文献,以便读者拓展研究参考。

本书具有较强的技术应用性和针对性,可供从事废水处理及污染控制等的工程技术人员、科研人员和管理人员参考,也可供高等学校环境科学与工程、市政工程、生态工程及相关专业师生参阅。

图书在版编目(CIP)数据

基于膜过程的采油废水处理技术 / 张冰等著. —北京:化学工业出版社,2022.11
ISBN 978-7-122-42066-4

Ⅰ.①基… Ⅱ.①张… Ⅲ.①膜-分离-应用-采油废水-废水处理-技术方法 Ⅳ.①X703

中国版本图书馆 CIP 数据核字(2022)第 154808 号

责任编辑:刘兴春 卢萌萌
文字编辑:王文莉
责任校对:边 涛
装帧设计:王晓宇

出版发行:化学工业出版社
　　　　　(北京市东城区青年湖南街 13 号 邮政编码 100011)
印　　装:北京科印技术咨询服务有限公司数码印刷分部
787mm×1092mm　1/16　印张 16$\frac{1}{2}$　彩插 4　字数 379 千字
2023 年 4 月北京第 1 版第 1 次印刷

购书咨询:010-64518888
售后服务:010-64518899
网　　址:http://www.cip.com.cn
凡购买本书,如有缺损质量问题,本社销售中心负责调换。

定　　价:98.00 元

前　言

　　石油和化学工业是一个国家国民经济的基础产业和支柱产业，然而，我国乃至世界几大主力油田均已进入石油开发的中后期阶段，石油产出能力逐年下降。为实现原油的高产出量，以聚合物驱为代表的三次采油技术已成为 21 世纪石油开采的主流技术，具有不可替代的工业实践及战略意义，但该技术会产生大量的采油废水，处理不当会严重危害环境安全和人类健康。因此，对采油废水进行高效处理及资源化再利用，不仅能满足油田开采过程中注水量日益增长的需要，还能在节约水源的前提下实现水资源的循环高效利用，极大地降低环境污染风险。

　　膜技术被誉为"21 世纪的水处理技术"，在水处理领域有着广阔的应用前景。与传统水处理技术相比，膜法水处理技术具有分离效率高、常温下无相变、无需添加助剂、适应性强、易操作等特点，可满足提高饮用水水质、提高污水排放水质、实现再生水回用、实现海水淡化等各类需求。此外，该技术还具有占地小、能耗低、对环境影响小等优点，是解决当代能源、资源和环境问题的高新技术。然而，膜组件成本高、膜污染严重、膜使用寿命短等问题，以及针对不同类型水质的膜工艺及其优化控制的研发费用高昂等，均成为制约膜技术在水处理领域广泛应用的重要原因。

　　本书针对目前聚驱采油废水的处理现状和技术难题，以基于膜过程的采油废水处理技术为主线，介绍了微滤膜、超滤膜及纳滤膜处理采油废水的性能及其影响因素，分析探讨了膜污染机理，研究了采油废水中主要污染物对膜污染的控制技术，开发了针对不同有机污染物的膜清洗方法，旨在为今后膜滤技术处理聚驱采油废水的实际工程应用提供技术指导。

　　本书共有 5 章。其中，第 1 章主要介绍采油废水污染现状、膜法水处理技术以及膜法采油废水处理技术。第 2 章主要介绍采油废水微滤膜处理及膜污染控制，包括微滤膜结构与性能、微滤膜处理采油废水的效能、膜污染机理以及膜清洗。第 3 章主要介绍采油废水超滤膜处理及膜污染控制，包括超滤膜结构与性能、超滤膜处理采油废水的效能、超滤膜处理采油废水的膜吸附污染机理、超滤膜处理采油废水膜污染过程的数学模拟与阻力分布以及超滤膜处理采油废水的膜清洗。第 4 章主要介绍采油废水纳滤膜处理及膜污染控制，包括纳滤膜结构与性能、纳滤膜处理采油废水的效能、膜污染机理以及膜清洗。第 5 章主要介绍采油废水微滤膜、超滤膜、纳滤膜的处理优势分析，采油废水其他膜法处理技术以及采油废水膜法处理技术的应用前景。本书具有较强的技术应用性和针对性，可供从事废水处理及污染控制等的工程技术人员、科研人员和管理人员参考，也可供高等学校环境科学与工程、市政工程、生态工程及相关专业师生参阅。

　　本书由张冰、范聪、申渝等著，具体分工如下：第 1 章、第 5 章由范聪博士著；第 2 章由张冰副教授和申渝研究员著；第 3 章、第 4 章由张冰副教授著，本书最后由张冰副教授统稿并定稿。全书内容安排和调整等得到时文歆教授、衣雪松教授及张瑞君副教授的建议、指导和把关。感谢本课题组老师的支持和帮助，以及课题组研究生唐和礼、毛鑫、申静、黎康坪、赵栓、方君然等参与资料收集、文献检索与整理工作。在本书编写过程中，参考并引用了部分文献资料，在此一并致谢。

本书受到国家自然科学基金项目（52000017，42007363）、重庆英才·创新创业领军人才项目（CQYC202003025）、重庆市自然科学基金面上项目（cstc2020jcyj-msxmX0824）、重庆市教育委员会科学技术研究项目（KJQN202000825，KJZD-M202000801）、重庆市高校工业污染控制新技术创新群体（CXQT19023）、环境科学与工程重庆市重点学科化工分离技术团队项目（ZDPTTD201915）及重庆工商大学国家智能制造服务国际科技合作基地的资助和支持。

限于著者水平及编写时间，书中存在不足和疏漏之处在所难免，敬请广大读者批评指正。

著　者

2022 年 5 月

目录

第 3 章
采油废水超滤膜处理及膜污染控制　　　089

第4章
采油废水纳滤膜处理及膜污染控制　　202

第 5 章
结论与趋势分析

第1章
概论

▶ 采油废水污染现状

▶ 膜法水处理技术

▶ 膜法采油废水处理技术

1.1 采油废水污染现状

三元复合驱油技术是在碱水驱油、聚合物驱油基础上发展起来的新型化学驱油技术，它是以碱、聚合物、表面活性剂三种主剂按不同的比例配方作为驱替剂[1]。其主要应用的原理是降低化学药剂的吸附损失、控制流速和降低界面张力，通过降低驱替介质的流度，增加水驱动波及效率，可以达到明显提高驱油效率的目的。在三元复合驱进行驱油过程中，通过将水（伴随碱、表面活性剂、聚合物等助剂）注入地层，达到宏观上的驱替，水和油慢慢聚集起来经过脱水、脱盐处理后，即为三元驱采油废水。

1.1.1 三元驱采油废水的水质特点

三元驱采油废水含有石油类、添加的化学药剂、可溶性盐类等，是各类有机物和无机矿物质共存的复杂多相体系，总体而言具有以下几个特征[2-5]。

（1）含油量大

油的存在状态主要为乳化油、溶剂油和浮油，其含量在 150～200mg/L 范围内，远大于三元驱采油废水的回注标准。油的含量较大形成乳化层，易使地层发生乳化堵塞，且其与表面活性剂和聚合物之间的相互影响作用使得废水更加不容易被高效处理。

（2）悬浮物含量高

三元复合驱油田采出水中的悬浮物含量在 150～300mg/L 范围内，高于水驱和聚驱采油废水中的悬浮物含量，颗粒粒径为 1～100μm。悬浮物主要包括石英砂和黏土颗粒等，回注时易造成地层堵塞。

（3）聚合物浓度高

聚合物含量一般在 700～1000mg/L 范围内。三元驱采油废水中聚合物的存在加大了水相的黏度，不利于油水分离，另外，聚合物分子链上的吸附基团（—$CONH_2$）可以吸附水中的悬浮物和油滴，带电基团（—COO^-）在水中解离后会增加颗粒间的静电斥力。

（4）含盐量高

含盐量在几千到几万甚至十几万毫克每升，主要包括 Ca^{2+}、K^+、Mg^{2+}、Fe^{2+}、Na^+等离子。

（5）水温高

地层内部的高温作用使三元驱采油废水的温度高，一般为 30～40℃。

（6）含表面活性剂

与碱产生协同作用，增大了三元驱采油废水乳化程度和处理难度。

（7）微生物数量多种类丰富

铁生菌、硫酸盐还原菌和腐生菌是三元驱采油废水中常见的微生物种类，且细菌的数量也较多，有的数量高达 10^8 个/mL，微生物的大量繁殖易导致管线腐蚀，地层堵塞。

（8）腐蚀性强

Mg^{2+}、Ba^{2+}等结垢离子含量较高。

1.1.2　三元驱采油废水的危害

如上所述，三元驱采油废水中含有大量的聚合物和腐蚀性有机污染物等，这些污染物如果不经过妥善处理，排放到环境中将会污染周围的水体、土壤和空气，严重危害环境安全和人类健康。三元驱采油废水的危害主要为以下 4 个方面。

（1）降低水体自净能力

油类物质漂浮在水面上会形成一层油膜，导致水体中溶解氧含量降低，致使水体中好氧生物因缺氧死亡，同时也可能使水生植物的光合作用受到抑制，破坏水下生态平衡。

（2）造成土壤功能缺失

油污累积可能会堵塞土壤团聚体间空隙，阻碍土壤与大气之间气体交换，导致土壤缺氧，抑制土壤好氧菌群的定殖。

（3）破坏生物系统平衡

采油废水进入生物处理系统后，对活性污泥和生物膜的代谢过程具有负面影响。

（4）危害人类及动植物健康

采油废水中的饱和烃、芳烃等物质积累到动植物体内，严重威胁食品安全，可能导致人类畸变、癌变及致突变。

1.1.3　三元驱采油废水的处理技术

由于对石油的大量需求，三元驱采油技术逐步推广应用，石油开采过程中添加的碱类、高分子聚合物和表面活性剂等化学药剂在某种程度上对地层结构起到了破坏作用，地层内潜藏的有机或无机污染物也随之带出并被排放于地表环境中严重污染生态环境[6]。由于三元驱采油废水数量逐渐增多，环境危害性日趋显著，对三元驱采油废水出水水质的监管越来越严格[7]。因此，三元驱采油废水的处理成为亟须解决的重要问题。

目前我国采油废水的处理技术主要是针对废水回注设计的。油田废水处理的目的是去除水中的油、悬浮物以及其他有碍注水或是易造成注水系统腐蚀和结垢的不利成分[8]。该类废水的处理方法主要包括物理法（如离心分离、机械分离）、化学法（如盐析法、氧化法）、物理化学法（如气浮、粗粒化法）和生物法（如好氧法、厌氧法）四类[9]，如表 1-1 所列。

表 1-1　三元驱采油废水的处理方法

方法		处理原理	去除对象
物理法	浮上分离	分散在水中的油滴通过浮力作用缓慢上浮、分层	油滴
	机械分离	机械分离是通过利用含油废水处理过程所形成的局部涡流、曲折碰撞对油水进行分离，或是通过狭窄通道捕捉、聚并细小油滴，减少停留时间等手段来达到分离细小油滴的目的	细小油滴
	离心分离	离心分离通过高速旋转产生离心力场，将固体颗粒与水在离心力的作用下充分分离，从而实现从废水中固体颗粒、油滴的去除	固体颗粒、油滴
	过滤分离	利用滤层的截留、筛分、惯性碰撞等作用，去除废水中的悬浮物和油滴	悬浮物、油滴

续表

方法		处理原理	去除对象
化学法	盐析法	盐析法主要利用电解质解离成正、负离子并吸附极性水分子的特性，将含油废水中乳化油转化为水化离子油滴	油滴
	絮凝法	絮凝法通过向含油废水中加入絮凝剂，利用絮凝剂的压缩双电层、吸附架桥、网捕卷扫等作用，将原本漂浮于水体中的微粒油滴、细小悬浮物转化为絮体，从而达到油水分离的目的	微粒油滴、细小悬浮物
	氧化法	氧化法是向采油废水中添加氧化剂，通过氧化还原反应将油组分中还原性有机物转化为无机物或者易于生物降解的低分子有机物的方法	油组分中部分还原性有机物
	电化学法	电化学反应过程中释放金属阳离子进入废水中，经过水解、聚合作用生成多核羟基络合物及氢氧化物油滴、悬浮物以及可溶性有机物	油滴、悬浮物以及可溶性有机物
物理化学法	吸附法	吸附剂通过其多孔特征和表面官能团对废水中的油进行吸附	油颗粒、溶解性有机物
	气浮法	利用微细气泡的表面张力将水中的油滴或悬浮物黏附于微气泡表面，并随着气泡上浮形成浮渣，以达到油水分离的目的	油滴、悬浮物
	粗粒化法	利用油水两相对聚结材料亲和力不同的特性，利用水中细小的油滴易于截留并附着于聚结材料表面的特性，分离细小油滴和污水	油滴
生物法	好氧法	在适当条件下，好氧性微生物大量繁殖并将污水中的有机物氧化分解为二氧化碳、水、硫酸盐和硝酸盐等无害物质的过程	色度、臭味、COD、BOD、浮游生物和挥发酚
	厌氧法	利用厌氧微生物在缺氧条件下降解废水中有机污染物，有机物不能完全降解，一部分转化为甲烷作为能源利用	COD、BOD、藻类和挥发酚等有机物
	好氧-厌氧组合法	将厌氧（或缺氧）和好氧处理有效结合	油水中有机污染物

物理方法主要作为三元驱采油废水的初级处理方法，该方法处理量大、污染小；缺点是对于乳化油和溶解油的去除效果不显著，很难达到油田采出水的回注要求，常常需要辅以化学法处理才能使污水水质达到排放标准[10]。

化学方法处理后的出水水质较好，处理速率快；缺点是使用药剂量大、经济成本高，实际工程应用困难，且可能产生二次污染物[11]。

物理化学法是含油废水常用的污水处理方法，其工艺较为成熟，处理效果好；缺点是工艺流程相对复杂，综合成本较高[12]。

生物方法具有经济性强、易于操作管理、可用于处理溶解油的优点；缺点是存在水质抗冲击能力差等[9]。

三元驱采油废水具有水质波动频繁、污染物成分复杂的特点，单一处理方法存在如上所述的局限性，不能将三元驱采油废水完全处理，因此通常在处理三元驱采油废水时，针对不同的水质特点，将多种处理工艺联合使用，形成多级处理系统可实现良好的油水分离，使出水水质达到回注水和废水排放标准。

Silva 等[13]在处理采油废水时应用气浮法作为一级处理，光-Fenton 法作为二级处理技术，取得的效果较为理想。将原油与标准合成盐水混合模拟采油废水，使得配水中油的含量达到 $200×10^{-6}$，气浮过程结合非离子型表面活性剂和脂肪醇聚氧乙烯醚，使得出水中油的去除率达到 90%，剩余的约 $35×10^{-6}$ 油分可通过 H_2O_2 和 $FeSO_4·7H_2O$ 之间的 Fenton 反应去除。

P. Roccaro 等[14]将混凝法与以离子型聚合物作为絮凝剂的絮凝法联合使用，使得出水中的悬浮物固体含量小于 80mg/L。

El-Naas 等[15]采用电凝法-喷动床生物反应器-活性炭吸附法处理实际采油废水中的污染物质，单独使用其中一种方法无法达到油田采出水的排放标准。该联合方法可以将水中初始 COD 由 4190mg/L 降为 110mg/L，完全去除苯酚（12.2mg/L）和甲酚（75mg/L）。

胡瑾等[16]采用隔油-气浮-厌氧-好氧生物滤池工艺处理采油废水，其研究的出水水质达到当时《污水综合排放标准》（GB 8978—1996）中的一级标准；现该系统运行稳定。

三元驱采油过程中采用超高分子量聚丙烯酰胺的水溶液作为驱油剂注入油层，提高原油采收率，使得随之产生的三元驱采油废水中聚合物含量高，含聚合物采油废水的特殊性会导致现有油田回注水恶劣的问题更加突出[17]。现有的采油废水处理工艺对水驱、聚驱采油废水的处理效果比较显著，但对三元驱采油废水的处理效能较差[18]。因此，需要在现有工艺的基础上对采油废水处理技术进行优化改进，使三元驱采油废水的出水水质达到回注水标准。现在一些新的技术已经开始不断被尝试，如磁化破乳技术[19]、新型的絮凝剂研发技术[20]以及膜处理光化学催化技术[21]等。其中，膜技术具有处理效率高、占地面积小、节能、物料无相变、出水水质好等优点，很多专家学者致力将膜技术与其他工艺组合应用于采油废水处理中，取得的效果良好。

1.2　膜法水处理技术

1.2.1　膜技术简介

膜技术是以选择性透过膜作为分离介质，借助外界能量或化学位差，实现料液不同组分的分离、提纯和浓缩的一种分离技术[22]。水处理设备膜可以是固相、液相，甚至是气相的，目前采用的分离膜以固相膜为主。根据材料的不同，可将膜分为无机膜（如陶瓷膜）和有机膜（由各种高分子材料构成的膜）。依据膜孔径尺寸可将膜分为微滤（MF）膜、超滤（UF）膜、纳滤（NF）膜和反渗透（RO）膜[23]。四种膜选择性分离层的孔径由大至小依次为微滤膜、超滤膜、纳滤膜和反渗透膜，料液通过时水动力阻力依次增加，操作压力依次增大。图 1-1（书后另见彩图）为膜分离过程及压力驱动下不同物质截留示意图。

下面简要介绍微滤、超滤、纳滤和反渗透。

1）微滤　属于精细过滤。微滤（MF）膜的孔径范围为 0.1～10μm，其截留对象为悬浮性固体和大细菌（除浊），而允许病毒、二价离子等通过。微滤膜的应用范围：保安过滤、一般料液的澄清以及空气除菌[24]。

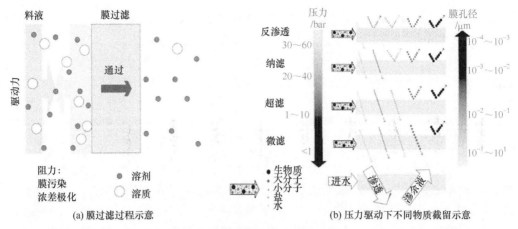

图 1-1　膜过滤概念　(1bar=10⁵Pa)

2）超滤　超滤（UF）膜的孔径范围为 2～100nm，能够截留悬浮固体、大分子有机物、胶体等，而允许大多数溶解性离子通过。超滤膜的应用范围：大分子有机物的分离纯化、料液的澄清及除热源[25]。

3）纳滤　纳滤（NF）膜的分离精度更高，截留分子量为 0.5～1nm，能够截留二价和多价离子，如 Mg^{2+}、Al^{3+}、SO_4^{2-}，允许单价离子通过，如 Na^+、Cl^-。纳滤膜在生化和制药等行业广泛应用[26]。

4）反渗透　反渗透（RO）膜截留分子量最小，可截留可溶性金属盐、有机物、细菌和胶体颗粒等物质，仅允许水分子通过。即使是小分子，其通过量也微乎其微。反渗透膜的应用范围：生产纯净水、海水淡化、无离子水和产品浓缩等[27]。

微滤膜和超滤膜通常是完整的膜，目前采用的超滤膜多数为非对称结构，有或没有机械支撑的单一聚合体，机械支撑物为无纺聚酯或其他支撑材料。反渗透膜和纳滤膜为复合膜，在支撑层上的分离层为膜孔径为 100～200nm 的交联聚合物。反渗透膜和纳滤膜可通过在超滤膜上进行界面交联聚合制备而成[22]。

与普通的分离技术相比，膜技术具有诸多优点，主要包括：a. 设备简单，占用空间小；b. 操作便捷，容易控制，易与其他工艺级联合使用；c. 不同孔径尺寸的膜有选择性地将不同粒径的物质浓缩分离，回收有用物质；d. 无需其他助剂，节省原料及化学药品，节能、高效、环保等。如今，不断成熟的膜技术在重工业、轻工业、石油、环保、医药和生物工程等领域得到广泛应用。有报道称，未来膜技术将会取代传统分离技术的主导地位，有效提高工程质量，推动人类科学技术的进步[5]。

1.2.2　膜截流机理与膜污染机理

在对膜截留机理不明确之前，人们认为膜截留过程只依靠根据膜孔径分布的机械筛分作用，随着人们对膜技术的不断研究和探索，发现影响膜滤过程的因素有很多，如膜片与溶质、溶剂之间的相互作用力（静电引力、范德华力和氢键作用力等）。目前普遍认为膜技术主要依靠以下 3 种截留机理[28]：

① 物理作用或吸附截留作用；

② 根据膜孔径分布及平均孔径大小的机械筛分作用；

③ 目标物与膜表面之间电荷吸引或排斥的静电作用。

膜技术截留机理示意见图 1-2[29]。

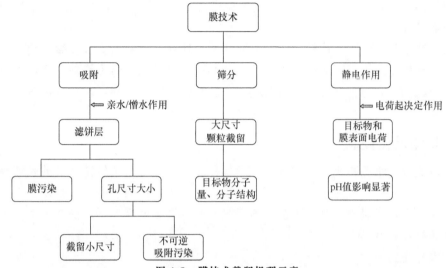

图 1-2　膜技术截留机理示意

　　膜截流过程中的膜污染一般分成三个阶段，分别是：过滤刚开始进行的初始过滤阶段；随着过滤的进行会进入到的相对平稳的中期过滤阶段；最后由于污染物的累积会达到的后期过滤阶段。在初始过滤阶段，比膜孔径小的微粒进入膜孔内部被吸附而产生堵塞，膜通量急剧衰减，此时期膜孔吸附阻力和膜孔堵塞阻力迅速增大，趋缓并保持稳定；随着微粒在膜表面沉积以及膜孔入口处的架桥作用导致滤饼层的形成，膜通量不断衰减，膜孔内吸附趋于饱和，达到过滤中期阶段；过滤后期阶段表现为中期形成的滤饼层逐渐增厚，膜通量严重衰减，后两个时期滤饼层阻力是主要阻力[30]。

　　膜污染发生在恒流量下跨膜压差增大或恒压力下流量减小时，膜污染可分为可逆污染和不可逆污染，是否为可逆污染取决于过滤条件和清洗条件。可逆污染（分为可反冲洗和不可反冲洗）归因于膜表面形成滤饼层或浓差极化，可反冲洗污染通过物理水洗方法如反冲洗或水力冲刷（表面清洗）恢复膜通量，而不可反冲洗污染只能通过化学清洗去除污染物。不可逆污染机制是化学吸附和膜孔堵塞，一旦发生不可逆污染不能通过水洗或化学清洗恢复污染膜通量，必须通过深度化学清洗或采用新膜。

　　膜污染是由进水中复杂的污染物之间以及这些污染物与膜表面之间复杂的物理化学作用引起，溶液运输会导致溶质接触、积累、吸附于膜表面或膜孔内部。已有研究表明，膜污染及污染物的特性取决于进水成分、化学性质（pH 值、离子强度、二价阳离子浓度等）、膜特性（表面形态、疏水性、电荷和分子量）、温度、操作条件以及初始渗透通量和流速[31]。因此，任何能改变膜的水力学特性以及进水水质的化学特性的因素都会影响膜的性能[32]。一般来说，污染物可以分为以下 4 种类型。

　　1）微粒　有机或无机微粒/胶体作为污染物物理吸附于膜表面或堵塞膜孔，通过形成滤饼层阻碍溶质运输。

2）有机物　溶解的有机物和胶体（腐殖酸、疏水性和亲水性蛋白质等）吸附于膜表面。

3）无机物　溶解性无机物（离子，如铁离子和镁离子等），随着 pH 值的变化或氧化作用（如镁离子形成氧化镁）在膜表面形成沉淀。

4）微生物有机体　包括营养物质如藻类以及可吸附于膜表面通过形成生物膜导致生物污染的细菌等。

进水溶液中包含大量的微粒、溶解性有机物、胶体、微溶盐类以及微生物有机体等引起膜污染。污染物的不同也会产生相应不同微观的污染机制。污染机制主要可以分为以下几种类型：a. 膜孔堵塞；b. 形成滤饼层；c. 浓差极化；d. 有机物吸附；e. 无机物沉淀；f. 生物污染。

1.2.3　膜滤过程控制

深入地认识、掌握和执行科学的膜技术操作和应用条件对于维持系统的长期稳定运行极为重要。一般来说，膜滤过程影响因素主要包括：膜材料的性能，如孔径大小、多孔率及膜形态等[33]；溶液性质，如 pH 值、离子强度及溶液浓度等[34-35]；操作条件，如跨膜压差、渗透通量及温度等[36]。

（1）操作压力

Darcy 定律表示通过膜孔的料液通量与压力成正比关系。实际上，这一定律适用于胶体溶液和含有大颗粒的溶液。Tarleton 等[37]发现渗透通量与操作压力并不成比例关系，只有当进水中含有大量细小颗粒时，随着驱动压力的提升，滤膜的滤水通量不断提高。通常来说，增大驱动压力可以有效提高滤膜的渗透通量，但一旦渗透通量达到最高点，超过渗透通量临界值，操作压力继续增加会加剧浓差极化，形成凝胶层阻碍膜通量继续增加。Song 等[38]研究发现当跨膜压力小于临界压力时，由于流速作用带到膜表面的颗粒会重新溶解到原溶液中，几乎不产生膜污染或可逆污染。如果压力高于临界压力，悬浮液中颗粒的自由能高于膜表面粒子的自由能而沉积黏附在膜表面，污染是不可逆的。

（2）错流流速

有研究表明，错流流速是影响膜污染的主要因素之一。错流流速通过增加剪切力和剪切力诱导的扩散作用而影响膜表面颗粒的运输速率，进而影响滤饼层的形成，一定条件下增加流速会提高膜透过流速。流速不宜过快或过缓，流速过快会增大切向力，降低料液渗透比，浪费能量；流速过缓则会因浓差极化现象造成渗透通量的衰减。

（3）温度

Darcy 定律中表明渗透流速与料液黏性成反比关系。黏性随着溶液浓度增加、工作温度降低而增加。因此，温度对于膜通量的影响主要在于改变溶液的黏性。一般来说，针对特定的膜材料，温度升高会增加膜通量，Jaffrin 等[39]在微滤过程中发现，随着温度升高膜阻力呈线性减小。但温度过高可能会引起膜的压实，降低渗透通量[40]。

（4）料液性质

膜污染既受水力条件和膜的性质的影响，也受过滤料液的组成和性质的影响。料液性质（pH 值、粒径大小、溶液浓度等）会影响料液成分和膜表面之间以及料液中物质之间的物理化学作用[41-42]。如溶液颗粒粒径大小被认为是影响膜污染的主要因素之一。基于胶体颗粒和膜孔径的相对大小，在膜表面积累污染物颗粒而在膜孔内部形成渗透层污染物，溶液中颗粒粒径减小会降低膜通量。Boissier 等[43]发现酵母会造成可逆膜污染，而细小颗粒会降低膜通量，形成不可逆污染。

（5）pH 值

溶液 pH 值主要是影响溶液中聚合物所带电性的变化，进而影响聚合物在溶液中结构形态。以阴离子聚丙烯酰胺（APAM）为例，在溶液 pH 值较低时，其表面所带负电荷会在氢离子的作用下被中和，从而减弱聚合物表面的荷电斥力，减缓膜污染[44]。Carpintero-Tepole 等[45]在用 0.8μm 和 0.5μm 氮化硅微滤膜处理浓缩牛奶蛋白溶液（90mg/L）时发现，pH 值（6～9）对过滤性能的影响大于离子强度对其的影响。

1.2.4　膜污染防治与清洗方法

膜技术具有出水水质好、污染物去除效率高等优势，但膜滤过程中存在通量衰减、膜孔易堵塞、出水水质恶化甚至导致膜的使用寿命缩短等缺点，阻碍了膜工业化推广应用，而这些问题的实质都是由膜污染引起的。目前，国内外众多的专家学者在膜污染防治与清洗方法方面正在积极进行广泛研究，减少膜污染，以提高该技术的经济性和系统的稳定性。

（1）原料预处理

原料预处理指的是综合考虑体系特点，在过滤前向原料中添加一定的物质以改变溶质的特性，主要采用的方法有强化混凝、沉淀、预过滤等，去除原料中的大分子物质或脱除与膜相互作用的物质，提高膜的截流性能，为防治膜污染提供有力保障。例如，在油水分离中常用硫酸铁、聚合氯化铝、氯化铁等作为絮凝剂，提高膜渗透通量。需要注意的是，絮凝剂的最佳投加量要根据水温、水质等条件的变化进行调节[46]。张逢玉等[47]对原有的过滤工艺进行改造，设计微絮凝悬浮物污泥过滤工艺用于处理采油废水，即混凝工艺作为过滤过程的前处理，其直接影响后续工艺的处理效果和负荷，结果表明微絮凝悬浮污泥二级过滤效果明显改善，出水水质满足低渗透油层回注水要求。

（2）膜表面改性

膜材质不同的特性决定了膜耐受污染程度的不同。膜的性质包括膜的孔径大小、化学稳定性、亲疏水性和热稳定性等[48]。通常将膜表面进行改性以延缓膜污染，包括物理改性和化学改性。物理改性是将表面活性剂或可溶性高聚物等物质覆盖在吸附活性的结构表面，形成功能性预涂覆层，对膜的分离特性不产生影响，加强其抗污染性能。常用的 3 种化学改性的方法包括：a. 在膜表面复合一层分离层，如聚硅氧烷以及铁等物质；b. 引入亲水性或疏水性基团，周健儿等[49]结果发现改性后的 ZnO 改性涂层 Al_2O_3 微滤膜水通量提高了43%，涂层的疏水性是通量提高的主要原因之一；c. 在制膜过程中添加无机阳离子等一种或几种化学物质以使其均匀分布在膜表面，提高膜的截流量和抗污染能力。

（3）膜清洗

即使采用上述方法防止膜污染发生，但不同程度的膜污染还是客观存在的。膜清洗（包括物理清洗、化学清洗和生物清洗）是消除膜污染最直接有效的方法，现将主要的膜清洗方法归纳如表 1-2 所列。

表 1-2 常用的膜清洗方法

清洗分类	方法	污染物	清洗方式及药剂
物理清洗	物理清洗	膜表面的污染物、无机污染物	曝气、水反洗、高流速水冲洗、变流速冲洗等
	机械清洗		海绵球机械擦洗、振动等
	脉冲清洗		反向脉冲、气液脉冲
	其他		超声波、电泳法
化学清洗	表面活性剂清洗	膜表面的有机污染物	SDS、Triton、X-100 等
	氧化剂清洗	有机物和微生物	高锰酸盐、双氧水等
	螯合剂清洗	膜表面及膜孔内沉积的盐和吸附的无机污染	EDTA、磷羧基羧酸、葡萄糖酸和柠檬酸等
生物清洗	生物酶清洗	微生物污染、含蛋白质的污染物	果胶酶、蛋白酶、酶制剂、TAZ、X-CT 等

1.3 膜法采油废水处理技术

三元驱采油废水具有高含油、高含聚、高 pH 值和高矿化度（即溶解固体总量，TDS）等特点，传统的油田采出水处理技术已不能适应油田可持续发展的理念，如采用常规方法即"混凝-沉淀-过滤"工艺不能够满足相应的排放标准和水质回用指标，因此大部分含油废水得不到有效处理，而只能通过简单处理后排入地下高渗层，更有甚者就地排放，必然造成环境污染。膜分离技术凭借其特有优势可不通过破乳过程直接实现油水分离。众多专家学者致力将膜技术应用于采油废水的处理中，众多研究成果表明膜技术在该领域的应用前景较好，发展潜力巨大。膜的选择是制约其对油田采出水处理成功与否的关键。根据采出水体系中的主要污染物的存在形态，例如：若以浮油和分散油为主，则一般选择孔径在 10～100μm 之间的微孔膜；若水体中的油主要是乳化废水和溶解油，油珠之间难以相互黏结，则需采用亲水或亲油的超滤膜分离，原因是超滤膜孔径远小于 10μm，更为精细的膜孔有利于破乳或油滴聚结[50-51]。

1.3.1 微滤处理采油废水研究现状

Nandi 等[52]采用高岭土、石英、长石、金属钠硅酸盐和硼酸等无机前体物合成陶瓷微滤膜用于处理含油废水。人工合成油水乳化液中油的含量分别为 125mg/L 和 250mg/L，跨膜压差范围为 68.95～275.8kPa。实验结果：当跨膜压差为 68.95kPa、初始油含量为 250mg/L 时，过滤 60min 后98.8%油类可被去除，通量达到 $5.36×10^{-6}m^3/(m^2·s)$，且滤饼层模型能够简单有效地模拟微滤过程。结果表明合成的微滤膜可用于实现油水分离，出水水质完全符合排放标准（10mg/L）。

Muthukumaran 等[53]采用中试错流装置研究管式陶瓷膜和螺旋聚合超滤膜处理采油废水的效果，研究结果表明，管式陶瓷膜处理后的出水水质可达地层回注标准，螺旋聚合膜的色度处理效果较差。

Vasanth 等[54]研究采用改变不同无机物和黏土组成的单轴压缩法合成微滤膜,该方法合成的微滤膜孔径为 0.45～1.30μm,多孔率为 23%～30%,清水通量为 (0.37～3.97)×10^{-6}m/(s·kPa),弯曲强度为 10～34MPa。微滤过程条件为:待处理采油废水中油类含量 100mg/L,压力范围 69～345kPa,横流流速 (2.78～13.9)×10^{-7}m³/s。实验结果表明,通量最大可达 (1.33～1.91)×10^{-5}m/s,油水分离率达到 89%～97%。

Cakmakce 等[55]金属微滤膜-反渗透膜工艺处理油水乳化液,结果表明经组合工艺处理后的出水可直接排放或回用。

Abadi 等[56]利用管式陶瓷 α-Al$_2$O$_3$ 微滤膜处理德黑兰炼油厂废水。结果表明出水中油脂类含量达到直接排放和回用标准。另外,该团队还研究操作条件如 TMP、CFR 和温度对通量恢复率及 TOC 去除率和污垢热阻的影响,并发现反洗可以防止膜通量显著下降。

Motta 等[57]将凝聚过滤床和微滤技术联合起来用于处理合成的油水乳化液。在适宜条件下,凝聚过滤床去除进水中 50%的油脂,微滤技术使水中残留的油脂进一步去除,组合工艺油的去除率达到 93%～100%,出水中油的含量为 0.1～14.8mg/L;同时,组合工艺作为预处理能够有效缓解超滤和反渗透过程的膜污染问题。

Campos 等[58]结合微滤技术和生物降解法处理采油废水。将预处理后的原水作为进水,经 0.1μm 混合纤维素酯微滤膜过滤后,COD、TOC、油脂和苯酚的去除率分别达到 35%、25%、92%和 35%。采用聚苯乙烯微珠气提反应器用于生物降解法处理过滤后出水,结果发现水力停留时间为 12h 时,COD、TOC、苯酚和氨的去除率分别达到 65%、80%、65% 和 40%。组合工艺法处理后的出水中 COD (230mg/L)、TOC (55mg/L) 满足水质排放要求。

Abbasi 等[59]采用高岭土和 α-Al$_2$O$_3$ 制备莫来石-氧化铝微滤膜,并研究跨膜压差、温度、错流流速、油含量和盐含量对该膜处理效能的影响。结果表明,随着流速、温度、压力和氧化铝含量增加,膜通量增加,而随着水中油类含量增加,渗透通量减小。合成膜对于合成油水乳化液中 TOC 去除率为 94%,而对于实际油田采出水中 TOC 去除率仅为 84%。

Weschenfelder 等[60]对氧化锆陶瓷微滤膜处理合成含油废水过程所需成本进行评估。通过改变错流流速和跨膜压差,研究微滤膜处理不同含量油类物质和盐类进水时膜通量的变化情况,实验得到最佳流速为 2.0m/s,计算最优条件下清水通量恢复 50%、80%和 95%时的成本,结果表明,通量恢复率为 95%时最低成本为 3.21 美元/m³。

Cui 等[61]合成平均孔径分别为 1.2μm、0.4μm 和 0.2μm NaA/α-Al$_2$O$_3$ 微滤膜,并将 1.2μm、0.4μm 孔径微滤膜用于处理含油量为 100mg/L 油田采出水。结果表明:当跨膜压差为 50kPa 时,经滤膜过滤后出水中油含量小于 1mg/L,油的去除率高达 99%以上。

Zhu 等[62]研究采用疏水亲油聚偏二氟乙烯(PVDF)中空纤维膜处理三种类型采油废水,即 H-oil (含己烷)、C-oil (含原油) 和 P-oil (含棕榈油),结果表明 H-oil 中油的去除率高于 98%,C-oil 中油的去除率大于 99%,而 P-oil 中油水分离率仅为 70%,原因在于进水中含有较多孔径较小的油滴。经反冲洗后通量恢复较好,并且与没有添加疏水聚合物的 PVDF 中空纤维膜相比,通量的减少率较小。

Melo 等[63]采用纳滤/反渗透装置组合工艺深度处理采油废水,结果表明该组合工艺可有效降低废水中的无机离子和有机物浓度,出水水质达到回用标准。

于水利等[64]研究了 PVDF 超滤膜处理大庆采油废水，出水中的含油量和悬浮物均 <1.0mg/L，粒径中值未检出。

衣雪松[3]采用 PVDF 改性膜处理油田三次采出水，结果表明，出水中乳化油浓度小于 0.5mg/L，达到油田低渗透层回注要求。

张瑞君[65]采用纳滤膜（NF90）处理聚驱采油废水，结果表明，APAM 去除率达 100%，脱盐率大于 85%，二价阳离子去除率大于 95%，出水含油量小于 0.2mg/L。

谷玉洪等[66]研究采用微滤膜[孔径为 0.8μm，膜面积为 5ft² （1ft²=0.092903m²）]处理辽河油田石油采出水，结果表明，经过滤后出水含油量小于 3mg/L，固体颗粒直径低于 1μm，悬浮物含量小于 1mg/L，达到低渗透油田的注水水质标准。

徐晓东等[67]分别采用孔径为 0.1μm 和 0.2μm 陶瓷膜处理宝浪采油废水（油含量<30mg/L），结果显示出水中油含量低于检测限。并采用如下方法清洗：2%盐酸（20min）-1%十二烷基苯磺酸钠和 1%三聚磷酸钠（40min）-2%盐酸（20min），清洗后膜通量恢复率高达 99.9% 以上。

黄启玉等[68]设计核心技术为金属钛膜的微滤膜污水处理一体化撬装装置，深度处理乳化油和微米级悬浮物等，并于过滤前设置"混凝沉降-旋流分离-多级机械过滤"以有效减缓膜污染。结果表明，出水中油含量、悬浮物固体含量和粒径中值等均满足规定排放标准。

罗杨等[69]采用 0.1μm 陶瓷膜处理营 66 联合站二级沉降采油废水，该站水质中悬浮物含量、油含量等关键指标浮动较大。经过滤后出水中含油量为 0.11mg/L，悬浮物含量为 0.77mg/L，系统运行通量保持稳定，出口水质达回注指标。

另有一些国家和地区应用膜技术处理三元驱采油废水[58,70-74]，见表 1-3。

表 1-3　一些国家和地区应用膜技术处理三元驱采油废水的实例及水质成分分析

膜技术	水质成分/（mg/L）					
	油	硅	TDS	COD	TSS	Fe
利雅得采油厂	2	10	1000	40	5	0.2
大庆油田采油二厂	≤10		3500～5000	1500～3000	10～30	
米纳蒂特兰采油厂	1.6			80.1	20.3	
阿什兰石油公司	165				66	
得克萨斯州采油厂			15000		4200	170
中国燕山采油厂	1.2			20～50		
圣阿尔多公司			7000			
坎伯尔油田				600～2250		

注：TDS 是溶解固体总量；COD 是化学需氧量；TSS 是总悬浮物。

1.3.2　超滤处理采油废水研究现状

丁健[75]将含有强亲水基团的聚丙烯腈（PAN）材料引入疏水性的聚偏氟乙烯（PVDF）超滤膜中，并通过混溶的方法研制了 PVDF/PAN 有机膜，结果发现，PVDF/PAN 有机膜的表面亲水接触角仅为 37°，远低于 PVDF 膜的 107°，表明改性膜的亲水性能显著提高。

赵晴[76]采用纳米 Al_2O_3 改性 PVDF 超滤膜对大庆聚合物驱采油污水进行了中试研究。结果发现：膜系统能长期稳定运行，平均膜通量约为 75L/（m²·h），膜系统出水粒径中值 ≤1μm，原油≤1mg/L，悬浮物（SS）≤1mg/L，满足 A_1 级地层回注标准。此外，于水利等[77]还完成了 PVDF 超滤膜组件处理大庆油田采出水的研究，出水水质良好，出水中的悬浮物、含油量均低于 1.00mg/L，粒径中值和 SRB 未检出。

王立国等[78]采用核桃壳过滤器-超滤装置组合工艺处理油田含油污水，膜出水中油的质量浓度仅 0.33mg/L，粒径大于 1.0μm 的颗粒 13624 个/mL，颗粒平均去除率为 99.09%，悬浮物质量浓度降至 0.56mg/L，滤膜系数高达 28.61。

镇祥华等[79]在大庆油田建立了日产 300t 的超滤-电渗析组合工艺装置，作为油田采出水常规处理工艺的深度处理技术，做了长达 3000h 的连续运行试验。结果表明，该组合工艺的出水水质稳定，且出水平均浊度低于 1.0NTU，油含量低于 1.00mg/L，SS 小于 1mg/L，矿化度低于 1000mg/L，出水完全符合油田再配聚用水的要求。

许浩伟等[80]采用"溶气气浮-超滤-反渗透"法处理油田采出水并进行再配聚研究。结果表明，油和 SS 的质量浓度降至 1mg/L 以下，出水矿化度降至 500mg/L 以下，对聚合物影响较大的 Ca^{2+} 和 Mg^{2+} 的质量浓度降至 5mg/L 以下；配制的聚合物溶液黏度和黏度稳定性均有较大提高。处理后的水可以替代清水配制聚合物母液，年创经济效益 229 万元。

潘振江等[81]以油田注气锅炉给水的要求为标准，采用超滤-纳滤双膜法对油田采出水进行了深度处理。结果发现，超滤出水的水质 SS 小于 1mg/L，污染密度指数 SDI_{15} 低于 4.0，出水水质符合纳滤膜的进水要求；再经纳滤膜处理后的出水油含量小于 0.06mg/L，此外，纳滤处理后的矿化度、COD 等也得到了进一步的降低。超滤作为一种纳滤的前处理技术，有效地保障了纳滤的处理效果及稳定运行。

徐英等[82]利用自制的磺化聚砜（SPS）、聚砜（PS）超滤膜对胜利油田采出水进行处理研究。结果表明：SPS 超滤膜的透水速度随离子交换当量的增大而增大，与 PS 膜对比，能维持较高的渗透通量且通量衰减缓慢；出水中油含量、悬浮物浓度、细菌含量等都可达到国家排放标准。

Wang 等[83]还对 PVDF 超滤膜处理油田采出水过程中的临界通量进行了研究；Lu[84]等研究了 Al_2O_3 改性 PVDF 超滤膜处理油田采出水时的通量衰减及膜污染情况。这些研究发现，超滤膜在油田采出水处理中有较大的潜力。

Yuliwati 等[85]利用 TiO_2 和 LiCl 改性的 PVDF 超滤膜处理含油废水的运行效能，研究发现：TiO_2 质量浓度为 1.95% 时，膜的稳定通量可达 82.50L/（m²·h），油去除率可达 98.83%，此外，他们还采用 TiO_2/LiCl 改性 PVDF 超滤膜处理炼油废水，结果表明，LiCl 的加入大大提高了膜的亲水性，而 TiO_2 的质量分数在 1.95% 时，膜通量达 82.50L/（m²·h），污染物去除率为 98.83%[86]。

Yahiaoui 等[87]研究了超滤预处理-双电极电化学反应器深度处理乳化含油废水时膜的效能与条件优化，结果表明：超滤过程可去除原水中 96% 以上的 COD，出水油含量降至 1.1mg/L；再经过双电极反应池，出水油含量仅为 0.125mg/L。

Çakmakce 等[88]对比研究了超滤-离子交换工艺及超滤-反渗透工艺处理油水乳化液的效能。结果表明：乳化液经两种处理工艺后的出水水质均符合直接排放及回用要求；此外，他们还就超滤-离子交换工艺的经济性进行了研究，得到工艺成本的回周期约为1年。

Maguire-Boyle 等[89]研究了以聚偏氟乙烯管式超滤膜为预处理，聚丙烯毛细管膜蒸馏工艺为深度处理来处理含油污水的效能。结果发现，含油污水经组合工艺处理后，料液中的油可100%去除，此外，该组合工艺对TOC和TDS的去除率也很高，分别达到99.5%和99.9%。

Surh 等[90]研究了YM5、YM30、PM30、聚酰胺CJT35和聚丙烯IRIS3038五种超滤膜的处理含油废水的实验。进水TOC 362500mg/L和油含量33770mg/L时，五种超滤膜的TOC的去除率均可达96%以上，油的去除率几乎是100%。

Ebrahimi 等[91]研究了气浮-微滤-超滤-臭氧氧化组合工艺，处理含有表面活性剂的乳化废水污水，超滤出水经臭氧氧化，使水中残留的有机化合物得到进一步去除。组合工艺出水中的油去除率达99.5%以上，TOC去除率达49%，水质达到回用水的要求。

此外，Muthukumaran 等[92]研究了多种不同超滤膜处理油田采出水时的效能及污染特征，结果表明，超滤工艺出水水质可达地层回注标准，同时，优化工艺参数对减缓膜污染起着至关重要的作用。

1.3.3 纳滤处理采油废水研究现状

采油废水的水量大，水质复杂，国内外众多研究者多年来虽然已经对采油废水的处理技术进行了大量研究，但是关于纳滤处理采油废水的研究工作并不多，特别是针对聚驱采油废水的纳滤处理研究更是难于见诸文献。

在国内，罗杨等[93]在实验室内对油田采出水进行了精细处理，通过气浮、生化、超滤及反渗透的优化组合，使得超滤出水能够满足回注低渗透油田的要求，反渗透出水能够满足配聚要求。刘清云等[94]将超滤与纳滤组合，处理采出水的结果表明纳滤能够脱除90.54%的钙镁等二价离子和32.4%的NaCl。魏金威等[95]利用NF1812-50纳滤膜处理油田采出水，对Mg^{2+}、Ca^{2+}、Cl^-的去除率分别达到了50.4%、83.7%和26.3%，测试证明该纳滤出水能够减轻地层的结垢堵塞，且满足聚合物调驱对水质的要求。

在国外，Mondal 等[96]采用两种纳滤膜NF270、NF90和一种反渗透膜BW30对美国科罗拉多地区的采油废水进行处理，结果表明这3种膜对TOC的去除率分别为28.8%、34.24%、66.86%，对TDS的去除率分别为14.83%、35.89%、47.85%，在此基础上采用场发射扫描电镜（EFSEM）、衰减全反射傅里叶红外光谱ATR-FTIR、X射线衍射仪以及接触角分析仪对污染前后的纳滤膜进行了表征，说明了采用多种手段对膜面进行分析的必要性。Cakmakce 等[97]以溶气气浮、酸裂解、石灰乳混凝沉淀、筒式过滤以及微滤作为油田采出水的预处理手段，以反渗透或纳滤作为终端处理手段进一步降低出水的矿化度，通过对比寻求能够同时保证优良出水水质和高产水通量的最佳工艺组合。Melo 等[98]采用一套中试规模的纳滤/反渗透装置对巴西东北部油气产区的采油废水进行处理，结果表明该处理过程能够有效降低各种离子和有机物的浓度，出水完全能够达到巴西石油公司制定的水质标准。

由上述内容可知，国内外对纳滤处理采油废水的研究大多只是关心出水水质是否满足某一排放或者回用要求，没有对处理效能和该过程的膜污染机理进行揭示和深入分析，更没有对受污染纳滤膜的清洗问题进行研究。

参考文献

[1] Gao F, Liu D, Zhang L, et al. Oilfield produced water from Alkali Surfactant Polymer (ASP) flooding by process of coagulation combined yeast biofilm[J]. Chinese Journal of Environmental Engineering, 2015, 9(8): 3871-3877.

[2] Mousavichoubeh M, Shariaty-Niassar M, Ghadiri M. The effect of interfacial tension on secondary drop formation in electro-coalescence of water droplets in oil[J]. Chemical Engineering Science, 2011, 66(21): 5330-5337.

[3] 衣雪松. 聚偏氟乙烯改性膜处理油田三次采出水的抗污染特性与机制[D]. 哈尔滨: 哈尔滨工业大学, 2012.

[4] 侯傲. 油田污水回注处理现状与展望[J]. 工业用水与废水, 2007, 38(3): 9-12.

[5] 许传富. 混凝法处理三元驱采油废水及污泥脱水性能的研究[D]. 哈尔滨: 哈尔滨工业大学, 2010.

[6] Deng S, Bai R, Chen J P, et al. Effects of alkaline/surfactant/polymer on stability of oil droplets in produced water from ASP flooding[J]. Colloids & Surfaces A Physicochemical & Engineering Aspects, 2002, 211(2-3): 275-284.

[7] Witze A. Race to unravel Oklahoma's artificial quakes[J]. Nature, 2015, 520(7548): 418-420.

[8] 刘小宁, 郭选飞, 郭海刚. 油田采油污水处理方法与发展趋势[J]. 中小企业管理与科技, 2011(24): 211.

[9] 温涛, 张哲. 油田作业废水处理技术研究浅析[J]. 广东化工, 2015, 42(6): 108-110.

[10] 吕东伟. 陶瓷超滤膜分离乳化油过程中膜污染机制与抗污染改性研究[D]. 哈尔滨: 哈尔滨工业大学, 2016.

[11] Cañizares P, Martínez F, Jiménez C, et al. Coagulation and electrocoagulation of oil-in-water emulsions[J]. Journal of Hazardous Materials, 2008, 151(1): 44-51.

[12] Cañizares P, Martínez F, Lobato J, et al. Break-up of oil-in-water emulsions by electrochemical techniques[J]. Journal of Hazardous Materials, 2007, 145(1-2): 233-240.

[13] Silva S S D, Chiavone-Filho O, Neto E L D B, et al. Oil removal from produced water by conjugation of flotation and photo-Fenton processes[J]. Journal of Environmental Management, 2015, 147: 257-263.

[14] Roccaro P, Lombardo G, Vagliasindi F G A. Optimization of the coagulation process to remove total suspended solids (TSS) from produced water[J]. Chemical Engineering Transactions, 2014, 39: 115-120.

[15] El-Naas M H, Alhaija M A, Al-Zuhair S. Evaluation of a three-step process for the treatment of petroleum refinery wastewater[J]. Journal of Environmental Chemical Engineering, 2014, 2(1): 56-62.

[16] 胡瑾, 陆新华. 隔油-气浮-厌氧-好氧生物滤池工艺处理含油废水[J]. 吉林师范大学学报(自然科学版), 2008(4): 47-48.

[17] 魏东, 张杰, 魏利, 等. 油田用水溶性高分子聚合物(HPAM)的可生化性及降解特性研究[J]. 环境科学与管理, 2017(03): 65-68.

[18] 齐晗兵, 张晓雪, 李栋, 等. 三元复合驱采油废水处理的研究进展[J]. 化学工程师, 2016(08): 46-49, 77.

[19] 黎奇谋, 张雅丽, 阚涛涛, 等. 磁化破乳剂处理含聚污水机理研究[J]. 石油化工, 2016(11): 1357-1362.

[20] 王俊巍. 新型絮凝剂处理大庆油田含聚污水的应用研究[J]. 石油化工应用, 2016(06): 139-141.

[21] 李肖琳, 谢陈鑫, 秦微, 等. 膜分离-光电催化深度处理高盐含聚污水[J]. 环境工程学报, 2016(08): 4141-4146.

[22] Munirasu S, Abu Haija M, Banat F. Use of membrane technology for oil field and refinery produced water treatment-A review[J]. Process Safety and Environmental Protection, 2016, 100: 183-202.

[23] 李担. 基于膜技术处理盥洗水及膜污染防治的研究[D]. 北京: 北京建筑大学, 2013.

[24] Khemakhem S, Larbot A, Amar R B. Study of performances of ceramic microfiltration membrane from Tunisian clay applied to cuttlefish effluents treatment[J]. Desalination, 2006, 200(1-3): 307-309.

[25] 王艳强. 表面偏析超滤膜的制备及其抗污染机理研究[D]. 天津: 天津大学, 2007.

[26] Zhang X T, Wang L, Zhang H W. Study on fouling of nanofiltration membranes when treating reclaimed water[J]. Energy Procedia, 2011, 11: 4458-4465.

[27] Yu S, Liu M, Liu X, et al. Performance enhancement in interfacially synthesized thin-film composite polyamide-urethane reverse osmosis membrane for seawater desalination[J]. Journal of Membrane Science, 2009, 342(1-2): 313-320.

[28] 叶凌碧, 马延令. 微孔膜的截留作用机理和膜的选用[J]. 净水技术, 1984(2): 8-12.

[29] Padaki M, Surya Murali R, Abdullah M S, et al. Membrane technology enhancement in oil-water separation. A review[J]. Desalination, 2015, 357: 197-207.

[30] 宋航, 付超, 石炎福. 微滤过程阻力分析及过滤速率[J]. 高校化学工程学报, 1999, (4): 315-322.

[31] Li Q, Elimelech M. Organic fouling and chemical cleaning of nanofiltration membranes: measurements and mechanisms[J]. Environmental Science & Technology, 2004, 38(17): 4683-4693.

[32] Zhou H, Smith D W. Advanced technologies in water and wastewater treatment[J]. Canadian Journal of Civil Engineering,

2002, 28(S1): 49-66.

[33] Chandler M, Zydney A. Effects of membrane pore geometry on fouling behavior during yeast cell microfiltration[J]. Journal of Membrane Science, 2006, 285(1): 334-342.

[34] Velasco C, Ouammou M, Calvo J I, et al. Protein fouling in microfiltration: deposition mechanism as a function of pressure for different pH[J]. Journal of Colloid and Interface Science, 2003, 266(1): 148.

[35] Palacio L, Ho C C, Prádanos P, et al. Fouling with protein mixtures in microfiltration: BSA-lysozyme and BSA-pepsin[J]. Journal of Membrane Science, 2003, 222(1-2): 41-51.

[36] Samuelssona G, Dejmeka P, Paulssonb R. Minimizing whey protein retention in cross-flow microfiltration of skim milk[J]. International Dairy Journal, 1997, 7(4): 237-242.

[37] Tarleton E S, Wakeman R J. Understanding flux decline in crossflow microfiltration: Part Ⅱ-Effects of process parameters[J]. 1994, 72(3): 431-440.

[38] Song L F, Elimelech M. Theory of concentration polarization in crossflow filtration[J]. Journal of the Chemical Society Faraday Transactions, 1995, 91(19): 3389-3398.

[39] Jaffrin M Y, Gupta B B, Chaibi A. Effect of physical parameters on the microfiltration of wine on a flat polymeric membrane[J]. Chemical Engineering & Processing, 1993, 32(6): 379-387.

[40] Ludemann A. Wine clarification with a crossflow microfiltration system[J]. American Journal of Enology & Viticulture, 1987, 38(3): 228-235.

[41] 刘茉娥. 膜分离技术应用手册[M]. 北京: 化学工业出版社, 2001.

[42] Kelly S T, Zydney A L. Protein fouling during microfiltration: comparative behavior of different model proteins[J]. Biotechnology and Bioengineering, 1997, 55(1): 91-100.

[43] Boissier B, Lutin F, Moutounet M, et al. Particles deposition during the cross-flow microfiltration of red wines—incidence of the hydrodynamic conditions and of the yeast to fines ratio[J]. Chemical Engineering & Processing Process Intensification, 2008, 47(3): 276-286.

[44] Sarkar D, Sarkar A, Chakraborty M, et al. Transient solute adsorption incorporated modeling and simulation of unstirred dead-end ultrafiltration of macromolecules: An approach based on self-consistent field theory[J]. Desalination, 2011, 273(1): 155-167.

[45] Carpintero-Tepole V, Fuente B D L, Martínez-González E, et al. Microfiltration of concentrated milk protein dispersions: The role of pH and minerals on the performance of silicon nitride microsieves[J]. LWT - Food Science and Technology, 2014, 59(2): 827-833.

[46] 李文国, 王乐译, 张伟政, 等. PVDF膜污染控制及清洗方法探讨[J]. 水处理技术, 2014(3): 91-93.

[47] 张逢玉. 低压反冲洗过滤器研制及在油田污水处理中的应用研究[D]. 哈尔滨: 哈尔滨工业大学, 2007.

[48] 储金树. 死端微滤过程运行条件的优化及膜通量的预测研究[D]. 北京: 北京工业大学, 2008.

[49] 周健儿, 吴建青, 汪永清, 等. 纳米 ZnO 涂层对 Al_2O_3 微滤膜的改性[J]. 硅酸盐学报, 2004, 32(12): 1464-1469.

[50] Shpiner R, Vathi S, Stuckey D C. Treatment of oil well "produced water" by waste stabilization ponds: Removal of heavy metals[J]. Water Research, 2009, 43(17): 4258-4268.

[51] Wang B, Wu T, Li Y, et al. The effects of oil displacement agents on the stability of water produced from ASP (alkaline/surfactant/ polymer) flooding[J]. Colloids and Surfaces A: Physicochemical and Engineering Aspects, 2011, 379(1-3): 121-126

[52] Nandi B K, Moparthi A, Uppaluri R, et al. Treatment of oily wastewater using low cost ceramic membrane: Comparative assessment of pore blocking and artificial neural network models[J]. Chemical Engineering Research & Design, 2010, 88(7): 881-892.

[53] Muthukumaran S, Duy Anh N, Baskaran K. Performance evaluation of different ultrafiltration membranes for the reclamation and reuse of secondary effluent[J]. Desalination, 2011, 279(1-3): 383-389.

[54] Vasanth D, Pugazhenthi G, Uppaluri R. Cross-flow microfiltration of oil-in-water emulsions using low cost ceramic membranes[J]. Desalination, 2013, 320(11): 86-95.

[55] Cakmakce M, Kayaalp N, Koyuncu I. Desalination of produced water from oil production fields by membrane processes[J]. Desalination, 2008, 222(1-3): 176-186.

[56] Abadi S R H, Sebzari M R, Hemati M, et al. Ceramic membrane performance in microfiltration of oily wastewater[J]. Desalination, 2011, 265(1-3): 222-228.

[57] Motta A, Borges C, Esquerre K, et al. Oil Produced Water treatment for oil removal by an integration of coalescer bed and

microfiltration membrane processes[J]. Journal of Membrane Science, 2014, 469(7): 371-378.

[58] Campos J C, Borges R M H, Filho A M O, et al. Oilfield wastewater treatment by combined microfiltration and biological processes[J]. Water Research, 2002, 36(1): 95-104.

[59] Abbasi M, Mirfendereski M, Nikbakht M, et al. Performance study of mullite and mullite-alumina ceramic MF membranes for oily wastewaters treatment[J]. Desalination, 2010, 259(1): 169-178.

[60] Weschenfelder S E, Mello A C C, Borges C P, et al. Oilfield produced water treatment by ceramic membranes: Preliminary process cost estimation[J]. Desalination, 2015, 360: 81-86.

[61] Cui J, Zhang X, Liu H, et al. Preparation and application of zeolite/ceramic microfiltration membranes for treatment of oil contaminated water[J]. Journal of Membrane Science, 2008, 325(1): 420-426.

[62] Zhu X, Tu W, Wee K H, et al. Effective and low fouling oil/water separation by a novel hollow fiber membrane with both hydrophilic and oleophobic surface properties[J]. Journal of Membrane Science, 2014, 466: 36-44.

[63] Melo M, Schluter H, Ferreira J, et al. Advanced performance evaluation of a reverse osmosis treatment for oilfield produced water aiming reuse[J]. Desalination, 2010, 250(3): 1016-1018.

[64] 镇祥华, 于水利, 王北福, 等. 超滤处理油田采出水的膜污染特征及清洗[J]. 给水排水, 2006, 32(2): 56-59.

[65] 张瑞君. 纳滤对聚驱采油废水的处理效能及膜污染研究[D]. 哈尔滨: 哈尔滨工业大学, 2014.

[66] 谷玉洪, 薛家慧, 刘凯文. 陶瓷微滤膜处理油田采出水试验[J]. 油气田地面工程, 2001, 20(1): 18-19.

[67] 徐晓东, 李季, 袁曦明, 等. 膜技术在油田采出水处理中的应用研究[J]. 过滤与分离, 2005, 15(4): 34-36.

[68] 黄启玉, 毕权. 油田污水处理新技术在低渗透油田的应用[J]. 石油化工高等学校学报, 2015, 28(5): 69-73.

[69] 罗杨, 刘金梅, 桑巍, 等. 陶瓷膜错流过滤技术在油田回注污水中的应用研究[J]. 石油天然气学报, 2009(1): 367-369.

[70] Qiao X, Zhang Z, Yu J, et al. Performance characteristics of a hybrid membrane pilot-scale plant for oilfield-produced wastewater[J]. Desalination, 2008, 225(1-3): 113-122.

[71] Madwar K, Tarazi H. Desalination techniques for industrial wastewater reuse[J]. Desalination, 2003, 152(1-3): 325-332.

[72] Peeters J, Theodoulou S. Membrane technology treating oily wastewater for reuse[C]//CORROSION 2005. OnePetro, 2005.

[73] Al-Maamari R S, Sueyoshi M, Tasaki M, et al. Polymer-flood produced-water-treatment trials[J]. Oil & Gas Facilities, 2014, 3(6): 89-100.

[74] Madaeni S S, Vatanpour V, Monfared H A, et al. Removal of coke particles from oil contaminated marun petrochemical wastewater using PVDF microfiltration membrane[J]. Industrial & Engineering Chemistry Research, 2011, 50(20): 11712-11719.

[75] 丁健. 具有 IPN 结构的复合超滤膜在华北油田的应用研究 [J]. 工业水处理, 2000, 20(3): 21-23.

[76] 赵晴. 纳米 Al_2O_3/TiO_2 改性 PVDF 超滤膜的制备与应用研究[D]. 哈尔滨: 哈尔滨工业大学, 2009.

[77] 镇祥华, 于水利, 庞焕岩, 等. 超滤膜处理油田采出水用于回注的试验研究 [J]. 环境污染与防治, 2006, 28(5): 329-333.

[78] 王立国, 高从, 王琳, 等. 核桃壳过滤-超滤工艺处理油田含油污水 [J]. 石油化工高等学校学报, 2006, 19(2): 23-26.

[79] 镇祥华, 于水利, 梁春圃, 等. 超滤与电渗析联用降低油田采出水矿化度中试试验研究 [J]. 环境污染治理技术与设备, 2006, 7(7): 15-19.

[80] 许浩伟, 王谦, 李海军, 等. 溶气气浮-超滤-反渗透深度处理油田污水及回用 [J]. 水处理技术, 2011, 37(5): 107-109.

[81] 潘振江, 高学理, 王铎, 等. 双膜法深度处理油田采出水的现场试验研究 [J]. 水处理技术, 2010, 36(1): 86-89.

[82] 徐英, 李永发, 李阳初, 等. 用聚砜和磺化聚砜超滤膜处理含油污水的研究 [J]. 石油大学学报(自然科学版), 2007, 21(2): 67-70.

[83] Wang X, Wang Z, Zhou Y, et al. Study of the contribution of the main pollutants in the oilfield polymer-flooding wastewater to the critical flux [J]. Desalination, 2011, 273(2-3): 375-385.

[84] Lu Y, Sun H, Meng L L, et al. Application of the Al_2O_3-PVDF nanocomposite tubular ultrafiltration (UF) membrane for oily wastewater treatment and its antifouling research [J]. Separation and Purification Technology, 2009, 66(2): 347-352.

[85] Yuliwati E, Ismail A F. Effect of additives concentration on the surface properties and performance of PVDF ultrafiltration membranes for refinery produced wastewater treatment [J]. Desalination, 2011, 273(1): 226-234.

[86] Yuliwati E, Ismail A F, Matsuura T, et al. Characterization of surface-modified porous PVDF hollow fibers for refinery wastewater treatment using microscopic observation [J]. Desalination, 2011, 283(1): 206-213.

[87] Yahiaoui O, Lounici H, Abdi N, et al. Treatment of olive mill wastewater by the combination of ultrafiltration and bipolar electrochemical reactor processes [J]. Chemical Engineering and Processing: Process Intensification. 2011, 50(1): 37-41.

[88] Çakmakce M, Kayaalp N, Koyuncu I. Desalination of produced water from oil production fields by membrane processes [J]. Desalination, 2008, 222(1-3): 176-186.

[89] Maguire-Boyle J S, Barron A R. A new functionalization strategy for O/W separation membranes [J]. Journal of Membrane Science, 2011, 382(1-2): 107-115.

[90] Surh J, Jeong Y G, Vladisavljević G T. On the preparation of lecithin-stabilized oil-in-water emulsions by multi-stage premix membrane emulsification [J]. Journal of Food Engineering, 2008, 89(2): 164-170.

[91] Ebrahimi M, Willershausen D, Ashaghi K S, et al. Investigations on the use of different ceramic membranes for efficient oil-field produced water treatment [J]. Desalination, 2010, 250(3): 991-996.

[92] Muthukumaran S, Nguyen D A, Baskaran K. Performance evaluation of different ultrafiltration membranes for the reclamation and reuse of secondary effluent [J]. Desalination, 2011, 279(1-3): 383-389.

[93] 罗杨, 谭云贤, 王磊, 等. 油田采出污水精细处理技术应用研究[J]. 石油与天然气化工, 2010, 39(1): 87-90.

[94] 刘清云, 戴勇, 杨志东, 等. 膜净化技术在聚合物调驱中的应用[J]. 膜科学与技术. 2012, 32(3): 70-74.

[95] 魏金威, 杨富鸿, 王毅. 纳滤装置在改善低渗透油田注水开发效果分析[J]. 广州化工, 2013, 41(11): 138-139.

[96] Mondal S, Wickramasinghe S R. Produced water treatment by nanofiltration and reverse osmosis membranes[J]. Journal of Membrane Science, 2008, 322(1): 162-170.

[97] Cakmakce M, Kayaalp N, Koyuncu I. Desalination of produced water from oil production fields by membrane processes[J]. Desalination, 2008, 222(1): 176-186.

[98] Melo M, Schluter H, Ferreira J, et al. Advanced performance evaluation of a reverse osmosis treatment for oilfield produced water aiming reuse[J]. Desalination, 2010, 250(3): 1016-1018.

第2章
采油废水微滤膜处理及膜污染控制

▶ 微滤膜结构与性能

▶ 微滤膜处理采油废水的效能

▶ 微滤膜处理采油废水的膜污染机理

▶ 微滤膜处理采油废水的膜清洗

目前，国内大部分油田进入高含水开采阶段，三元驱采油废水量呈逐年上升趋势。这些三元驱采油废水含油乳化程度高、黏度大、油水分离困难，且含有大量难生物降解物质，如不经过深度处理而直接外排会对周围的环境造成严重危害。因此，本章首先构建了一套连续流膜滤系统，并对该系统的运行参数进行了优化，考察了在最优运行参数条件下，聚四氟乙烯（PTFE）膜对三元驱采油废水的处理效能。三元驱采油废水中污染物成分复杂，污染物之间的相互作用对污染物的去除有重要的影响，以 APAM、油、含离子水样和表面活性剂这四类物质为模拟三元驱采油废水中的目标污染物，考察它们的相互作用对污染物去除的影响。

2.1　微滤膜结构与性能

聚四氟乙烯（PTFE）是由 C、F 两种元素通过共价结合而形成的不含支链的高分子，图 2-1 为 PTFE 的分子链模型，C 为图中 PTFE 膜的"骨架"。由图 2-1 可见，PTFE 呈高度对称的螺旋构型，该构型形成的原因是 PTFE 的碳链外围是密集排布具有耐腐蚀性的 F 原子，F 原子之间存在很强的斥力，使得 PTFE 分子链较为僵硬，因而具有耐强酸碱、耐老化、耐高低温、耐腐蚀等特点。

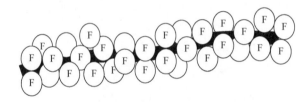

图 2-1　PTFE 的分子链模型

20 世纪 70 年代，美国戈尔公司用聚四氟乙烯树脂作为原料，采用双向拉伸法制得孔径均匀、具有高孔隙率、性能优异的 PTFE 膜，并迅速将其推向市场，日本、欧洲也紧随其后制得 PTFE 膜[1]。具有稳定物理和化学性质的 PTFE 膜在服装面料、生物医学、好氧发酵工程、化工废液、印染废液和医药废液等高难度的工业废液处理等领域广泛应用。在医用多功能防护服方面，目前采用新型复合方法制成的 PTFE 膜层压织物性能优良，可阻隔微小病毒、透湿、阻燃、抗静电、防血液渗透等，且能够耐受多次机洗和消毒，适应不同温度环境使用[2]。在好氧发酵工程方面，邹锦林等[3]应用经特殊加工的改性 PTFE 膜进行覆盖污泥好氧发酵，发现改性 PTFE 膜具有良好的堆体保温和透气性能，对高浓度氨气具有较强的阻隔作用。

近年来，聚偏氟乙烯（PVDF）膜因具有良好的化学稳定性被国内外专家及学者应用于油田三次采出水的处理中。如衣雪松应用 PVDF 及 TiO_2/Al_2O_3-PVDF 超滤膜处理油田三次采出水，研究结果表明：二者对 APAM 及 O/W 的去除率高达 95%，出水中渗透液浊度小于 0.5NTU，达到油田低渗透层回注标准[4]。而 PTFE 膜延续了 PVDF 膜的优点，且 PTFE 膜具有现有的固体材料中最低的自由能，其表面张力只有 18.5dyn/em❶，导致其他物质无法牢固黏附其表面[5]，此外 PTFE 膜的亲水性差，因此在对膜进行反冲洗重复利用时有利于污染物质在膜表面的脱附。

---

❶ dyn 是力单位，单位名称为达因，为 $1cm/s^2$ 加速度作用 1g 物体上所产生的力。$1dyn=10^{-5}N$。em 是相对单位长度。

与其他膜材料相比，PTFE 具有更高的机械强度，因而可承受更高的过滤压力。PTFE 膜本身具有优异的耐高低温性，温度对其影响不大，温域范围广（–190～260℃），无毒，具有优良的生理惰性，以上特性均可有效避免反冲洗对 PTFE 膜使用寿命的影响，这是其他类型的膜所不能比拟的。进入大陆市场的 PTFE 膜价格和 PVDF 膜相比也更有竞争力，如本研究中所采用的日本华尔卡公司生产的 PTFE 膜，其成本在整个工程中仅占 10%～15%。此外，PTFE 膜具有极强的耐绝缘性，不受环境及频率的影响，体积电阻可达 1018Ω/cm²，介质损耗小，穿电压高，其具有的耐辐照性能，使其可以长期暴露于空气中，性能保持不变。

具有物理和化学特性稳定的 PTFE 膜已用于一些发达国家和地区的工业废水处理当中。例如，欧美、日本、中国台湾省、韩国等地，文献中有将其应用于膜蒸馏[6-12]和质子交换膜燃料电池[13-17]的报道，而关于应用 PTFE 膜处理采油废水的报道较少。如前文所述，三元驱采油废水成分复杂，碱度高，pH 值高达 11 以上，PTFE 膜在处理三元驱采油废水过程中，具有自身无相变、对膜寿命没有影响以及其具有竞争力的价格等优势，是处理三元驱采油废水的优选材料。

2.2 微滤膜处理采油废水的效能

本节首先构建了一套连续流膜滤系统，并对该系统的运行参数进行了优化，考察了在最优运行参数条件下，PTFE 膜对三元驱采油废水的处理效能。三元驱采油废水中污染物成分复杂，污染物之间的相互作用对污染物的去除有重要的影响，以 APAM、油、含离子水样和表面活性剂这四类物质作为模拟三元驱采油废水中的目标污染物，考察它们的相互作用对污染物去除的影响。

2.2.1 微滤实验

2.2.1.1 PTFE 膜

本研究选用的聚四氟乙烯平板膜为日本华尔卡公司生产。该平板膜是由两侧的 PTFE 膜面和中间的聚对苯二甲酸乙二醇酯支撑层构成。膜表面的有效长度和宽度分别是 290mm 和 180mm，其两面的总有效面积为 0.1m²，平均孔径为 0.1μm。

PTFE 平板膜如图 2-2 所示。

图 2-2 PTFE 平板膜

2.2.1.2 三元驱采油废水水质和料液的配制

（1）三元驱采油废水水质

本研究在现场试验所采用的三元驱采油废水取自大庆采油二厂经过混凝、气浮、高级氧化和砂滤处理的出水。具体水质指标见表 2-1。

表 2-1 进水水质

水质指标	浓度
粒径中值	$3.32\sim9.62\mu m$
pH 值	$10.3\sim12.6$
油	$5.43\sim6.73mg/L$
悬浮物	$71\sim109mg/L$
COD	$986\sim1172mg/L$
APAM	$683\sim790mg/L$
表面活性剂	$20\sim53mg/L$
TOC	$1262\sim1499mg/L$
浊度	$15.2\sim18.9NTU$
CO_3^{2-}	$1500\sim2500mg/L$
HCO_3^-	$2500\sim3500mg/L$

（2）含油水样的配制

试验中采用的原油取自大庆采油二厂。采用文献[18]所述的超声-电动搅拌联用方式配制含油溶液，向三角瓶中倒入一定体积的超纯水，将其置于开启的超声清洗器中，向三角瓶中加入事先准备好的液态原油（60℃熔化），采用电动增力搅拌器对试样进行搅拌 1h，最终获得含油溶液。由于该方法配制的油颗粒无法长期稳定于水中，为保证实验的准确性，实验中所用到的含油溶液均为现配现用。

（3）含 APAM 水样的配制

试验中采用的 APAM 是由大庆炼化公司生产，分子量为 200 万。取 APAM 粉末真空干燥去除水分后称量 1g 溶于 1000mL 容量瓶中，然后采用磁力搅拌器低速连续搅拌 24h，制成 1000mg/L 的 APAM 溶液。

（4）含离子水样的配制

根据三元驱采油废水水质组成，在每升超纯水中准确加入 2g Na_2CO_3、3.5g $NaHCO_3$、0.02g $CuCl_2$、0.05g $AlCl_3$、1g K_2CO_3、0.02g $CaCl_2$、0.02g $FeCl_3$ 和 0.406g $MgCl_2\cdot6H_2O$，搅拌均匀后则获得矿化度（TDS）为 6800mg/L 的含离子水样，然后采用氢氧化钠将溶液 pH 值调至 12，具体离子构成见表 2-2。

表 2-2 离子构成

离子类型	浓度/（mg/L）
Na^+	1826.25
Cu^{2+}	9.48
K^+	565.22

续表

离子类型	浓度/（mg/L）
Ca^{2+}	7.21
Mg^{2+}	48
Fe^{3+}	6.89
Al^{3+}	10.11
Cl	218.31
HCO_3^-	2541.67
CO_3^{2-}	1566.86
TDS	6800

2.2.1.3　试验装置

分别采用两套不同的试验装置（连续流膜过滤试验装置、死端过滤试验装置）进行现场试验和实验室小试。连续流膜过滤试验装置如图 2-3 所示，流程见图 2-4。装置主要由有效体积为 $0.06125m^3$ 的正方体膜池，有效膜面积为 $4×0.1m^2$ 的平板膜组件，进水槽、出水槽、清洗药箱、泵、电磁阀、压力表和 PLC 自控系统等组成。

图 2-3　连续流膜过滤试验装置

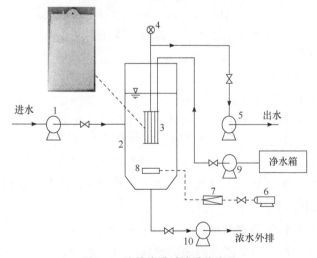

图 2-4　连续流膜过滤试验流程

1—进水泵；2—贮水池；3—膜组件；4—真空表；5，10—恒流泵；6—曝气泵；7—流量计；8—曝气头；9—反洗泵

死端过滤试验装置如图 2-5 所示，流程见图 2-6。试验装置主要包括：a. 氮气压力罐；b. 超滤杯，内径为 68mm，有效容积为 200mL，有效过滤面积为 0.036m²；c. 电子天平和数据采集设备。PTFE 膜片在使用之前均需放于超滤杯中，在 0.1MPa 压力下用去离子水预压 30min[19-20]，从而消除膜体的压实效应。

图 2-5　死端过滤试验装置

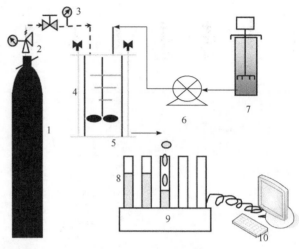

图 2-6　死端过滤流程

1—氮气驱动瓶；2—减压阀；3—压力表；4—超滤杯；5—PTFE 膜片；6—蠕动泵；7—进水槽；8—渗透液；9—电子天平；10—数据采集器

2.2.1.4　过滤装置操作方法

（1）连续流过滤装置操作方法

现场实验采用连续流过滤装置，以恒通量方式运行，开启进水泵，将原水运送到贮水池，将 PTFE 平板膜浸没于贮水池，同时开启恒流泵和曝气泵，全过程由装置的自控 PLC 系统控制电磁阀来完成。运行参数：过滤 9min，间歇 1min，反洗周期 60min，反洗 1min。运行通量和反洗通量分别为 10L/（m²·h）和 90L/（m²·h），气洗强度为 10m³/（m²·h）（按照膜池底面积计算）。当跨膜压差增大到 70kPa 时装置停止运行，对 PTFE 膜片进行化学清洗[21]。

（2）死端过滤装置操作方法

采用死端过滤装置在实验室进行小试研究，运行过程如下：首先开启蠕动泵将配制的不同进水输送至位于磁力搅拌器上的超滤杯内，连接好管路系统后打开减压阀将压力调至 0，膜滤过程开始，在膜滤过程中，为了避免超滤杯中的料液浓度对膜滤的影响，试验通过手动调节蠕动泵转速的方式使超滤杯内的液面维持在相同高度[22]。膜滤的出水用烧杯收集备用，并检测相应的水质指标，膜通量由电子天平记录的重量变化数据进行计算。

2.2.1.5　膜清洗方法

（1）连续流过滤过程的清洗方法

连续流膜滤装置运行一段时间，膜两侧的跨膜压达到 70kPa，表明膜已严重污染，需要对膜进行化学清洗，以恢复膜通量。将受污染的 PTFE 平板膜放到 40℃清洗池中浸泡清洗 3.35h，所用的清洗药剂含有 1%的 NaOH、0.72% NaClO 和 0.65%的盐酸。

（2）死端过滤过程的清洗方法

死端过滤清洗过程如下：自来水冲洗 5min；将膜片分别放置在清洗剂中浸泡 90min；再用自来水冲洗 5min 以除去残留的化学清洗剂；最后将清洗后的 PTFE 膜片放入去超纯水中振荡清洗 60min。

2.2.1.6　膜通量恢复情况评价方法

膜通量是指单位时间内，单位膜面积上透过的渗积物的体积[23]。其定义式为：

$$J = \frac{V}{St} \tag{2-1}$$

式中　J——膜的通量，$L/(m^2 \cdot h)$；

　　　V——透过渗积物的体积，m^3；

　　　S——膜的有效面积，m^2；

　　　t——过滤时间，h。

将 PTFE 新膜和清洗后的膜片放入连续流过滤装置中，通过调节泵的转速，使压力恒定在 10kPa，在恒压力的作用下过滤超纯水，记录 5min 时间间隔内 PTFE 膜的透水量，分别计算膜初始通量和清洗后通量。通过式（2-2）计算通量恢复率（FR）来评价清洗效果，通量恢复率的计算公式如下所示：

$$FR = \frac{清洗后通量 - 污染后通量}{初始通量 - 污染后通量} \times 100\% \tag{2-2}$$

2.2.2　PTFE 膜处理三元驱采油废水的运行参数优化

运行参数对膜污染、产水率和膜寿命等都具有一定的影响，因此本节对 PTFE 膜处理三元驱采油废水的运行参数进行优化，从膜污染及产水率层面确定最优的运行参数，以延缓膜污染、提高产水率、延长膜寿命。本研究采用图 2-3 所示的连续流膜滤试验装置对三元驱采油废水进行了长期的现场试验，根据进水水质特点对运行参数进行优化，优化的主要运行参数包括膜通量、反洗周期、反洗强度和气洗强度。

2.2.2.1　膜通量的优化

本研究中运行参数为：过滤 9min，间歇 1min，反洗周期为 60min，反洗时间为 1min，反洗方式为水力反洗，反洗强度为 90L/($m^2 \cdot h$)，过滤过程中一直曝气，气洗强度为 10m^3/($m^2 \cdot h$)，膜通量分别为 10L/($m^2 \cdot h$)、20L/($m^2 \cdot h$) 和 30L/($m^2 \cdot h$)，其膜污染程度采用跨膜压的增长来表征。

不同通量下 PTFE 膜跨膜压的变化如图 2-7 所示。由图 2-7 可以看出，在过滤的初期，随着膜通量的增加，其跨膜压增长，膜通量为 30L/($m^2 \cdot h$) 的跨膜压增长趋势明显大于 10L/($m^2 \cdot h$) 和 20L/($m^2 \cdot h$) 时的跨膜压，而膜通量为 10L/($m^2 \cdot h$) 的跨膜压增长最为缓慢。水中大分子的 APAM、油、悬浮物等迅速在膜表面沉积，形成滤饼层，增大了水透过膜的阻力，跨膜压增长。在运行的稳定阶段，不同膜通量的跨膜压没有明显的变化，这可能是随着过滤的进行，膜孔内部的堵塞和凝胶层的形成使得膜污染达到一种动态平衡，膜的透水量达到稳定。膜通量为 10L/ (m²·h) 的跨膜压在运行过程中比较稳定，跨膜压在 60kPa 以下，这表明在低通量运行条件下，呈现出较小的膜污染，原因是在低通量时，污染物透过膜等的浓度小，跨膜压小，滤饼层压实作用小[24]。故以下实验采取的通量是 10L/ (m²·h) 。何青等[25]在关于操作条件及运行通量对超滤膜污染的影响研究中指出，运行通量为 12L/ (m²·h) 和 18L/ (m²·h) 时，在运行 144h 后，其跨膜压增长缓慢；随着运行通量的提高，膜系统跨膜压有增长加快的趋势，这与本研究结论一致，低通量运行对延缓膜污染有促进作用。

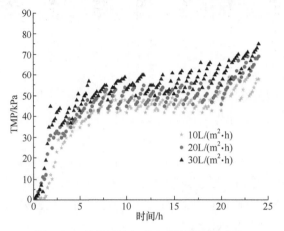

图 2-7 不同通量下 PTFE 膜跨膜压的变化

2.2.2.2 反洗周期的优化

图 2-8 显示了在膜通量为 10L/(m²·h)，反洗通量为 90L/(m²·h)，气洗强度为 10m³/(m²·h)，过滤 9min，间歇 1min，反洗 1min，反洗周期分别为 30min、60min、120min 和 180min 时三元驱采油废水膜滤过程中 TMP 的变化情况。从图 2-8 中可以看出，当反洗周期为 30min 时跨膜压差增长速率最慢，经过 24h 运行后跨膜压差低于 60kPa。随着反洗周期的延长，跨膜压差增长明显，当反洗周期为 180min 时跨膜压差增长速度急剧上升，在经过 24h 的运行后跨膜压差能达到 76kPa 左右。随着反洗周期延长，沉积在膜表面的 APAM 和油含量增加，导致严重的膜污染现象产生，进而引起跨膜压差迅速增长；缩短反

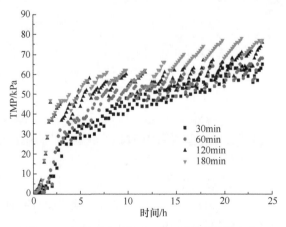

图 2-8 不同反洗周期下 PTFE 膜跨膜压的变化

洗周期可以使膜孔内的污染物和膜表面松散的滤饼层从膜上脱离，可以减缓膜污染。然而，随着反洗周期的延长，膜表面的滤饼层会逐渐变得密实，从而不易通过反洗从膜上脱离，致使 TMP 的快速增长。因此，缩短反洗周期即增加反洗频率有利于减缓膜污染，但太频繁的反洗既会增加能耗也会增加清水的消耗，反洗周期为 30min 和 60min 时，其产水率分别是 25% 和 40%。综合考虑以上两点，将反洗周期设定为 60min 为宜。王磊等[26]在采用超滤技术处理三菱造纸厂黑液经井水的研究中发现，随着反洗周期的延长其 TMP 迅速增长，当反洗周期为 30min 时的跨膜压增长比较缓慢。其结果与本研究相似，缩短反洗周期可以减轻膜污染。

2.2.2.3　反洗强度的优化

图 2-9 显示了运行通量为 10L/(m²·h)，气洗强度为 10m³/(m²·h)，过滤 9min，间歇 1min，反洗周期 60min，反洗时间 1min，反洗通量分别为 30L/(m²·h)、60L/(m²·h)、90L/(m²·h)、120L/(m²·h) 时 PTFE 膜处理三元驱采油废水过程中的 TMP 随时间变化规律。

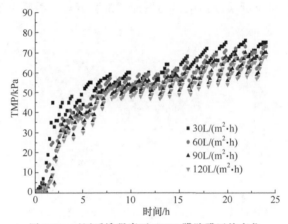

图 2-9　不同反洗强度下 PTFE 膜跨膜压的变化

图 2-9 结果表明，反洗强度与跨膜压的增长速度呈负相关。反洗强度较小时，TMP 增长速度较快；随着反洗强度的增大，TMP 增长速度较小。反向通过膜的流速增大就会将膜孔内部和膜表面上的污染物冲刷下来，水力反洗强度的增大有助于减轻膜污染，这与之前的研究结果相同[27]。当反洗通量达到 90L/(m²·h)、120L/(m²·h) 时，TMP 随时间变化曲线差异较小，表明此二者反洗强度对膜污染的清洗水平相当，这主要是因为反冲洗只能清除可逆膜污染。然而，增大水力反洗强度，就会使过滤过程中产水率降低，在反洗通量为 90L/(m²·h) 和 120L/(m²·h) 时，其产水率分别为 40% 和 33%；除此，在实际生产过程中，反洗通量不能增加过高[28]。因此综合以上分析，在处理三元驱采油废水时反洗通量设定为 90L/(m²·h) 较为合理。

2.2.2.4　气洗强度的优化

本研究中运行条件为：过滤 9min，间歇 1min，膜通量为 10L/(m²·h)，反洗周期为 60min，反洗时间为 1min，反洗方式为水力反洗，反洗通量 90L/(m²·h)，过滤过程中一直曝气，气洗强度分别为 0m³/(m²·h)、10m³/(m²·h)、20m³/(m²·h) 和 30m³/(m²·h) 时，PTFE 膜跨膜压的变化如图 2-10 所示。

当气洗强度分别是 0m³/(m²·h)、10m³/(m²·h)、20m³/(m²·h) 和 30m³/(m²·h)（按

膜池底面积计算）时，过滤装置运行 24h 之后，跨膜压分别增大到 78kPa、70kPa、69kPa 和 70kPa。气洗强度分别为 10m³/(m²·h)、20m³/(m²·h) 和 30m³/(m²·h) 的跨膜压变化不大，相比于气洗强度为 0m³/(m²·h) 时，跨膜压略有降低，说明 PTFE 膜处理三元驱采油废水过程中气洗对膜污染有一定的减缓作用，曝气作用破坏膜外浓差极化层的稳定性，气流作用加强对膜表面滤饼层的剪切作用，造成滤饼层的松动乃至脱落[29]。而图 2-10 中气洗强度分别为 10m³/(m²·h)、20m³/(m²·h) 和 30m³/(m²·h) 对应的曲线几乎重叠在一起，说明气洗强度的增加对膜污染的减缓并不明显，造成这样结果的原因是大分子物质在膜表面形成了滤饼层，并且其黏度比较大，与膜的结合力较强，通过气体的冲洗作用不明显。在实际运行时，气洗强度过大会显著增大能耗，因此认为 10m³/(m²·h) 为本研究中优化气洗强度。张伟等[30]在采用混凝/浸没式超滤膜工艺处理微污染地表水的运行工况和处理效果研究时发现，当实验室小试装置连续运行 8h 时，气洗强度为 20m³/(m²·h) 和 32m³/(m²·h) 所对应的 TMP 曲线基本重合，且 TMP 增加值低于气洗强度 8m³/(m²·h) 所对应的 TMP 增加值，同样说明了曝气可以延缓膜污染，但增加气洗强度对延缓膜污染作用不显著。

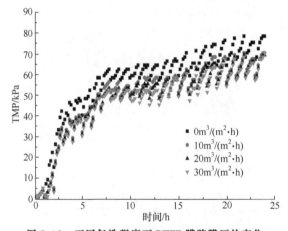

图 2-10　不同气洗强度下 PTFE 膜跨膜压的变化

2.2.3　PTFE 膜处理三元驱采油废水的污染物去除效果

采用图 2-3 连续流膜滤试验装置对三元驱采油废水进行了长期的现场处理试验，膜池进水是三元驱采油废水经过混凝、气浮、高级氧化和砂滤处理的，进水水质组成如表 2-1 所列。连续流过滤装置采用 PLC 控制，具体运行参数如下：过滤 9min，间歇 1min，反洗周期为 60min，反洗时间为 1min，反洗方式为水力反洗，反洗通量为 90L/(m²·h)，过滤过程中一直曝气，气洗强度为 10m³/(m²·h)（按照膜池底面积计算）。当跨膜压差增大到 70kPa 时，设备停止运行，进行膜片化学清洗。

2.2.3.1　PTFE 膜对油的去除效果

油是三元驱采油废水中的主要污染物之一，当油类漂浮在水面上时，这种烃类矿化物质不但会影响气-液界面间氧气的交换，而且一旦油类在水中扩散开来会消耗水中的溶解氧并造成水质恶化。因此，油类物质的去除是三元驱采油废水处理的重要目标之一。

PTFE 膜对油的去除效果如图 2-11 所示。

　　原水中油的浓度为 5.43～6.73mg/L，经过 PTFE 膜处理后，出水中油的浓度降到 1.02～1.48mg/L，去除率为 74.82%～83.6%。可见，PTFE 膜对油的去除率很高，原水中油的平均粒径大于 0.1μm[4,31-32]，比膜孔径大，油一部分直接被膜截留，一部分可能是被大分子的 APAM 包裹而被膜截留。随着过滤的进行，膜池中油的浓度和黏度相继增大，提高了污染物的吸附速率，也增大了膜表面的渗透压，导致油滴颗粒压缩变形，进入膜孔[33]。三元驱采油废水的高 pH 值可引起油颗粒的 Zeta 电位的升高，使油易于吸附在膜表面[34]。原水中存在大量无机离子，使得油溶液脱稳，小颗粒发生团聚，溶液中残余的粒径尺寸较小的油粒子仍能够与膜接触后进入膜孔[35]。

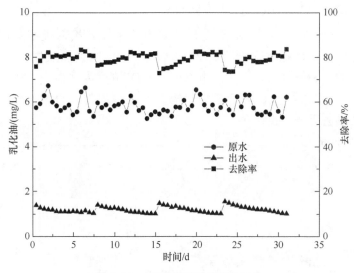

图 2-11　PTFE 膜对油的去除效果

2.2.3.2　PTFE 膜对 APAM 去除效果

　　PTFE 膜对 APAM 去除效果如图 2-12 所示，原水中 APAM 的含量为 683～790mg/L，

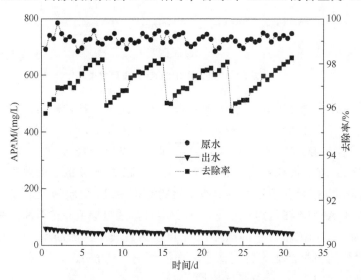

图 2-12　PTFE 膜对 APAM 的去除效果

经 PTFE 膜处理后，出水的 APAM 的含量为 43~60mg/L，去除率为 95.8%~98.25%，可见 PTFE 膜对 APAM 去除效果非常好。在过滤过程中，膜池中 APAM 浓度增加，使 APAM 分子间相互缠绕，在膜表面形成一层较厚的 APAM 滤饼层，原水中存在大量的无机盐离子，使 APAM 胶体自身所带负电荷得到中和，旋转半径降低，APAM 进入膜孔。在高 pH 值的作用下，APAM 水解程度增大，导致 APAM 黏度增大，通过分子之间力的作用使 APAM 分子粒径增大[36]，截留在膜表面。由于原水中的线型高分子 APAM 在采油过程和前端的预处理过程中会发生分子链断裂，形成分子量较小的 APAM，这部分分子量较小的 APAM 片段无法被 PTFE 膜有效截留，所以经膜过滤后出水中仍然有一定量的聚合物。

2.2.3.3　PTFE 膜对 TOC 和 COD 的去除效果

化学需氧量（COD）反映了水质受有机物和还原性无机盐类污染的程度，同时也是有机物相对含量高低的指标之一[37]。PTFE 膜对 COD 的去除效果如图 2-13 所示，进水的 COD 浓度为 986~1172mg/L，出水的 COD 浓度为 134~189mg/L，去除率为 79.27%~87.37%。出水中 COD 含量仍然较高，这是因为部分油类物质以乳化态、溶解态形式存在难以去除。

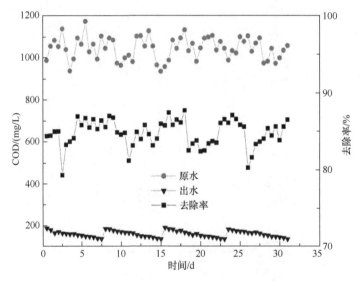

图 2-13　PTFE 膜对 COD 的去除效果

三元驱采油废水中所含有的有机碳主要来源于石油中的各种烃类、聚合物和表面活性剂，图 2-14 显示了 PTFE 膜对 TOC 的去除效果。原水的 TOC 的含量为 1262~1499mg/L，经 PTFE 膜过滤后出水的 TOC 的含量有明显的降低，为 131~246mg/L，其去除率为 81.56%~91.47%，大部分的 TOC 被膜截留，其去除效果与油和 APAM 的去除效果趋势相同，证明了 APAM 和油都可以在膜孔和膜表面形成一定的有机污染，使膜污染加重，增大跨膜压差。在过滤过程中油和 APAM 在压力作用下压缩变形直接透过膜孔；在石油开采和预处理过程中长链 APAM 断裂，形成小分子的 APAM 也可以透过膜孔；除油和 APAM 外，三元驱采油废水还含有大量的极易溶于水的阴离子表面活性剂（SDBS），分子量不大，很难被 PTFE 膜截留，这都是出水中 TOC 含量高的原因。

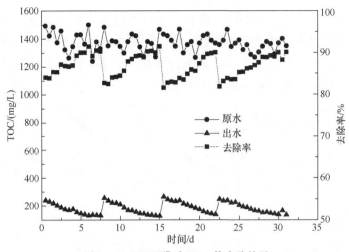

图 2-14　PTFE 膜对 TOC 的去除效果

2.2.3.4　PTFE 膜对 SS 和浊度的去除效果

　　浊度是衡量水的感观性指标的重要因素，对于尺寸大于孔径的颗粒性和胶体性物质，PTFE 膜可通过物理筛滤截留作用将其去除。PTFE 膜对浊度的去除效果如图 2-15 所示。进水的浊度在 15.2～18.9NTU 之间，出水的浊度为 0.02～0.54NTU，PTFE 膜对浊度的去除效果比较好，去除率为 94.4%～99.8%。与此同时，一些尺寸小于膜孔径的颗粒性物质可被 APAM 所吸附和包裹，并随着 APAM 的去除一起被去除[38]。

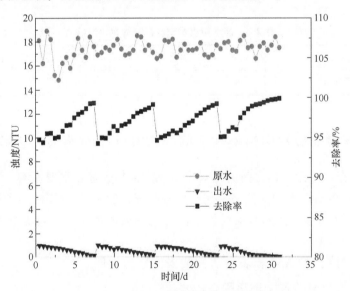

图 2-15　PTFE 膜对浊度的去除效果

　　悬浮物（SS）是油田回注水一个比较重要的控制指标，因此能否将悬浮物含量有效地降低是衡量 PTFE 膜对污染物去除效果的重要因素，PTFE 膜对 SS 的去除效果如图 2-16 所示。原水的 SS 的含量为 71～109mg/L，出水的 SS 的含量为 1～11mg/L，去除率为 88.42%～98.95%。张学东[39]分别采用陶瓷超滤膜和改性 PVDF 超滤膜处理聚驱采油废水，出水 SS

分别小于 2mg/L 和 0.4mg/L，其使用的膜孔径比本研究小，故出水 SS 效果要优于本研究。表 2-3 显示了原水和出水中悬浮物的粒径中值。粒径中值也是油田回注水一个比较重要的控制指标，从表 2-3 可以看出，出水中的悬浮物粒径中值不能检出，这说明 PTFE 膜对三元驱采油废水中的悬浮物有很好的去除效果。

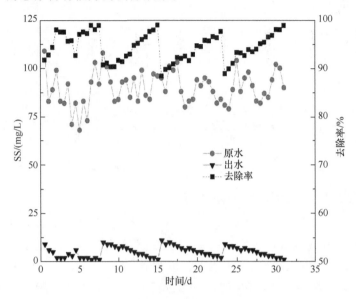

图 2-16　PTFE 膜去除 SS 的效果

表 2-3　原水和出水中悬浮物的粒径中值

指标	原水	出水
粒径中值/μm	3.32～9.62	未检出

2.2.4　三元驱采油废水中污染物之间的相互作用对污染物去除率的影响

三元驱采油废水中污染物之间的相互作用对污染物去除有重要影响。本节以 APAM、油、含离子水样和表面活性剂这四类物质作为模拟三元驱采油废水中的污染物，采用图 2-5 死端过滤试验装置来考察它们的相互作用对污染物去除的影响，试验条件为：膜室温度 40℃，压力 0.01MPa。

2.2.4.1　离子对油、APAM 和表面活性剂去除率的影响

（1）离子对 APAM 去除率的影响

分别采用超纯水和 2.2.1.2 部分所述的含离子水样配制浓度为 700mg/L 的 APAM 溶液，利用死端过滤装置分别对两种配水膜滤处理 6h，每隔 1h 取一次水样测定 APAM 浓度，不同条件下 APAM 的去除情况如图 2-17 所示。

在过滤的前 4h 内，随着过滤时间的延长，两种配水的 APAM 去除率都呈现升高的趋势，分别从 87.3% 和 75.1% 升高到 90.1% 和 77.9%，在 4h 之后便趋于平稳，其原因是随

着过滤的进行，膜孔堵塞和滤饼层形成，使得有效膜孔变小，截留能力增强。此外，离子的加入导致了 APAM 去除率的降低（去除率降低 10%），出现这一现象的原因有两个方面：一是金属阳离子的存在，特别是 Ca^{2+} 等高价阳离子能够中和 APAM 分子的电负性，使得本来伸展的线型分子发生缠绕卷曲，降低 APAM 的有效分子半径，增加 APAM 分子透过 PTFE 膜的能力；二是由于大量离子出现后，APAM 分子周围水化层中的水分子会更加倾向于与离子结合，从而降低 APAM 分子水化层的厚度，这一现象同样会导致 APAM 有效分子尺寸的减小。

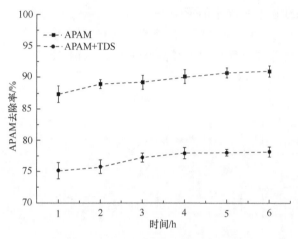

图 2-17　离子对 APAM 去除率的影响

（2）离子对油去除率的影响

分别采用超纯水和 2.2.1.2 部分所述的含离子水样配制浓度为 6mg/L 油溶液，利用死端过滤装置分别对两种配水膜滤处理 6h，每隔 1h 取一次水样进行油浓度测定，油的去除情况如图 2-18 所示。

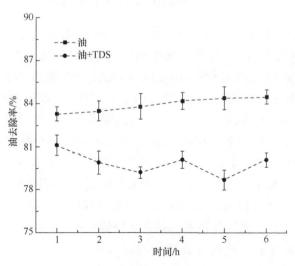

图 2-18　离子对油去除率的影响

随着过滤时间的延长，油的去除率呈上升的趋势，由最初的83.3%上升到84.5%，原因主要是随着过滤的进行，膜孔堵塞和滤饼层形成，使得膜孔变小，增大了过滤阻力。离子的加入使得油的去除率降低，主要原因是各种离子的存在，电解质压缩双电层作用使油滴颗粒脱稳，小颗粒的油滴分子透过PTFE膜，宏观上表现为离子的存在使油截留率降低[35]。有研究表明，离子的存在与否及离子的浓度对两种PVDF膜超滤油时的通量影响并不显著[4]，这与本实验结果不一致，分析原因两种PVDF膜孔径小于PTFE膜孔径，电解质压缩双电层作用使油滴颗粒脱稳，小分子的油进入PVDF超滤膜孔，形成堵孔污染。

（3）离子对表面活性剂去除率的影响

分别采用超纯水和2.2.1.2部分所述的含离子水样配制浓度为30mg/L的表面活性剂溶液，利用死端过滤装置分别对两种配水膜滤处理6h，每隔1h取一次水样进行水质分析，表面活性剂去除情况如图2-19所示。

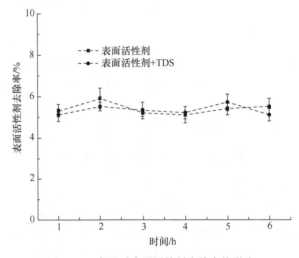

图2-19　离子对表面活性剂去除率的影响

随着过滤的进行，无论离子是否存在，表面活性剂的去除率均低于8%，且两种溶液的表面活性剂的去除率没有很大差异，说明离子的存在对表面活性剂的去除并没有明显的影响。表面活性剂去除率低的原因是表面活性剂分子的分子量远远小于所用PTFE膜的截留分子量，表面活性剂分子没有阻碍地透过PTFE膜。尽管如此，过滤过程仍然对表面活性剂产生了一定的去除效果，这种去除可归结于吸附作用，表面活性剂为两亲性分子，其疏水端与膜通过疏水作用吸附在膜孔和膜面上。图2-19中去除率随着过滤时间的增长而降低的现象则是由于随着表面活性剂分子与膜接触时间的增长，吸附趋于饱和，宏观上则表现为去除率的降低。

本节中已经研究了离子对APAM、油和表面活性剂去除的影响，因此在以下的研究内容中将含离子水样作为背景因素，分别研究在含离子水样中，三种有机组分（APAM、油和表面活性剂）之间的相互影响作用对污染物去除的影响。

2.2.4.2　APAM对油和表面活性剂去除率的影响

（1）APAM对油去除率的影响

分别采用2.2.1.2部分所述的含离子水样配制6mg/L油溶液、6mg/L油+700mg/L APAM

溶液,利用死端过滤装置分别对两种配水膜滤处理 6h,每隔 1h 取一次水样进行水质分析,油的去除情况如图 2-20 所示。APAM 使得油的去除率显著增加,并且随着运行时间的延长,去除率升高,由 85.3% 升高到 90.8%。原因是进水中的高浓度 APAM 能够进入膜孔造成膜孔堵塞或形成滤饼污染层,这两种污染形式均能对油的有效截留创造条件,膜孔堵塞能够降低有效膜孔,滤饼层形成则是通过形成亲水性的 APAM 污染层而阻碍疏水性的油靠近并透过 PTFE 膜。

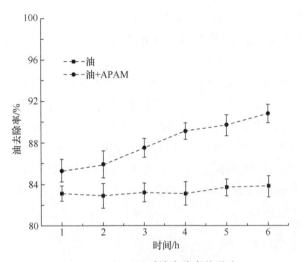

图 2-20　APAM 对油去除率的影响

(2) APAM 对表面活性剂去除率的影响

分别采用 2.2.1.2 部分中所述的含离子水样配制 30mg/L 表面活性剂溶液、30mg/L 表面活性剂+700mg/L APAM 溶液,利用死端过滤装置分别对两种配水过滤处理 6h,每隔 1h 取一次水样进行水质分析,表面活性剂的去除情况如图 2-21 所示。

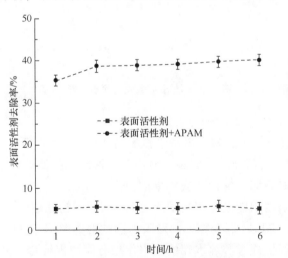

图 2-21　APAM 对表面活性剂去除率的影响

表面活性剂的去除率由于 APAM 的加入而明显升高,在运行到 2h 之后,去除率趋于稳定，达到 40%左右。当含离子水样中只含有表面活性剂时，过滤过程对其去除率均在 8% 以下，上文已述及，这是因为表面活性剂的分子量远远低于过滤膜孔径。表面活性剂分子为两亲性分子，分子的一端为疏水性的烷基碳链，另一端为可解离的亲水性基团，如磺酸基。而 APAM 分子为高分子亲水性有机分子，在其线性的分子链中既有亲水性的羧基和酰胺基，也有疏水性的烷基，因此在 APAM 加入后表面活性剂分子能够通过其疏水端的疏水作用或亲水端的氢键作用与 APAM 相结合，从而形成 APAM 与表面活性剂的结合体，这种结合体能够被过滤膜截留，因此宏观上表现出了过滤膜对表面活性剂的去除。

2.2.4.3 油对 APAM 和表面活性剂去除率的影响

（1）油对 APAM 去除率的影响

分别采用 2.2.1.2 部分所述的含离子水样配制 700mg/L APAM 溶液、700mg/L APAM+ 6mg/L 油溶液，利用死端膜滤装置分别对两种配水过滤处理 6h，每隔 1h 取一次水样测定 APAM 浓度。油对 APAM 去除率的影响如图 2-22 所示。油与 APAM 之间有着类似的相互影响，油同样提高了 APAM 的去除率，从 90.3%升高到 93.9%，这是由于油能够通过疏水作用力吸附于过滤膜的膜孔或膜面上，离子的存在压缩双电层作用使油滴颗粒脱稳进入膜孔，这都会降低 PTFE 膜的有效孔径，更小的有效孔径增大了 APAM 的去除率。

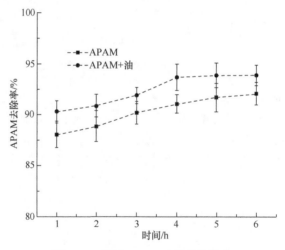

图 2-22　油对 APAM 去除率的影响

（2）油对表面活性剂去除率的影响

分别采用 2.2.1 部分中所述的含离子水样配制 30mg/L 表面活性剂溶液、30mg/L 表面活性剂+6mg/L 油溶液，利用死端过滤装置分别对两种配水膜滤处理 6h，每隔 1h 取一次水样进行水质分析。油对表面活性剂的去除率如图 2-23 所示。

油的加入使表面活性剂的去除率有很大提高，在运行初期增大了 20%左右，运行到 4h 时，去除率趋于稳定，可以接近 30%。油对表面活性剂的影响与 APAM 对其的影响机理类似，表面活性剂分子能够通过其疏水端的疏水作用与原油相结合，从而形成原油与表面活性剂的结合体，这种结合体能够被 PTFE 膜截留，因此宏观上表现出了过滤膜对表面活性剂的去除。

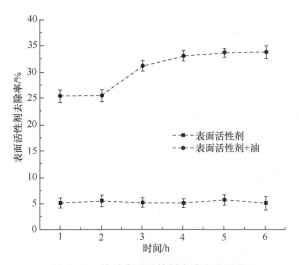

图 2-23　油对表面活性剂去除率的影响

2.2.4.4　表面活性剂对 APAM 和油去除率的影响

（1）表面活性剂对 APAM 去除率的影响

分别采用 2.2.1.2 部分所述的含离子水样配制 700mg/L APAM 溶液、700mg/L APAM+ 30mg/L 表面活性剂溶液，利用死端过滤装置分别对两种配水膜滤处理 6h，每隔 1h 取一次水样测定 APAM 浓度，APAM 的去除情况如图 2-24 所示。

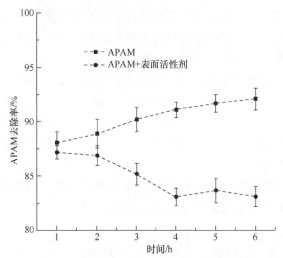

图 2-24　表面活性剂对 APAM 去除率的影响

表面活性剂降低了 APAM 的去除率，由 87.2%降低到 83.1%，这一影响作用与上文出现的其他影响作用截然不同。加入了阴离子表面活性剂后，带负电的 APAM 与阴离子 SDBS 通过静电作用使 APAM 带有疏水侧链，静电作用导致的重新缔合比较困难，使 APAM 黏度降低[40]。两亲性的表面活性剂能够通过其疏水端的疏水作用吸附在膜孔的内壁上，此时其亲水端伸展于溶液中，从而形成了更为亲水的传质通道，这种更为亲水的通道对于 APAM 分子的通过具有"润滑作用"，有利于 APAM 分子透过 PTFE 膜而出现在膜滤出水中，这就表现出 APAM 去除率的降低。

（2）表面活性剂对油去除率的影响

分别采用 2.2.1.2 部分所述的含离子水样配制 6mg/L 油溶液、6mg/L 油+30mg/L 表面活性剂溶液，利用死端过滤装置分别对两种配水膜滤处理 6h，每隔 1h 取一次水样进行含油量测定，油的去除情况如图 2-25 所示。

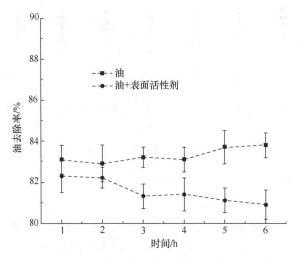

图 2-25　表面活性剂对油去除率的影响

与 APAM 的情况类似，表面活性剂在溶液中的存在同样降低了 PTFE 膜对油的去除率，由 82.3% 降低到 80.9%。但表面活性剂对油的影响机理与 APAM 有所不同，表面活性剂分子分布于油水两相界面，其极性分子和非极性分子分别伸入水和油中，导致油粒表面被表面活性分子包裹，阻止或减缓其聚集成大颗粒，油水界面张力降低，使原油在水中的溶解度增大[41]，另一方面是油带有负电，其表面形成扩散双电层，因油粒间的排斥作用，阻止了相互间的碰撞导致的油粒聚结[42]。乳化后的油滴具有更小的粒径和稳定性，能够更加稳定地存在于溶液中并更容易地透过 PTFE 膜，这也正是三元驱采油废水更加难于处理的原因所在。

本部分优化了 PTFE 膜处理三元驱采油废水中试系统的运行参数，在最优运行参数下考察了 PTFE 过滤膜对三元驱采油废水的处理效果，并研究了三元驱采油废水中污染物之间的相互作用对污染物去除的影响。得出以下结论。

① 随着膜通量的增大，跨膜压显著增长，膜通量为 $10L/(m^2 \cdot h)$ 时，跨膜压增长最为缓慢；缩短反洗周期可以降低跨膜压，反洗周期为 30min 时，其产水率为 25%，低于反洗周期为 60min 的产水率（40%）；增大反洗强度可以降低跨膜压，同时会使产水率降低，反洗强度为 $90L/(m^2 \cdot h)$ 和 $120L/(m^2 \cdot h)$ 的跨膜压增长曲线几乎重合，但前者的产水率为 40% 高于后者的 33%；气洗强度为 $10m^3/(m^2 \cdot h)$、$20m^3/(m^2 \cdot h)$ 和 $30m^3/(m^2 \cdot h)$ 时跨膜压变化不大，说明气洗强度的增加对膜污染的减缓并不明显，但相比于气洗强度为 $0m^3/(m^2 \cdot h)$ 时，跨膜压略有降低。

② PTFE 膜对三元驱采油废水的污染物的去除效果较好，其中油、APAM、TOC、油

度、SS 的去除率分别为 74.82%～83.6%、95.8%～98.25%、81.56%～91.47%、94.4%～99.8%、88.42%～98.95%。

③ 通过研究三元驱采油废水中污染物之间的相互作用对污染物去除的影响，发现离子会降低 APAM 和油的截留率，对表面活性剂的去除率影响不大；在含离子水样中，APAM 可以增大油和表面活性剂的去除率；而油可以增大 APAM 和表面活性剂的去除率；表面活性剂降低了 APAM 和油的去除率。

2.3　微滤膜处理采油废水的膜污染机理

由 2.2 部分 PTFE 膜对三元驱采油废水的处理效能研究可知，PTFE 膜能够有效截留三元驱采油废水中的油、APAM、浊度和 SS 等污染组分，但在截留污染物的同时污染物与膜之间发生了物理化学作用，在膜上形成了污染物的吸附、沉积及膜孔堵塞，进而形成吸附污染、滤饼层污染和膜孔堵塞污染，使膜通量下降。本节采用 SEM-EDX、AFM 和 ATR-FTIR 等微观分析方法对处理三元驱采油废水的污染膜进行分析表征，以确定膜污染物组分；以油和 APAM 为吸附质，研究其在 PTFE 膜上的静态吸附规律；考察污染物单独作用及污染物之间相互作用对膜污染的影响；并对膜污染过程进行数学模拟，以深入地揭示 PTFE 膜处理三元驱采油废水的膜污染机理。

2.3.1　PTFE 膜处理三元驱采油废水的污染物分析

PTFE 膜处理三元驱采油废水过程中，其截留污染物的同时也发生膜污染现象，膜污染物的分析确定对于膜污染机理的分析和膜污染控制措施的选择均具有重要意义。因此，采用 SEM-EDX、AFM 和 ATR-FTIR 方法对受污染的 PTFE 膜进行表征，以确定膜污染物成分，并以油和 APAM 作为目标物，考察其在膜上的吸附污染，采用死端过滤装置来研究污染物单独作用及污染物之间相互作用对膜污染的影响。

2.3.1.1　膜污染物分析

采用 SEM-EDX、AFM 和 ATR-FTIR 方法对处理三元驱采油废水的 PTFE 污染膜进行表征，并对污染物成分进行分析。

（1）扫描电镜分析

图 2-26 显示了 PTFE 膜表面及断面的形貌结构 SEM 表征（书后另见彩图）。从图 2-26（a）中可以看出交织状新膜表面相对平整，膜孔清洗可见且均一化程度高。污染膜表面的 SEM 图如图 2-26（b）所示，由图 2-26（b）可知，膜表面的污染现象比较严重，有许多大颗粒污染物积累在膜面上，几乎所有的膜孔都已经被堵塞，形成膜孔堵塞污染，表面已看不到膜本身的结构特征。由于污染物的不断积累，污染膜表面凹凸不平，粗糙度很大。

图 2-26（c）和（d）为原膜和污染膜断面的 SEM 图，从图 2-26（c）可以明显看出膜的内表面有一层很薄的分离层，中间是纤维状的支撑层。长期运行后，膜表面形成了滤饼层污染，其污染物厚度为 2～3μm。

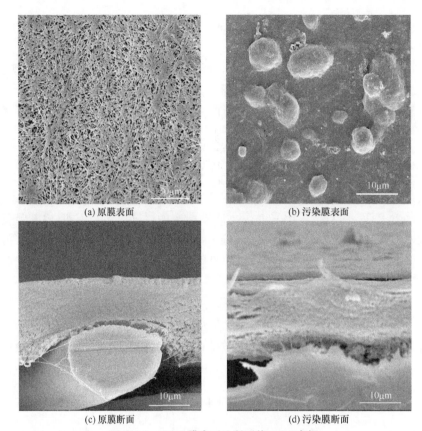

(a) 原膜表面   (b) 污染膜表面

(c) 原膜断面   (d) 污染膜断面

图 2-26　PTFE 膜表面及断面的 SEM 表征

（2）原子力显微镜分析

除了膜材料的本质化学属性，膜表面形貌同样是影响膜污染特性及膜分离性能的主要影响因素之一。本实验采用原子力显微镜对新膜及污染膜进行表面三维表征，其结果见图 2-27（书后另见彩图）。图 2-27（a）中颜色变化程度较轻，峰型小且密集，说明新的表面较为平整洁净。通过观察 2-27（b）可以看到图中颜色变化明显，已看不到原膜的形貌，峰大而稀疏且呈块状，数目较新膜明显减少，原因是污染物沉积在膜表面上，覆盖了原膜的形貌，这与扫描电镜分析结果相同。

为进一步研究污染物对 PTFE 膜的污染程度，采用原子力显微镜断面分析技术对原膜和污染膜的断面特征进行了分析。由图 2-27（c）、（d）可知，试验中采用的 PTFE 新膜断面呈锯齿状结构。然而，在处理三元驱采油废水之后，断面上的高峰和低谷都比较明显，这是由于污染物在膜上不断的积累，有一些胶体状污染物分散在污染层表面，这与图 2-26（b）得到的结果是一致的。

AFM 断面分析还提供了膜表面的粗糙度，以定量表征膜污染。本研究中采用了三个粗糙度参数进行说明：一是轮廓算数平均方差（R_a）；二是轮廓最大高度（R_z）；三是最高点和最低点的落差（R_{max}）。由表 2-4 可见，污染膜的三个参数都远远大于新膜，污染膜的粗糙度比新膜的高，这说明 PTFE 膜处理三元驱采油废水的膜污染程度很大。

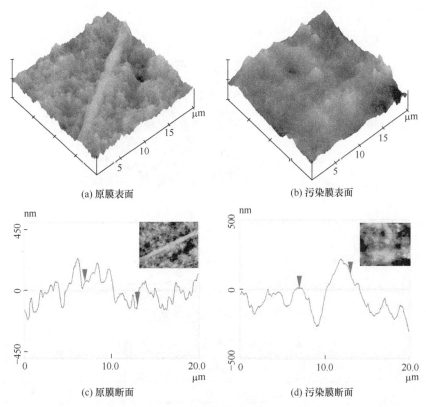

(a) 原膜表面　　　　　　　　　　　　(b) 污染膜表面

(c) 原膜断面　　　　　　　　　　　　(d) 污染膜断面

图 2-27　PTFE 膜表面及断面的三维 AFM 图

表 2-4　污染前后 PTFE 膜的粗糙度

参数	新膜/nm	污染膜/nm
R_a	44.3	86
R_z	122.6	287.8
R_{max}	228.9	402.1

（3）能谱分析

分别对 PTFE 新膜和处理三元驱采油废水的污染膜的膜面进行 EDX 扫描，结果见图 2-28，污染膜上的元素所占质量百分比见表 2-5。

由图 2-28 和表 2-5 可知，C、F 元素是膜本身的成分，污染膜上 C、O 元素含量增大，由原膜的 28.26% 和 6.68% 增大到 38% 和 14.02%，表明 PTFE 膜面上存在很多有机污染物，这可能是废水中含有的油类污染物、聚合物和表面活性剂；在污染膜上也出现了很多无机元素，证明膜表面存在无机污染，Fe 和 Si 是主要的无机污染元素，Ca 和 Cu 的含量也比较高，三元驱采油废水的碱度比较大，含有大量的 OH^-，推测可能是 SiO_2、$Fe(OH)_3$、$CaCO_3$、$MgCO_3$ 等无机物污垢。污染膜上还有少量的 Na、K 元素，有可能是被有机污染物包裹一起沉淀到膜面上。同时，EDX 结果表明污染后的膜表面 F 元素含量显著下降，说明膜表面均被污染物所覆盖且具有一定的厚度。

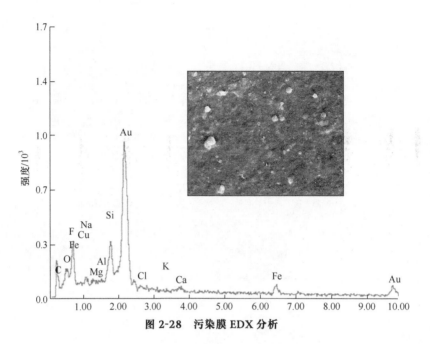

图 2-28　污染膜 EDX 分析

表 2-5　EDX 能谱分析结果（质量百分比）　　　　　单位：%

元素名称	新膜	污染膜
C	28.26	38
O	6.68	14.02
F	65.06	17.44
Cu	0.00	1.01
Na	0.00	2.11
Mg	0.00	0.37
Al	0.00	0.38
Si	0.00	9.54
Cl	0.00	0.86
K	0.00	0.59
Ca	0.00	2.12
Fe	0.00	13.55

（4）傅里叶变换红外光谱分析

通过检测膜污染物官能团中化学键的振动能量，ATR-FTIR 可以用于膜表面污染物的定性分析。

图 2-29 给出了原膜和污染膜表面官能团的 ATR-FTIR 图。相比较于原膜，污染膜的红外吸收光谱出现新的吸收峰，说明膜表面存在一定数量的污染物。其中，在 3284cm^{-1} 和 1550cm^{-1} 出现了两个特征吸收峰，其都代表酰胺类物质的 N—H 键，可以判断 3284cm^{-1} 和 1550cm^{-1} 的吸收峰标志着聚丙烯酰胺的存在[43]。在污染膜上还可观察到在 2923cm^{-1} 和 2853cm^{-1} 附近出现了两个特征吸收峰，其都是烷烃的 C—H 键，1641cm^{-1} 附近出现的吸收

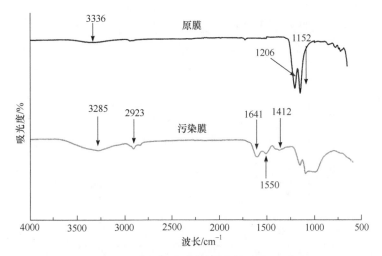

图 2-29　原膜和污染膜表面官能团的红外光谱

峰标志着烯烃 C=C 键的存在，1203cm⁻¹、1144cm⁻¹ 和 1044cm⁻¹ 分别是脂链醚的 C—O—C 键、醇类的 C—O 键和脂环醚的 C—O—C 键[44-45]。通过对比分析原膜和污染膜的 ATR-FTIR 光谱图，可以发现石油类物质和聚丙烯酰胺都是重要的有机膜污染物。

2.3.1.2　三元驱采油废水主要污染物的膜吸附污染机理

由于三元驱采油废水中的胶体、微粒及溶质等与 PTFE 膜之间发生了物理、化学的相互作用，污染物可以吸附在 PTFE 膜上，进而形成吸附污染，使膜通量下降。2.3.1.1 部分研究表明采油废水中的污染物主要为油和 APAM，故本节以油和 APAM 作为目标物，考察其在膜上的静态吸附污染机理。

（1）吸附质在 PTFE 膜上的吸附量计算

取一定浓度的吸附质溶液 200mL 放入 500mL 锥形瓶中，将 50cm² 的 PTFE 膜片浸泡于一定浓度的吸附质溶液中，并于 200r/min 条件下恒温振荡，以一定时间间隔测定浸泡液内吸附质浓度，并根据式（2-3）计算吸附质在 PTFE 膜片上的吸附量。

$$Q = \frac{(C_1 - C_2)V}{S} \tag{2-3}$$

式中　Q——吸附量，μg/cm²；

C_1——吸附质初始浓度，mg/L；

C_2——吸附质剩余浓度，mg/L；

V——水样体积，L；

S——有效膜面积，m²。

（2）油在 PTFE 膜上的吸附机理

将 50cm² 的 PTFE 膜片（确保足够的吸附敏感性）浸泡于 200mL 不同初始浓度的油溶液锥形瓶中，置于 200r/min 的空气浴振荡箱中恒温振荡，以一定时间间隔测定水中油的浓度，根据式（2-3）计算其吸附量，直至吸附平衡。

1）油在 PTFE 膜上的吸附热力学

① PTFE 膜上的吸附等温线。本研究采用 Langmuir、Freundlich 和 Temkin 三种典型吸

附等温模型对油在膜上的吸附过程进行非线性回归拟合，结果见图 2-30。

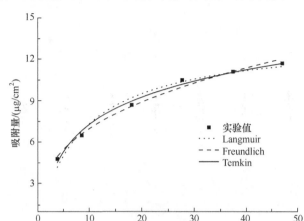

图 2-30　油在 PTFE 膜上的吸附等温线 （温度：313K；接触时间：48h）

可以看出，在油浓度相对较低时，PTFE 膜对油的吸附量随平衡浓度的增大而增大，当油浓度高于 30mg/L 时，其吸附量逐渐趋于稳定。表 2-6 是 3 种经典等温线模型拟合得出的等温线参数，从表 2-6 可以看出，Langmuir 模型得到的理论最大吸附量 q_m 为 13.555μg/cm²；在 Freundlich 模型中，n 是 Freundlich 模型常数，其数值为 0.3514，一般认为 $n>2$，表示难吸附；$0.1<n<0.5$ 时容易吸附[46]，证明油分子容易吸附在 PTFE 膜上。Langmuir、Freundlich 和 Temkin 三种模型的拟合程度均很高，拟合优劣程度为 Temkin>Freundlich>Langmuir，三种模型 R^2 都大于 0.95，分别为 0.97338、0.98633 和 0.98807。这一结果与王海芳等[47] 的研究结果不同，其认为油在改性 PVDF 膜上的吸附等温线类型以 Freundlich 为主；与衣雪松所研究的改性 PVDF 膜吸附油的等温线类型也不相同[4]；而本研究与谢雄的研究结果[46]相同，其采用改性 PVDF 膜吸附油，Langmuir 和 Temkin 模型的拟合度都较高，而Langmuir 模型基于每个吸附活性位点只能吸附一个吸附质分子的基本假设，其理论认为吸附属于单分子层吸附，并且分子间相互独立。而就油溶液的实际情况，膜吸附油显然是较复杂的多层吸附，从这个角度看，Temkin 模型更适合描述吸附过程。

表 2-6　油在 PTFE 膜上的吸附等温线参数

Langmuir 方程 $q=q_m kC/(1+kC)$	参数	k	q_m	R^2
		0.1176	13.555	0.97338
Freundlich 方程 $q=mC^n$	参数	m	n	R^2
		3.109	0.3514	0.98633
Temkin 方程 $q=a+b\ln C$	参数	a	b	R^2
		0.41869	2.84788	0.98807

② 在 PTFE 膜上的吸附热力学参数。本研究分别在 293K、303K、313K 和 323K 四种不同温度下研究油在 PTFE 膜上的吸附过程，油浓度为 5mg/L，接触时间 48h，油在 PTFE

膜上的吸附量随温度的变化如图 2-31 所示。随着温度的升高，油在 PTFE 膜上的吸附量逐渐降低，由 6.8μg/cm² 降低到 3.9μg/cm²，说明升高温度使膜对油的吸附能力变小，可推测此吸附行为为放热过程，与大多数吸附热力学规律相符。温度的升高可以加快油滴的布朗运动，获得更大的动能；另一方面温度的升高可以增大油的溶解度，这都是造成 PTFE 膜对油吸附量降低的原因。同时，该结果也表明，升高温度可以有效地减轻油在 PTFE 膜上的吸附污染。

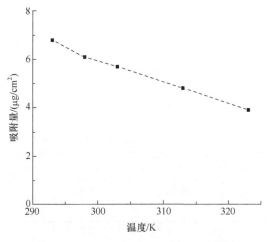

图 2-31　温度对油在 PTFE 膜上吸附的影响

为深入研究吸附质在 PTFE 膜上的吸附机理，需要求解吉布斯自由能 $\Delta_r G_m^\ominus$、焓 $\Delta_r H_m^\ominus$ 和熵 $\Delta_r S_m^\ominus$ 等热力学常数。

任意温度下的吉布斯自由能 $\Delta_r G_m^\ominus$(kJ/mol)：

$$\Delta_r G_m^\ominus = -RT\ln K \tag{2-4}$$

运用 Van't Hoff 方程求解标准摩尔反应焓 $\Delta_r H_m^\ominus$ 和熵 $\Delta_r S_m^\ominus$：

$$\Delta_r G_m^\ominus = \Delta_r H_m^\ominus - T\Delta_r S_m^\ominus \tag{2-5}$$

$$\ln K = \frac{\Delta_r S_m^\ominus}{R} - \frac{\Delta_r H_m^\ominus}{RT} \tag{2-6}$$

式中　T——吸附发生时的热力学温度，K；

　　　R——摩尔气体常数，8.314J/(K·mol)；

　　　K——吸附平衡常数。

通过 $\ln K$ 对 $1/T$ 作图后的斜率和截距可以计算获得焓 $\Delta_r H_m^\ominus$ 和熵 $\Delta_r S_m^\ominus$（见图 2-32），油在 PTFE 膜上吸附热力学参数见表 2-7。

从表 2-7 可以看出，在温度为 293K、303K、313K 和 323K 时，PTFE 膜吸附油的吉布斯自由能 $\Delta_r G_m^\ominus$ 分别为 4.21kJ/mol、4.91kJ/mol、5.61kJ/mol 和 6.31kJ/mol，在温度较高时 $\Delta_r G_m^\ominus$ 较高，温度较低时 $\Delta_r G_m^\ominus$ 较低。在较低温度时，$\Delta_r G_m^\ominus$ 趋近于零，油在 PTFE 膜上的吸附能力变强，而温度升高使吸附过程的自发性降低。焓变 $\Delta_r H_m^\ominus$ 值为负值（-16.24kJ/mol），表明 PTFE 膜吸附油过程是放热过程，再次说明了升高吸附温度会降低油的吸附量。研究

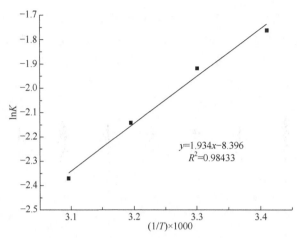

图 2-32　油在 PTFE 膜上吸附的 Van't Hoff 图

表 2-7　油在 PTFE 膜上吸附的热力学参数

$\Delta_r G_m^\ominus$/(kJ/mol)				$\Delta_r H_m^\ominus$/(kJ/mol)	$\Delta_r S_m^\ominus$/(J/mol)
293K	303K	313K	323K		
4.21	4.91	5.61	6.31	−16.24	−69.81

人员曾利用 $\Delta_r H_m^\ominus$ 的绝对值来区分物理吸附和化学吸附[48]，焓 $\Delta_r H_m^\ominus$ 在 5～20kJ/mol 范围内属于典型的物理吸附，$\Delta_r H_m^\ominus$ 值在 100～400kJ/mol 属于典型的化学吸附，本研究中的 $\Delta_r H_m^\ominus$ 的绝对值为 16.24，属于典型的物理吸附。Hulscher 等[49]认为吸附过程中与焓变相关的力，包括以非极性键存在的物理力和极性键形式存在的化学键力，由前面论述可知，该过程以物理吸附为主，故认为该过程的作用力以物理作用力为主，根据 B. Von Oepen 等[50]的实验结果，本实验的物理作用力主要是氢键作用。

2）油在 PTFE 膜上的吸附动力学

本研究分别采用 4 种动力学模型[51]（准一级动力学模型、准二级动力学模型、Elovich 模型、内扩散模型）对油在 PTFE 膜上吸附过程进行拟合，通过比较确定最适合此吸附过程的动力学模型，温度为 313K 时，不同初始浓度的油在 PTFE 膜上的吸附动力学曲线如图 2-33 所示。

从图 2-33 可以看出，三种不同初始浓度的油在吸附过程的前 16h，随着吸附时间的延长，吸附量都增加。经过 16h 的吸附之后，PTFE 膜对油的吸附量逐渐趋于平稳，即达到吸附平衡，可知该吸附体系的平衡吸附时间约为 16h，根据吸附动力学曲线，可以把吸附过程分为快速吸附阶段和稳定吸附阶段，本实验的前 16h 为快速吸附阶段，吸附速率快，对平衡吸附量的贡献大，16h 之后为吸附过程的稳定吸附阶段，PTFE 膜对油吸附达到饱和，吸附曲线变缓，吸附速率降低，对平衡吸附量贡献较小。在吸附平衡时，三种浓度（5mg/L、20mg/L、50mg/L）油的平衡吸附量分别为 4.8μg/cm²、7.2μg/cm² 和 11.7μg/cm²，说明油的初始浓度较高时，其平衡吸附量较大，原因是油浓度增大时，油分子数量变多，混乱程度变大，$\Delta_r S_m^\ominus$ 变大，因此使吸附过程的推动力增强，增大油分子在膜表面附近出现的概率，从而增大平衡吸附量[47]。

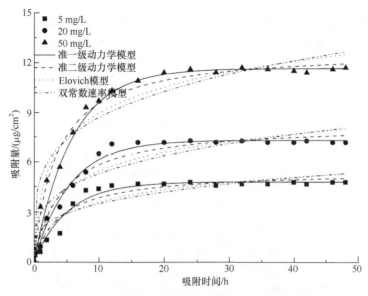

图 2-33　不同初始浓度的油在 PTFE 膜上的吸附动力学

　　表 2-8 给出了油在 PTFE 膜上的四种吸附动力学模型参数。通过比较拟合系数 R^2，按 R^2 大小将这四种动力学模型排序：准一级动力学模型>准二级动力学模型>Elovich 模型>双常数速率模型。其中准一级动力学模型对油在 PTFE 膜上吸附过程的拟合程度最好，在不同浓度的油实验下其 R^2 均大于 0.96，且 Q_e 也与平衡吸附量相近，表明利用准一级动力学模型描述 PTFE 膜对油的吸附动力学过程最为准确，这与之前的研究结果基本一致[4,46]。通过准一级动力学模型的意义可以再次得出此吸附过程为物理吸附[46]。

表 2-8　不同初始浓度油在 PTFE 膜上的吸附动力学模型参数

油浓度/ (mg/L)	准一级动力学模型			准二级动力学模型		
	Q_e	k	R^2	Q_e	k	R^2
5	4.82	0.191	0.9661	5.465	0.044	0.929
20	7.336	0.1815	0.9867	8.298	0.0285	0.961
50	11.649	0.1736	0.9899	12.784	0.0228	0.985

油浓度/ (mg/L)	Elovich 模型			双常数速率模型		
	A	B	R^2	A	B	R^2
5	1.086	1.09	0.8788	0.635	0.268	0.8056
20	1.712	1.629	0.919	1.048	0.269	0.8527
50	3.7556	2.256	0.9573	1.612	0.239	0.919

　　3）油的吸附污染对膜通量的影响

　　考察了 PTFE 膜在温度为 313K，浓度为 20mg/L 油溶液中浸泡 4h、8h、16h、24h 和 48h 的纯水通量，采用纯水通量的变化对吸附污染进行描述，结果如图 2-34 所示。在吸附 16h 之前，随着吸附时间的延长，膜纯水通量逐渐降低，在吸附 16～48h 期间膜纯水通量没有变化。这表明，油溶液在 PTFE 膜上的吸附平衡时间为 16h，这与 2.3.2.2 部分的结论一致。在 16h 之前，油在膜上的吸附量逐渐增大，膜污染加重，纯水通量降低；而在 16h 之后，膜对油的吸附达到饱和，宏观表现为膜清水通量维持恒定。

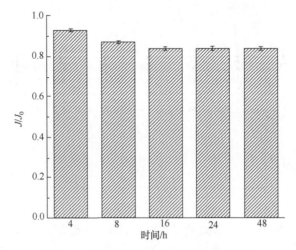

图 2-34　油在膜上吸附引起的膜通量的变化

（3）APAM 在 PTFE 膜上的吸附机理

将 50cm² 的 PTFE 膜片（确保足够的吸附敏感性）浸泡于 200mL 不同初始浓度的 APAM 溶液锥形瓶中，置于 200r/min 的空气浴振荡箱中恒温振荡，以一定时间间隔测定水中 APAM 的浓度，根据式（2-3）计算其吸附量，直至吸附平衡。

1）APAM 在 PTFE 膜上的吸附热力学

① PAM 在 PTFE 膜上的吸附等温线。本节采用三种经典等温线模型对 APAM 在 PTFE 膜上的吸附过程进行非线性回归模拟，实验条件：温度 313K，接触时间 48h。PTFE 膜对 APAM 的吸附等温线如图 2-35 所示。在 APAM 平衡浓度在 0～300mg/L 时，其吸附量随平衡浓度的增加而快速增加，从 0 增加至 9.52μg/cm²；在平衡浓度大于 300mg/L 时吸附量增大速率趋于平缓，本实验的吸附过程属于典型的 L 形吸附等温线，这一结果与聚合物在滑石粉表面的吸附过程的研究结果[52]类似。

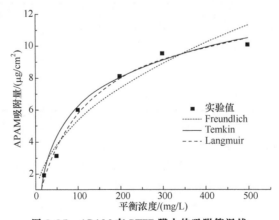

图 2-35　APAM 在 PTFE 膜上的吸附等温线

表 2-9 是 3 种经典等温线模型对 PTFE 膜吸附 APAM 过程拟合得出的等温线参数，从表 2-9 可以看出，Langmuir 模型、Freundlich 模型和 Temkin 模型对吸附过程拟合程度均较好，其 R^2 分别为 0.98957、0.90721 和 0.96321，其中 Langmuir 模型对吸附拟合程度最高，其理论最大吸附量 q_m 为 13.1588μg/cm²，该结果与 APAM 在 PVDF 膜上的吸附等温线类型不同[3]，其对吸附过程拟合最好的模型为 Freundlich 模型，这是吸附剂本身的亲疏水性及 APAM 浓度不同引起的，APAM 为亲水性高分子，PVDF 膜的接触角小于 PTFE 膜的接触角，表现出更高的亲水性，APAM 分子通过亲水基团更易吸附在亲水 PVDF 表面，Carić 等[53]研究无机膜对乳清蛋白的吸附实验时发现，膜材料和膜孔尺寸都会对乳清蛋白质吸附量具有重要的影响。

表 2-9　APAM 在 PTFE 膜上的吸附等温线参数

Langmuir 方程 $q=q_m kC/(1+kC)$	参数	k	q_m	R^2
		0.00783	13.1588	0.98957
Freundlich 方程 $q=mC^n$	参数	m	n	R^2
		0.61229	0.47055	0.90721
Temkin 方程 $q=a+b\ln C$	参数	a	b	R^2
		−6.042	2.666	0.96321

② PAM 在 PTFE 膜上的吸附热力学参数。为了考察 APAM 在 PTFE 膜上吸附过程的吸、放热问题，在 293K、303K、313K 和 323K 四种不同温度下分别研究 PTFE 膜对 APAM 的吸附过程，APAM 溶液浓度为 100mg/L，接触时间为 48h，吸附量随温度的变化如图 2-36 所示。

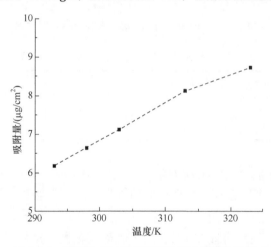

图 2-36　温度对 APAM 在 PTFE 膜上吸附的影响

从图 2-36 可以看出，随着温度的升高，PTFE 膜对 APAM 的平衡吸附量增大，说明此吸附过程是吸热过程，温度升高加快 APAM 在膜上的吸附速率。采用式（2-4）～式（2-6）计算此过程的吸附热力学参数（吉布斯自由能 $\Delta_r G_m^{\ominus}$、焓 $\Delta_r H_m^{\ominus}$ 和熵 $\Delta_r S_m^{\ominus}$），通过 $\ln K$ 对 $1/T$ 作图后的斜率和截距可以计算获得焓 $\Delta_r H_m^{\ominus}$ 和熵 $\Delta_r S_m^{\ominus}$（见图 2-37），APAM 在 PTFE 膜上吸附的热力学参数见表 2-10。

表 2-10 显示了在温度为 293K、303K、313K 和 323K 时，PTFE 膜吸附 APAM 的吉布

斯自由能 $\Delta_r G_m^\ominus$ 分别为 12.79kJ/mol、12.72kJ/mol、12.66kJ/mol 和 12.58kJ/mol，四种温度的 $\Delta_r G_m^\ominus$ 均大于 0，说明 PTFE 膜吸附 APAM 过程是一个非自发反应，也同时说明了 PTFE 膜对 APAM 的吸附难度较大。在温度较高时 $\Delta_r G_m^\ominus$ 较小，温度较低时 $\Delta_r G_m^\ominus$ 较大，说明升高吸附温度可促进吸附过程向自发反应进行，温度的升高可以提供更多的能量促进吸附速率，有利于膜对 APAM 的吸附，这与图 2-36 结论一致。标准摩尔反应焓 $\Delta_r H_m^\ominus$ 为 14.75kJ/mol（>0），说明此吸附过程是一个吸热过程，根据 Xu 等[48]的研究结果，$\Delta_r H_m^\ominus$（14.75kJ/mol）在 5～20kJ/mol 范围内属于典型的物理吸附，因此 PTFE 膜吸附 APAM 是一个典型的物理吸附过程。根据 B. Von Oepen 等[50]的实验结果，本实验的物理作用力主要是氢键作用。

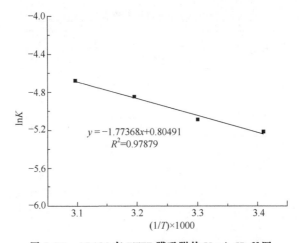

图 2-37　APAM 在 PTFE 膜吸附的 Van's Hoff 图

表 2-10　APAM 在 PTFE 膜上吸附的热力学参数

$\Delta_r G_m^\ominus/(kJ/mol)$				$\Delta_r H_m^\ominus/(kJ/mol)$	$\Delta_r S_m^\ominus/(J/mol)$
293K	303K	313K	323K		
12.79	12.72	12.66	12.58	14.75	6.69

2）APAM 在 PTFE 膜上的吸附动力学

吸附的动力学特征可以影响吸附质的吸附速率，本节以吸附速率出发，从吸附动力学角度研究吸附机理，分别采用 4 种动力学模型[51]（准一级动力学模型、准二级动力学模型、Elovich 模型、内扩散模型）对油在 PTFE 膜上吸附过程进行拟合，通过比较确定最适合此吸附过程的动力学模型，温度为 313K 时，不同初始浓度的 APAM 在 PTFE 膜上的吸附动力学曲线如图 2-38 所示。

三种不同初始浓度的 APAM 溶液在吸附过程的前 20h，随着吸附时间的延长，吸附量都增加。经过 20h 的吸附之后，PTFE 膜对 APAM 的吸附量逐渐趋于平稳，即达到吸附平衡，可知该吸附体系的平衡吸附时间约为 20h，根据吸附动力学曲线，可以把吸附过程分为快速吸附阶段和稳定吸附阶段，本实验的前 20h 为快速吸附阶段，吸附速率快，对平衡吸附量的贡献大，20h 之后为吸附过程的稳定吸附阶段，PTFE 膜对 APAM 的吸附量达到饱和，吸附曲线变缓，吸附速率降低，对平衡吸附量贡献较小。在吸附平衡时，APAM 溶液浓度分别为 10mg/L、100mg/L、500mg/L 时，其平衡吸附量为 1.7μg/cm²、6.3μg/cm² 和 11.1μg/cm²，APAM 浓度的升高，使 APAM 分子数量增加，导致分子间距变小，分子间的排斥力变大，使得 APAM 分子被膜的吸附概率变大。

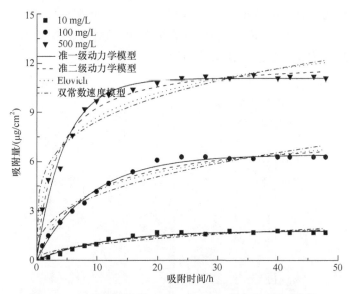

图 2-38　不同初始浓度 APAM 在 PTFE 膜上的吸附动力学

表 2-11 给出了 APAM 在 PTFE 膜上的四种吸附动力学模型参数。通过比较拟合系数 R^2，按 R^2 大小将这四种动力学模型排序为：准一级动力学模型>准二级动力学模型>Elovich 模型>双常数速率模型。其中准一级动力学模型的拟合程度最好，在不同浓度的 APAM 吸附过程其 R^2 均大于 0.97，表明利用准一级动力学模型描述 PTFE 膜对 APAM 的吸附动力学过程最为准确，这与之前的研究结果基本一致。另外，基于其动力学模型为准一级动力学模型，可再次证明 PTFE 膜吸附 APAM 的过程为物理吸附。

表 2-11　不同初始浓度 APAM 在 PTFE 膜上的吸附动力学模型参数

APAM /（mg/L）	准一级动力学模型			准二级动力学模型		
	Q_e	k	R^2	Q_e	k	R^2
10	1.81	0.092	0.978	2.284	0.0387	0.96
100	6.437	0.111	0.993	7.76	0.0157	0.982
500	11.09	0.213	0.983	12.279	0.025	0.9846

APAM /（mg/L）	Elovich 模型			双常数速率模型		
	A	B	R^2	A	B	R^2
10	−0.063	0.499	0.949	−0.998	0.431	0.892
100	0.5467	1.604	0.9663	0.532	0.366	0.927
500	3.7457	2.147	0.954	1.598	0.233	0.914

3）APAM 的吸附污染对膜通量的影响

考察了 PTFE 膜在温度为 313K，浓度为 100mg/L APAM 溶液中浸泡 5h、10h、20h、

30h 和 48h 的纯水通量，采用纯水通量的变化对吸附污染进行描述，结果如图 2-39 所示。

图 2-39 给出了 APAM 在 PTFE 膜上吸附引起的膜通量随吸附时间的变化情况。可以看出，在吸附 20h 之前，随着吸附时间的延长，膜纯水通量逐渐降低；在吸附 20h 以上时，膜纯水通量保持恒定。这表明，APAM 溶液在 PTFE 膜上的吸附平衡时间为 20h。在吸附过程 20h 之前，APAM 溶液在膜上的吸附量逐渐增大，膜污染加重；而在 20h 之后，膜对 APAM 的吸附量达到饱和，其膜污染情况相同。

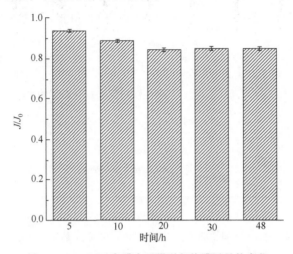

图 2-39　APAM 在膜上吸附引起的膜通量的变化

2.3.1.3　不同污染物单独作用对膜污染的影响

2.3.1.1 部分的结果已经证实了 PTFE 膜处理三元驱采油废水的膜上污染物含有机污染物和无机污染物，本节将采用死端过滤装置，通过不同的配水试验分别研究不同污染物单独作用对膜污染的影响作用，确定不同的污染物对膜污染的主次地位。

（1）含离子水样对膜污染的影响

为了研究含离子水样对膜污染的影响，向去离子水中加入多种无机物配制含离子水样，该含离子水样的配制方法和离子构成如 2.2.1.2 部分所述。采用 PTFE 膜对该水样进行连续处理 6h，通过电子天平的记录数据计算该运行过程的膜通量，其通量衰减图如 2-40 所示。

由图 2-40 中可知，在 60min 的连续运行期间，在过滤的初期，其膜通量几乎没有变化，随着过滤时间的延长，其膜通量呈下降趋势，但下降程度不大，表明单独处理含离子水样时会发生无机污染。但由于过滤时间短，无机污染不严重，在高 pH 值条件下，无机物[$Fe(OH)_3$、$Mg(OH)_2$、$CaCO_3$ 等]在膜上结垢可以堵塞膜孔，降低通量，并随着时间的延长，污染程度逐渐变大。

图 2-41 给出了 PTFE 膜过滤含离子水样前后的膜表面 SEM 图。由图 2-41（b）可以看出，PTFE 膜滤无机污染物之后，其膜表面上出现了一些颗粒状物质，且膜孔变小，这表明膜表面和膜孔存在无机污染。

（2）油对膜污染的影响

配制浓度为 6mg/L 的含油水样，采用 PTFE 膜对该水样进行连续处理 6h，通过电子天平的记录数据计算该运行过程的膜通量，其通量衰减如图 2-42 所示。

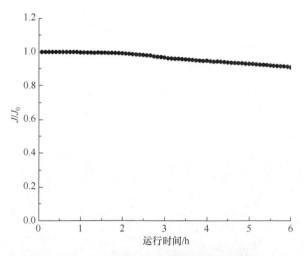

图 2-40　含离子水样对膜通量衰减的影响

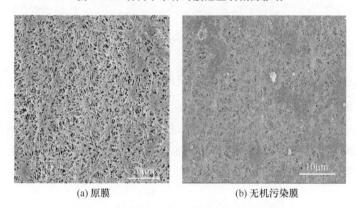

(a) 原膜　　　　　　　　　　　(b) 无机污染膜

图 2-41　原膜和无机污染膜表面 SEM 照片

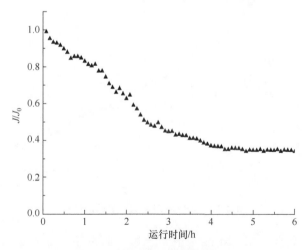

图 2-42　油对膜通量衰减的影响

从图 2-42 可以看出,油能够引起严重的膜污染,运行 1h 后的通量即衰减至初始通量的 80%左右,随着运行时间的延长,膜通量持续下降,待运行到 4.5h 时膜通量趋于稳定,但此时已经降低至初始通量的 40%左右。这一现象表明油对膜的污染在 PTFE 膜处理三元驱采油废水的过程中占据着重要的地位。

图 2-43 给出了 PTFE 膜过滤含油水样前后的膜表面 SEM 图。由图 2-43（b）可以看出，PTFE 膜过滤含油水样后，原有膜孔已不可见，膜表面上出现了一层致密的油层，这表明膜表面和膜孔都被油污染，通过对比图 2-41（b）和图 2-43（b），可以看出 PTFE 膜上油污染比无机污染更加严重。

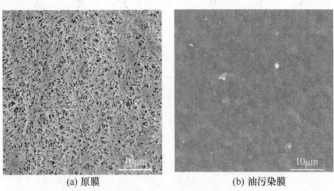

(a) 原膜　　　　　　　　　　　　　　(b) 油污染膜

图 2-43　原膜和油污染膜表面 SEM 照片

（3）APAM 对膜污染的影响

采用 2.2.1.2 部分含 APAM 水样的配制方法，配制浓度为 700mg/L 的含 APAM 水样，采用 PTFE 膜对该水样进行连续处理 6h，通过电子天平的记录数据计算该运行过程的膜通量，其通量衰减如图 2-44 所示。

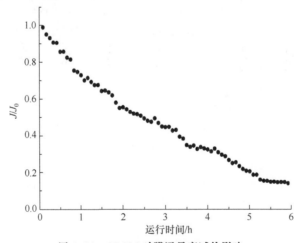

图 2-44　APAM 对膜通量衰减的影响

从图 2-44 可以看出，APAM 能够引起严重的膜污染，随着运行时间的延长，膜通量一直在衰减，其原因是随着过滤的进行，膜孔的堵塞和滤饼层形成，使得有效膜孔变小，膜通量降低。运行到 5.5h 时膜通量趋于稳定，此时膜通量降低至初始通量的 20% 左右。通过比较图 2-42 和图 2-44 可以发现，相比于油，APAM 对 PTFE 膜的污染更严重，这是由于 APAM 浓度大于油浓度，有更多的 APAM 分子向 PTFE 膜移动，在膜面形成污染。

采用 SEM 观察 PTFE 膜片过滤 APAM 前后的形貌变化，图 2-45 给出了 PTFE 膜过滤 APAM 前后的膜表面 SEM 图。膜多孔结构被胶状物质所覆盖，膜表面形成滤饼层，失去其原有形貌。通过对比图 2-41（b）和图 2-45（b），可以看出 PTFE 膜上 APAM 污染比无机污染更加严重。

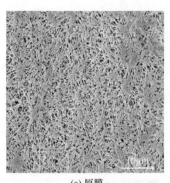

(a) 原膜　　　　　　　　　(b) APAM污染膜

图 2-45　原膜和 APAM 污染膜表面 SEM 照片

2.3.1.4　不同污染物之间相互作用对膜污染的影响

已研究不同污染物对 PTFE 膜的污染程度，在实际生产过程中，膜污染通常为多种污染物的联合作用，故本节分别以 APAM、油、含离子水样以及表面活性剂作为目标污染物，通过考察不同污染物相互作用条件下的膜通量衰减特征，对比研究污染物之间相互作用对膜污染的影响。试验中含离子水样的配制如 2.2.1.2 部分所述，水中的 APAM 浓度为 700mg/L，油浓度为 6mg/L，表面活性剂浓度为 30mg/L，采用死端过滤装置对不同配水进行处理，膜室水温为 40℃，进水压力为 0.01MPa。

（1）离子和油相互作用对膜污染的影响

分别配制含离子水样、油溶液（6mg/L）以及含有离子的油溶液（6mg/L），采用死端过滤装置分别对其处理。每隔 5min 采集一次数据计算通量平均值，并绘制通量变化曲线如图 2-46 所示。

由 2.3.1.2 部分的研究内容可知，含离子水样可以引起 PTFE 膜的污染，单独过滤含离子水样时并不会出现太大的通量衰减；而油通过疏水作用吸附于膜孔内或形成膜面污染层而引起 PTFE 膜的有机污染。由图 2-46 可知，PTFE 膜过滤只含油的配水时的通量衰减曲线位于 PTFE 膜过滤含有离子的油溶液配水时的通量衰减曲线之下，这一现象表明当水中同时出现离子和油时，离子减轻了油所引起的 PTFE 膜有机污染。这是由于离子可以引起油去除率的降低（在 2.2.4.1 部分中已经证实），因此有更多的油透过 PTFE 膜进入了出水一侧，与此同时就会减少油对膜孔的堵塞，从而减轻膜污染，表明离子对减缓膜污染有积极的作用。

（2）离子和 APAM 相互作用对膜污染的影响

采用超纯水配制浓度为 700mg/L 的 APAM 溶液、含离子的水样和含有离子浓度为 700mg/L 的 APAM 溶液，利用死端过滤装置分别对其进行过滤处理。每隔 5min 采集一次数据计算通量平均值，并绘制通量变化曲线如图 2-47 所示。

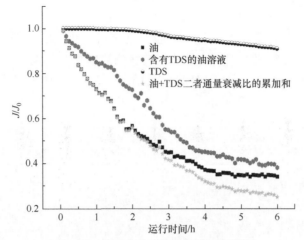

图 2-46　离子与油对膜通量衰减的影响

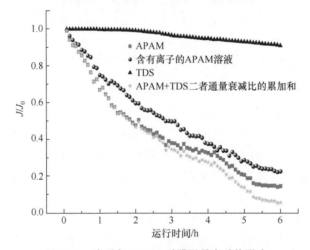

图 2-47　离子与 APAM 对膜通量衰减的影响

　　由 2.3.1.3 部分 APAM 对膜污染的影响可知，水中单独存在的 APAM 能够被 PTFE 膜截留并引起有机污染。由图 2-47 可知，PTFE 膜过滤只含 APAM 的配水时的通量衰减曲线位于 PTFE 膜过滤含离子的 APAM 配水时的通量衰减曲线之下，这一现象表明当水中同时出现离子和 APAM 时，离子可以减轻 APAM 所引起的 PTFE 膜有机污染，这一现象与离子对油的影响类似。如 2.2.4.1 部分所述，Ca^{2+} 等高价阳离子能够中和 APAM 分子的电负性，使得本来伸展的线型分子发生缠绕卷曲，降低 APAM 的有效分子半径，增加 APAM 分子透过 PTFE 膜的能力，同时 APAM 分子周围水化层中的水分子会更加倾向于与离子结合，从而降低 APAM 分子水化层的厚度，这一现象同样会导致 APAM 有效分子尺寸的减小。这些作用均会导致过滤膜对 APAM 去除率的降低，这就减少了 APAM 在膜孔内或膜面上的积累，从而减轻膜污染。此外，由于 APAM 为线型高分子，因此 APAM 的加入能够提高溶液的黏度，进水一侧溶液黏度的提高会抑制膜面污染物向主体溶液的返扩散，这一过程不利于膜污染的控制，而离子加入后金属阳离子使得本来伸展的线型分子发生缠绕卷曲，这就又会降低溶液黏度，强化污染物向主体溶液的返扩散，从而减缓膜污染。这结果与之前的研究结果[4,18]不一致，这可能是膜材料和膜孔径不同引起的。

（3）油和 APAM 的相互作用对膜污染的影响

分别采用含有离子的水样配制浓度为 6mg/L 油溶液、浓度为 700mg/L APAM 溶液和 6mg/L 油+700mg/L APAM 溶液，采用死端过滤装置分别对其过滤处理。每隔 5min 采集一次数据计算通量平均值，并绘制通量变化曲线如图 2-48 所示。油和 APAM 均能引起严重的膜污染，进水溶液中出现油或 APAM 后膜通量随着过滤的进行出现了快速的下降，但 APAM 所引起的膜污染相对更为严重。通过对 PTFE 膜处理油+APAM+TDS 溶液的通量衰减曲线与 APAM+TDS 和油+TDS 单独存在条件下累加后的通量衰减曲线对比可知，二者具有显著差异，说明水中的油与 APAM 同时存在时相互之间存在影响，其造成的膜污染过程并不是简单的叠加。进一步比较油+TDS 溶液、油+APAM+TDS 与 APAM+TDS 溶液的通量衰减曲线发现，APAM 能够有效缓解油对 PTFE 膜的污染，二者共存时只呈现出 APAM 对过滤膜的污染特征。这是由于原水中 APAM 的浓度（700mg/L）要远远高于油的浓度（6mg/L），因此在相同的膜滤情况下将有更多的 APAM 分子迁移到膜孔或膜面，率先形成由 APAM 构成的污染层，由于 APAM 是亲水性的有机高分子，而油主要为疏水性的碳氢化合物，二者具有不同的极性，因此 APAM 能够阻碍油对 PTFE 膜的污染，使膜通量衰减特征只体现出 APAM 的污染特征。

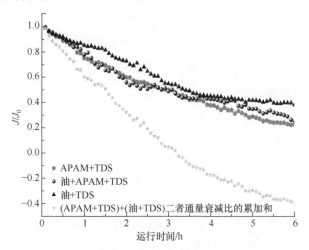

图 2-48　油与 APAM 对膜通量衰减的影响

（4）油和表面活性剂相互作用对膜污染的影响

分别采用含离子水样配制浓度为 6mg/L 油溶液、浓度为 30mg/L 表面活性剂溶液和 6mg/L 油+30mg/L 表面活性剂溶液，采用死端过滤装置分别对其处理。每隔 5min 采集一次数据计算通量平均值，并绘制通量变化曲线如图 2-49 所示。油和表面活性剂均能引起膜污染，但前者引起的污染非常严重，而后者引起的污染则较为轻微。PTFE 膜处理同时含有油+表面活性剂+TDS 溶液的通量衰减曲线与油+TDS 溶液和表面活性剂+TDS 溶液的通量衰减曲线的累加和相比，前者位于后者之上，但二者相差不大，由此说明表面活性剂能够在一定程度上减轻油所造成的膜污染，降低油的去除率，这与 2.2.4.4 部分的结论一致。原因是表面活性剂为两亲性的线型分子，其分子的一端为亲水性的磺酸基团，而另一端则为疏水性的长碳链，因此其疏水端能够通过疏水作用吸附于油颗粒的表面从而形成二者的聚集体，这一过程能够对原油起到乳化作用，另一方面是油带有负电，使得油表面形成类似 Stern 模型的扩散双电层，由于双电层的排斥作用，阻止了油滴的接触，避免了油滴聚结[42]。可以减小油颗粒尺寸，使得更多的油透过过滤膜进入出水一侧，与此同时，也降低了油与膜材料之间的疏水结合力，从而减轻膜污染。

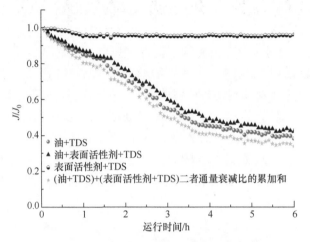

图 2-49　油与表面活性剂对膜通量衰减的影响

（5）表面活性剂和 APAM 的相互作用对膜污染的影响

分别采用含离子水样配制浓度为 700mg/L 的 APAM 溶液、浓度为 30mg/L 的表面活性剂溶液和 700mg/L APAM+30mg/L 的表面活性剂溶液，采用死端过滤装置分别对其处理。每隔5min 采集一次数据计算通量平均值，并绘制通量变化曲线如图 2-50 所示。在含离子水样中 APAM 和表面活性剂均会对膜造成一定的污染，但前者污染非常严重，而后者引起的污染则较为轻微。PTFE 膜处理同时含有 APAM+表面活性剂+TDS 的通量衰减曲线与 APAM+TDS 通

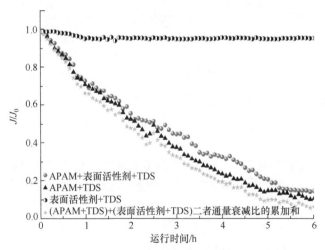

图 2-50　APAM 与表面活性剂对膜通量衰减的影响

量衰减曲线和表面活性剂+TDS 通量衰减曲线的累加和相比，前者位于后者之上，但二者相差不大，由此说明表面活性剂的加入能够在一定程度上减轻 APAM 所造成的膜污染，降低 APAM 的去除率，这已在 2.2.4.4 部分中证实。其原因是加入了阴离子表面活性剂后，带负电的 APAM 与阴离子 SDBS 通过静电作用使 APAM 带有疏水侧链。静电作用导致的重新缔合比较困难，APAM 黏度降低，两亲性的表面活性剂能够通过其疏水端的疏水作用吸附在膜孔的内壁上，此时其亲水端伸展于溶液中，从而形成了更为亲水的传质通道，这种更为亲水的通道对于 APAM 分子的通过具有"润滑作用"，APAM 透过性增强，膜污染减轻。

2.3.2　PTFE 膜处理三元驱采油废水膜污染过程的数学模拟

由 2.3.1.3 部分的研究内容可知由油和 APAM 引起的有机污染在膜污染过程中占据主导地位。就膜污染的发生形式而言，膜污染可分为膜孔堵塞与滤饼层污染，本节将以有机污染为研究对象，采用数学模拟等方式对有机污染做进一步分析，明确膜孔堵塞和滤饼层污染在 PTFE 膜处理三元驱采油废水过程膜污染中的主次地位。

2.3.2.1　不同膜污染形式的分析

配制 6mg/L 的油+700mg/L 的 APAM 溶液。采用 PTFE 膜对配水连续处理 6h，由此获得受到有机污染的 PTFE 膜，该 PTFE 膜的膜污染既有膜孔堵塞，也有滤饼层污染。试验采用海绵擦拭有机污染的 PTFE 膜，试图擦除滤饼层。原膜、未用海绵擦拭的有机污染膜和用海绵擦拭过的有机污染膜的 SEM 图如图 2-51 所示。PTFE 膜受到 6h 的有机污染后，其表面已经被滤饼污染层所覆盖，导致膜表面已经看不出原膜的形态，且污染的膜表面凹凸不平。经过海绵擦拭过后的污染膜表面的污染物被除去后，膜表面形态逐渐恢复，可以看到膜孔分布，说明海绵擦拭较为明显地去除了滤饼污染层，但是此时膜孔内还残留大量的污染物，换言之，海绵擦拭去除了滤饼层污染但保留了膜孔堵塞污染。

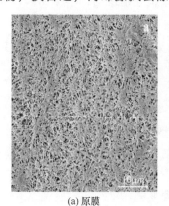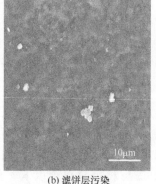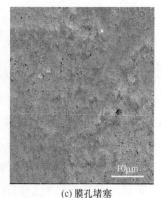

(a) 原膜　　　　　　　　　(b) 滤饼层污染　　　　　　　　　(c) 膜孔堵塞

图 2-51　原膜、滤饼层污染和膜孔堵塞 SEM 图

利用超滤杯分别测试原膜、未用海绵擦拭的有机污染膜和用海绵擦拭过的有机污染膜的清水通量，然后根据式（2-7）计算得到相应的膜阻力[54]。

$$R_{\mathrm{m}} + R_{\mathrm{t}} = R_{\mathrm{m}} + R_{\mathrm{p}} + R_{\mathrm{c}} = \frac{\Delta P}{kJ} \tag{2-7}$$

式中　ΔP——跨膜压力差，Pa；

　　　　k——清水黏度，Pa·s；

　　　　J——膜通量，$\mathrm{m^3/(m^2 \cdot s)}$；

　　　R_{m}——原膜的固有阻力，1/m；

　　　R_{t}——全部污染阻力，1/m，包括滤饼层阻力（R_{c}，1/m）和膜孔堵塞阻力（R_{p}，1/m）。由 R_{m}、R_{t} 和 R_{p} 即可计算得到 R_{c}，结果如图 2-52 所示。

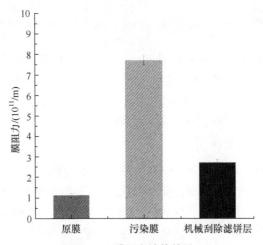

图 2-52　膜阻力计算结果

由图 2-52 可知，原膜的固有阻力是（1.11±0.097）×$10^{11}\mathrm{m}^{-1}$，膜孔堵塞阻力为（7.696±0.22）×$10^{11}\mathrm{m}^{-1}$，滤饼层阻力为（2.716±0.13）×$10^{11}\mathrm{m}^{-1}$，膜孔堵塞阻力远远大于滤饼层阻力，由此可见有机污染的膜污染形式以膜孔堵塞为主，其污染机理在下面内容中将具体分析。

2.3.2.2　膜污染过程的数学模拟

本节利用经典的 Cake 模型对 PTFE 膜处理三元驱采油废水膜污染过程进行数学模拟，深入认识 PTFE 膜污染的形式。

（1）Cake 模型

目前，针对恒压过滤过程，研究人员通常采用 Cake 模型对多种膜系统污染过程进行模拟，且结果与实际情况符合程度也较好。但是针对该模型模拟膜滤三元驱采油废水污染过程的研究鲜有报道。因此，本研究采用 Cake 模型对 PTFE 膜处理 APAM 和油的污染过程进行模拟，考察该模型在本研究条件下的适应性和准确性。在恒压膜滤过程中，由于膜面积、膜固有阻力均为定值，因此 Cake 模型常包含以下 4 种变式[55]。

① 完全堵孔模型：

$$\ln(J^{-1}) = \ln(J_0^{-1}) + K_{\mathrm{b}} \tag{2-8}$$

② 标准堵孔模型：

$$\ln(J^{-0.5}) = \ln(J_0^{-0.5}) + K_s t \tag{2-9}$$

③ 快速堵孔模型：

$$J^{-1} = J_0^{-1} + K_i t \qquad (2\text{-}10)$$

④ 泥饼过滤模型：

$$J^{-2} = J_0^{-2} + K_c t \qquad (2\text{-}11)$$

式中 J_0——膜的清水通量，L/(m²·h)；

K_i；K_c——模型的传质系数。

（2）PTFE 膜滤 APAM 过程中的通量衰减过程模拟

在压力为 0.01MPa、APAM 浓度为 700mg/L、温度为 313K 时，4 种 Cake 模型对 PTFE 膜滤 APAM 过程的通量衰减预测随时间变化的情况如图 2-53 所示，其模型参数及回归系数 R^2 见表 2-12。

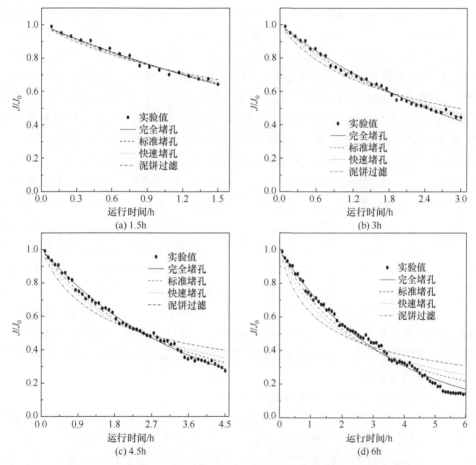

图 2-53 4 种模型对 PTFE 膜滤 APAM 的通量衰减过程随时间变化的模拟

表 2-12 PTFE 膜滤 APAM 随时间变化的模型参数及回归系数

模型	参数	1.5h	3h	4.5h	6h
完全堵孔	K_b	0.29467	0.00869	0.00199	0.29226
	R^2	0.98318	0.99052	0.99385	0.98945

模型	参数	1.5h	3h	4.5h	6h
标准堵孔	K_s	0.0113	0.0072	0.01216	0.01326
	R^2	0.98139	0.99214	0.98775	0.96312
快速堵孔	K_i	0.00173	0.00189	0.00209	0.00238
	R^2	0.97601	0.98356	0.96662	0.92202
泥饼过滤	K_c	0.00839	0.00137	3.26746	5.14338
	R^2	0.95807	0.94762	0.90208	0.8247

从图 2-53 中可以看出，研究采用的四种模型对 PTFE 膜过滤 APAM 的模拟都有很好的适应性，但随着时间的延长，其不适应性越来越明显。此外，结合表 2-12 可以得出，完全堵孔、标准堵孔和快速堵孔三种模型适应程度较高，完全堵孔模型的适应程度尤为明显。拟合系数 R^2 值是评价拟合模型与实验数据相互之间的契合程度，其数值越接近于 1，说明该模型模拟结果与实际污染过程相符程度越高，从而可反映出实际膜污染过程中膜污染类型。标准堵孔、快速堵孔和泥饼过滤三种模型的适应程度（R^2）随着运行时间的延长呈下降趋势，在最初 1.5h 模拟过程中，标准堵孔、快速堵孔和泥饼过滤的 R^2 值分别是 0.98139、097601 和 0.95807；3h 时，相应的值分别是 0.99214、0.98356 和 0.94762；过滤至 6h 该值继续减小。其中，泥饼过滤模型在过滤至 6h 时，其 R^2 降至 0.8247。说明在长时间运行时，此类泥饼过滤模型已不再适用于上述过滤过程。然而，完全堵孔模型对该过滤过程相对较为准确，6h 后的 R^2 值为 0.98945，这与 2.3.2.1 部分的结论一致。这结论与衣雪松[3]的研究结果不同，其指出 PVDF 膜超滤 APAM 时污染类型以泥饼过滤为主，原因是本研究与其所使用膜的亲疏水性不同，同种物质与不同膜的作用机理不同。污染系数 K 是经典 Cake 模型中用来评价膜污染发生时污染程度的量化参数，其值的大小可反映膜污染情况的程度高低[56-58]。如表 2-12 所列，PTFE 膜过滤 APAM 时，主要的膜污染类型为完全堵孔污染，其 K_b 值在过滤时间为 1.5h、3h、4.5h 和 6h 时分别为 0.29467、0.00869、0.00199 和 0.29226，这表明在过滤 4.5h 之前，完全堵孔污染程度逐渐减轻，运行到 6h 时，污染程度与过滤初期基本相同。

（3）PTFE 膜滤油过程中的通量衰减过程模拟

在压力为 0.01MPa、油浓度为 6mg/L、温度为 313K 时，4 种 Cake 模型对 PTFE 膜滤 APAM 过程的通量衰减预测随时间变化的情况如图 2-54，所得模型参数及回归系数 R^2 见表 2-13。

通过对图 2-54 中过滤过程随时间变化曲线分析可得，通量衰减曲线可分为快速衰减与通量平缓衰减两个阶段。在 3h 时，通量比由最初的 0.99 降至 0.45，之后的 3h 内通量比仅降至 0.34。其原因是：过滤初始阶段，发生膜孔堵塞、浓差极化、滤饼层的形成均较为显著，导致有效膜表面及孔数量急速下降，引起该阶段膜通量显著下降。

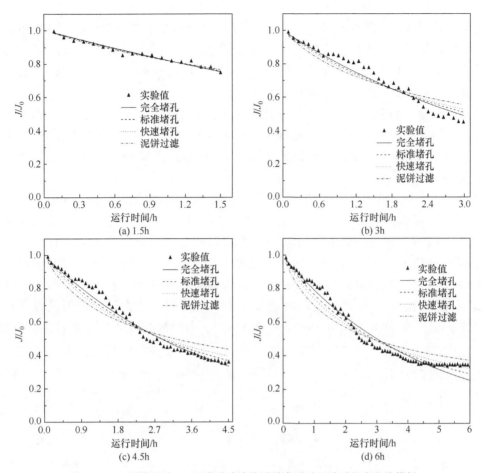

图 2-54　4 种模型对 PTFE 膜过滤油的通量衰减过程随时间变化的模拟

表 2-13　PTFE 膜过滤油随时间的变化的模型参数及回归系数

模型	参数	1.5h	3h	4.5h	6h
完全堵孔	K_a	0.19079	0.23866	0.24289	0.2277
	R^2	0.95369	0.95248	0.97685	0.96073
标准堵孔	K_b	0.00714	0.00949	0.0102	0.00995
	R^2	0.96016	0.92974	0.95851	0.96552
快速堵孔	K_c	0.00106	0.0015	0.0017	0.00172
	R^2	0.9655	0.90429	0.93052	0.94853
泥饼过滤	K_d	1.77505	0.11444	1.38856	1.93229
	R^2	0.9705	0.85083	0.86243	0.88405

　　结合表 2-13，在过滤到 1.5h 时，研究采用的四种模型对膜过滤过程的模拟都有很好的适应，R^2 值都在 0.95 以上，分别为 0.95369、0.96016、0.9655 和 0.9705，其中泥饼

过滤的适应性最高，这是由于疏水性的油与 PTFE 膜相似相吸的结果；但在 3～6h 期间，快速堵孔和泥饼过滤模型的适应性下降，其 R^2 分别为 0.94 和 0.88；而标准堵孔模型对过滤过程的模拟呈现出较高的适应性，同时伴随着完全堵孔的发生。这与 SDBS/原油乳化油和 CTAB/原油乳化油引起的膜污染形式相同[59]。

（4）三元驱采油废水过滤过程中的通量衰减过程模拟

在压力为 0.01MPa、油浓度为 6mg/L、温度为 313K 时，4 种 Cake 模型对 PTFE 膜滤三元驱采油废水过程的通量衰减预测随时间变化的情况如图 2-55 所示，所得模型参数及回归系数 R^2 见表 2-14。

从图 2-55 可以看出，4 种模型对 PTFE 膜过滤三元驱采油废水过程的模拟都有很好的适应性。随着过滤时间的延长，其适应性没有明显变化，原因是三元驱采油废水中污染物之间相互作用，改变了污染物形态和尺寸及污染物与膜之间的作用力，从而改变了膜的污染形式。结合表 2-14，在过滤的初期，完全堵孔模型对 PTFE 膜过滤三元驱采油废水过程的模拟适应性最明显，在过滤时间为 1.5h 时，其 R^2 为 0.95721。随着过滤时间的延长，标准堵孔和快速堵孔取代完全堵孔成为过滤过程模拟适应性较高的 2 个模型，其 R^2 分别为 0.98407 和 0.97674。与单独过滤 APAM 和油的情况类似，

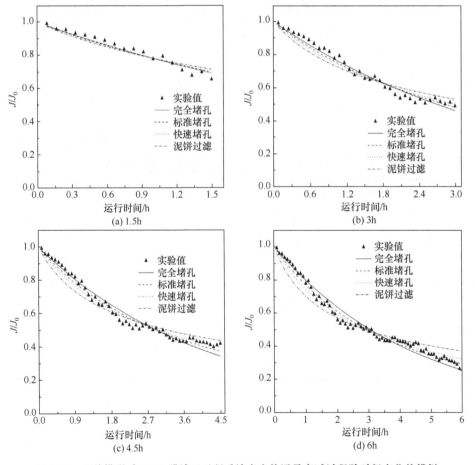

图 2-55　4 种模型对 PTFE 膜滤三元驱采油废水的通量衰减过程随时间变化的模拟

泥饼过滤模型对 PTFE 膜过滤三元驱采油废水过程的模拟适应性最不明显，这也说明 PTFE 膜处理三元驱采油废水过程中膜污染的主要形式为堵孔污染，这与 2.3.2.1 部分结论一致。

表 2-14　PTFE 膜滤三元驱采油废水随时间的变化的模型参数及回归系数

模型	参数	1.5h	3h	4.5h	6h
完全堵孔	K_a	0.24728	0.25777	0.23795	0.22809
	R^2	0.95721	0.97662	0.96368	0.96794
标准堵孔	K_b	0.00934	0.0104	0.01007	0.01003
	R^2	0.94587	0.97122	0.97794	0.98407
快速堵孔	K_c	0.00141	0.00167	0.00169	0.00175
	R^2	0.93281	0.95784	0.97436	0.97674
泥饼过滤	K_d	−0.6644	0.8139	0.4128	2.12241
	R^2	0.90513	0.9174	0.93622	0.92439

2.3.3　膜污染机理分析

通过对以上研究的内容的总结与分析提出了如图 2-56 所示的 PTFE 膜处理三元驱采油废水的膜污染机理。该膜污染机理可概括为：

① PTFE 膜处理三元驱采油废水时的膜污染就污染物类型而言主要为有机污染，其中 APAM 和油为造成有机污染的主要物质；就膜污染形式而言，PTFE 膜处理三元驱采油废水时的膜污染包括滤饼层污染和膜孔堵塞，但实际测定和模型计算均表明膜孔堵塞造成的膜通量下降更为明显，是主要的污染形式；

② APAM 凭借其更高的浓度和向膜面的传质速率能够率先在 PTFE 膜表面形成一层亲水性的高分子聚合物污染层，进水溶液中的钙离子在 APAM 分子间不同羧基之间的络合架桥作用以及 APAM 分子之间的氢键作用进一步加剧了这一 APAM 污染层的密实度，APAM 污染层的率先形成阻碍了油向 PTFE 膜的迁移和随之而来的污染，与此同时提高了 PTFE 膜对油和表面活性剂的去除率；

③ 两亲性表面活性剂的疏水端能够与油结合，起到乳化作用，提高原油在溶液中的稳定性，降低油的有效尺寸，使得被表面活性剂乳化后的乳化油更容易穿透 PTFE 膜。

与此同时，表面活性剂由于其较小的分子量能够进入 PTFE 膜孔，其疏水性的长碳链能够通过疏水作用与 PTFE 膜孔内壁结合，而亲水端则伸向膜孔孔道，这就为油和 APAM 残片的通过起到了"润滑剂"的作用，这一作用虽然有利于减缓膜孔堵塞，但同时也降低了 PTFE 膜对 APAM 和乳化油的去除率。

本部分分析了 PTFE 膜处理三元驱采油废水的膜污染物，并采用配水试验分别研究了不同类型污染物对膜污染的影响，采用吸附试验、数学模拟等多种方式针对有机污染进行了详细而深入的考察，以明确膜污染形式。主要结论如下。

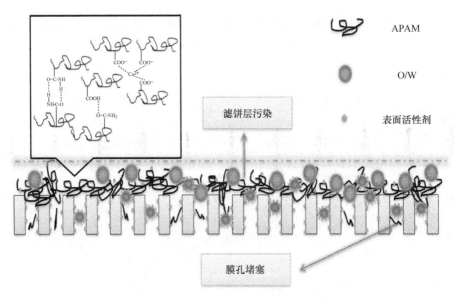

图 2-56　PTFE 膜处理三元驱采油废水的膜污染机理示意图

① PTFE 膜处理三元驱采油废水膜污染物分析表明：污染物对 PTFE 膜的污染非常严重，在膜表面形成了致密的滤饼层；在膜表面上出现了有机物和无机物，有机物以 APAM 和油为主，无机元素中 Fe 和 Si 含量较高；PTFE 膜过滤含离子水样前后膜表面形貌和特征没有明显变化，膜孔与原膜膜孔一样清晰可见，对膜污染贡献不大；通过对比分析膜有机污染前后的 SEM 可知，膜表面的形貌发生明显改变，油和 APAM 可以引起严重的膜污染。

② PTFE 原膜的固有阻力是 $(1.11\pm0.097)\times10^{11}m^{-1}$，膜孔堵塞阻力为 $(7.696\pm0.22)\times10^{11}m^{-1}$，滤饼层阻力为 $(2.716\pm0.13)\times10^{11}m^{-1}$，膜孔堵塞阻力远远大于滤饼层阻力，通过对上述三个膜污染阻力的正确计算，可知有机污染时的膜污染形式以膜孔堵塞为主。

③ 油和 APAM 在 PTFE 膜上均有很强的吸附力，油和 APAM 在膜上的吸附等温线分别属于 Temkin 模型和 Langmuir 模型；热力学参数表明，这两种吸附过程均以物理吸附为主，物理吸附力主要是氢键作用，不同的是，油-膜吸附体系是放热过程，而 APAM-膜吸附体系是吸热过程。

④ 油和 APAM 在 PTFE 膜上的吸附动力学研究表明：膜对油的平衡吸附时间约为 16h，膜对 APAM 的平衡吸附时间约为 20h；在油吸附平衡时，三种浓度（5mg/L、20mg/L、50mg/L）油的平衡吸附量分别为 $4.8\mu g/cm^2$、$7.2\mu g/cm^2$ 和 $11.7\mu g/cm^2$，APAM 溶液浓度分别为 10mg/L、100mg/L、500mg/L 时，其平衡吸附量为 $1.7\mu g/cm^2$、$6.3\mu g/cm^2$ 和 $11.1\mu g/cm^2$；准一级动力学模型对两种吸附体系拟合程度都最高。

⑤ 通过对油、APAM 和三元驱采油废水膜滤的通量衰减过程进行经典 "Cake" 模型模拟发现，四种模型对 APAM 膜滤过程的模拟都有很好的适应性，其中完全堵孔、标准堵孔和快速堵孔三种模型较好地模拟了膜滤过程中吸附污染引起的膜通量衰减情况，完全堵孔模型的适应程度尤为明显（$R^2>0.98$）；而 PTFE 膜过滤油时，在 1.5h 内四种模型对膜过滤过程的模拟都有很好的适应性（$R^2>0.95$），在 3～6h 期间，完全堵孔和标准堵孔模型对

过滤过程的模拟较为准确；标准堵孔模型对 PTFE 膜过滤三元驱采油废水过程的模拟适应性最明显。

2.4 微滤膜处理采油废水的膜清洗

膜污染是限制膜推广应用的一个主要障碍，尽管采取多种控制措施可以减缓膜污染，但无论采取什么措施膜污染的发生都是不可避免的。当通量衰减至一定程度，膜滤操作不再经济。此时，需对受污染的膜进行清洗，但简单的物理清洗对膜通量恢复作用有限，需采用化学清洗法实现膜通量的恢复，保证膜滤过程的顺利进行。化学清洗是通过清洗剂与膜表面的污垢之间产生化学反应，减小污垢颗粒间以及膜与污垢间的结合力，使污染物在自身扩散作用与流体扰动作用下松散脱落而除去，进而使膜通量得到恢复，实现受污染膜的"再生"。

上一节阐述了膜污染机理，PTFE 膜处理三元驱采油废水时的膜污染就污染物类型而言为有机污染和无机污染，其中 APAM 和油为造成有机污染的主要物质，污染物与 PTFE 膜之间通过络合、氢键等物理化学作用较为紧密地结合在一起，通过简单的物理清洗（反冲洗、曝气等）很难使膜性能完全恢复，因此需要采用碱、表面活性剂、金属螯合剂及氧化剂等药剂的化学清洗去除膜表面难以去除的有机污染物；采用酸洗去除膜表面的结垢。本节基于膜污染机理，探究适合污染 PTFE 膜的清洗剂和清洗方法，以减轻膜污染，恢复膜通量。

2.4.1 不同清洗剂及清洗条件对污染膜的清洗效果

基于 PTFE 膜处理三元驱采油废水过程的膜污染机理，采用化学清洗剂，包括碱（NaOH、KOH 等）、表面活性剂（阴、阳离子型表面活性剂等）、金属螯合剂（EDTA、磷酸盐等）以及氧化剂（NaClO 等）去除有机污染；酸（HCl、草酸等）去除无机盐沉淀。

采用连续流过滤装置过滤三元驱采油废水，待跨膜压达到 70kPa 时过滤停止，采用不同化学清洗剂以浸泡的方式对受污染的 PTFE 膜进行化学清洗，在恒定压力下测定清洗后膜片的清水通量，以此考察膜通量恢复情况。

2.4.1.1 不同清洗剂单独作用对污染膜的清洗效果

分别采用浓度为 0.5% 的 NaOH、NaClO、盐酸、硝酸、SDS、EDTA 溶液在 40℃ 条件下浸泡 3h 对受污染的 PTFE 膜进行化学清洗，不同清洗条件下的通量恢复情况如图 2-57 所示。上述 6 种清洗剂都可使膜通量得到恢复，表明三元驱采油废水中的有机物和无机物都会使膜受到污染，但其污染程度不同。HNO_3 溶液清洗效果最差，通量恢复率仅为 44.68%；HCl、SDS 和 EDTA 清洗效果一般，通量恢复率分别为 52.71%、49.37% 和 47.32%；NaClO 和 NaOH 溶液的清洗效果尤为突出，通量恢复率高达 70% 以上，这也证明有机污染比无机污染严重，与 2.3.1.3 部分的结论一致。与 NaOH 溶液相比，NaClO 溶液呈现更好的清洗性能，这一结果与 Ahmad 和 Zhang 的研究结果相一致[60-61]。镇祥华[62]分别采用 NaOH、SDS、EDTA、盐酸、柠檬酸和草酸对处理油田采出水的超滤污染膜进行化学清洗，发现 NaOH 对膜的清洗效果最佳，由于其没有研究 NaClO 溶液对膜的清洗效果，因此其结论与本实验并不相悖。图 2-57 显示碱洗溶液对污染膜的清洗效果要好于酸洗溶液，这是由于膜污染物主要为有机污染，对于有机污染物，碱洗效果要好于酸洗，这与 Norazman 等的研究结果相似[63]。单一的清洗剂并不能完全去除所有的膜污染物，难以完成高效率的清洗，因此，选择单一清洗效果好的 NaClO、NaOH 和 HCl 溶液作为下面研究的化学清洗剂，将它们组合对污染膜进行联合清洗，以获得较高的膜通量恢复率，实现污染膜的再生。

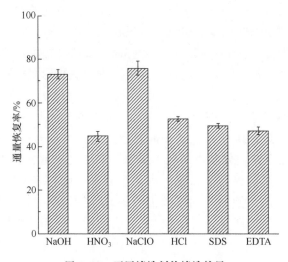

图 2-57　不同清洗剂的清洗效果

2.4.1.2　不同浓度的清洗剂单独作用对污染膜的清洗效果

（1）NaClO 溶液对污染膜的清洗效果

采用超纯水分别配制 0.1%、0.2%、0.5%、0.8%和 1%浓度的 NaClO 溶液，考察不同浓度的 NaClO 对受污染 PTFE 膜的清洗效果。

不同浓度 NaClO 溶液对受污染 PTFE 膜的清洗效果如图 2-58 所示。随着 NaClO 浓度的升高，膜通量恢复率也升高，由 67.33%±2.13%升高到 77.23%±1.93%，这与之前的研究结果相同，在受微藻生物质污染的微滤膜的化学清洗时，表明 NaClO 具有良好的清洗效果[64]。在清洗过程中，NaClO 溶液主要作为一种膨胀剂和蛋白增溶剂，可以增加有机污染物的溶解度和 pH 值使羧基和酚类物质去质子化，从而使有机物负电荷增加进而提高清洗效率[65-66]。当 NaClO 浓度大于 0.5%时，膜通量恢复率趋于平缓，从经济成本和膜寿命两个角度考虑，NaClO 溶液浓度选 0.5%较为适宜。

（2）NaOH 溶液对污染膜的清洗效果

采用超纯水分别配制 0.1%、0.2%、0.5%、0.8%和 1%浓度的 NaOH 溶液，考察不同浓度的 NaOH 溶液对受污染 PTFE 膜的清洗效果。

不同浓度 NaOH 溶液对受污染 PTFE 膜的清洗效果如图 2-59 所示。随着 NaOH 浓度的升高，膜通量恢复率也升高，当 NaOH 浓度分别为 0.1%、0.2%、0.5%、0.8%、1%时，膜通量恢复率为 57.16%、68.22%、73.16%、77.12%和 77.89%。NaOH 清洗剂可通过水

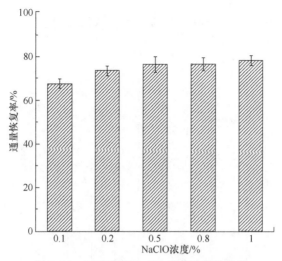

图 2-58　不同浓度 NaClO 溶液的清洗效果

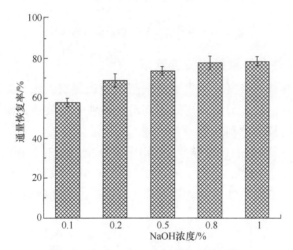

图 2-59　不同浓度 NaOH 溶液的清洗效果

解和增溶作用去除膜上的有机污染物，碱性溶液中的氢氧根离子可以促进污染层的瓦解，主要在于打破污染物与膜之间的化学键。NaOH 浓度为 0.8%和 1%时的膜通量恢复率差别不大，都在 77%以上，从经济性和膜寿命两个方面考虑，以下试验采用浓度为 0.8%的 NaOH 溶液较为适宜。

（3）HCl 溶液对污染膜的清洗效果

采用超纯水分别配制 0.1%、0.2%、0.5%、0.8%和 1%浓度的 HCl 溶液，考察不同浓度的 HCl 溶液对污染膜的清洗效果。

不同浓度 HCl 溶液对污染膜的清洗效果如图 2-60 所示。当 HCl 浓度低于 0.5%时，随着 HCl 浓度的升高，膜通量恢复率升高，由 40.16%升高到 52.71%，这表明 HCl 溶液对于膜上无机污染物的去除具有较好的效果，AL-Amoudi 等发现用 HCl 溶液清洗的膜的通量 [9.2kg/（m²·h）] 高于未经 HCl 溶液清洗的膜通量 [5.6kg/（m²·h）][67-68]；当 HCl 浓度高于 0.5%时，随着 HCl 浓度的升高，膜通量恢复率降低，这可能是由于清洗过程中清洗剂与污染物发生反应，产生一些副产物，使膜受到二次污染[69]。

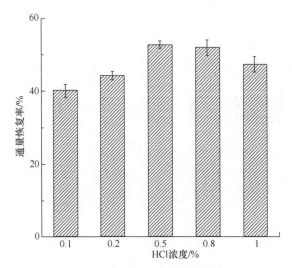

图 2-60 不同浓度 HCl 溶液的清洗效果

2.4.1.3 不同清洗条件对污染膜的清洗效果

膜清洗过程中膜通量的恢复，不仅受清洗剂本身的影响，也受到诸如清洗温度和清洗时间等操作条件的限制，故本节重点研究不同清洗条件对污染膜的清洗效果的影响。

（1）清洗温度对污染膜的清洗效果

根据 2.4.1.2 部分所得到的试验结果，分别配制 0.5% NaClO、0.8% NaOH 和 0.5% HCl 溶液在不同温度（20℃、30℃、40℃、50℃）下浸泡 3h，以研究清洗温度对受污染 PTFE 膜的清洗效果的影响。不同清洗温度对受污染 PTFE 膜的清洗效果见图 2-61。

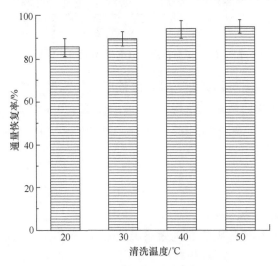

图 2-61 不同清洗温度下的清洗效果

图 2-61 表明，温度对膜清洗效果有促进作用，随着温度的升高，膜通量恢复率升高。当清洗温度分别为 20℃、30℃、40℃、50℃时，膜通量恢复率为 85.16%、89.22%、93.44%

和 94.62%。Zhang 等[70]和王静荣等[71]分别对处理印钞厂废水和油田含油污水的超滤膜进行化学清洗，实验结果同样表明随着清洗温度的升高，膜通量恢复率升高。温度对膜清洗过程的作用机理主要是改变化学反应的平衡常数、改变反应动力学以及改变污染物或/和反应产物的溶解性[72]，清洗温度的增高可以提高清洗时的传质速率。从经济成本和膜寿命两个角度考虑在实际生产过程中选用 40℃清洗温度比较合理。

（2）清洗时间对污染膜的清洗效果

分别配制 0.5% NaClO、0.8% NaOH 和 0.5% HCl 溶液在 40℃条件下浸泡 0.5h、1h、2h、3h 和 5h，对污染膜化学清洗，以研究清洗时间对受污染 PTFE 膜的清洗效果的影响。

不同清洗时间对受污染 PTFE 膜的清洗效果见图 2-62。在最优清洗剂浓度和清洗温度下，清洗时间越长，清洗效果越好。当清洗时间分别为 0.5h、1h、2h、3h、5h 时，膜通量恢复率为 83.16%、86.23%、90.98%、93.47%和 94.24%，说明随清洗时间的延长，清洗效果变好[73]。当清洗时间分别为 3h 和 5h 时，其清洗效果差别不大，原因是延长清洗时间只可去除清洗过程中与膜结合松散的沉淀物，并不能洗脱与膜吸附紧密的物质[74]。膜在化学清洗剂中浸泡时间过长会对其结构有一定的影响，缩短清洗时间有助于延长膜寿命，故将清洗时间定为 3h 较为适宜。

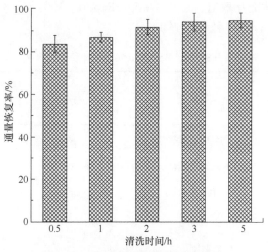

图 2-62　不同清洗时间下的清洗效果

2.4.2　多种清洗剂联合对污染膜的清洗效果

2.4.1 部分研究了不同清洗剂单独清洗和清洗条件对污染膜的清洗效果，单一清洗剂或单一清洗条件很难将污染膜的通量完全恢复，因此应将多种清洗剂及清洗条件联合，提高膜通量恢复率，实现污染膜的"再生"。

因此，本节采用响应面法对清洗剂及清洗条件进行优化，获得膜清洗效果最优的条件，响应面法因其可以减少实验次数，已经被证明是在建模、评价和优化方面的有效方法之一。Xiarchos 等在水溶液中分离铜离子过程中应用响应面法进行胶团强化超滤[33]。前文已述，影响膜清洗的因素有很多，因此本研究采用响应面法的一种 Box-Behnken（BBD）法来研究各个因素以及各个因素之间的相互作用对 PTFE 膜通量恢复率的影响。

在单种清洗剂实验的基础上，选取清洗效果好的单种清洗剂，以三种清洗剂浓度、清洗时间、清洗温度作为主要因素，以膜通量恢复率作为响应值，采用响应曲面法优化膜清洗的效果，分析方法主要采用方差分析及等高线分析。

2.4.2.1 响应面法实验设计

为探究不同清洗剂和清洗条件对 PTFE 膜通量恢复率的影响，在单因素实验的基础上，应用 Box-Behnken 中心组合实验设计原理，以 NaOH 浓度、NaClO 浓度、HCl 浓度、浸泡时间和温度作为主要因素，以通量恢复率作为响应值进行分析实验。5 因素分别以 X_1、X_2、X_3、X_4、X_5 来表示，其取值范围分别为：NaOH 0.1%～1%；NaClO 0.1%～1%；HCl 0.1%～1%；浸泡时间 0.5～5h；温度 30～50℃。实验设计参数和水平如表 2-15 所列。响应面法可通过建立一个二阶多项式来表达隐式功能函数，在响应曲面的最优点附近，曲面效应主导项，用二阶模型来逼近响应曲面：

$$y = b_0 + \sum b_i x_i + \sum b_{ij} x_i x_j + \sum b_{ii} x_{ii}^2 \tag{2-12}$$

式中，y 为预测响应值；b_0 为回归系数；b_i 表示 x_i 的线性效应；b_{ii} 表示 x_i 的二次效益；b_{ij} 表示 x_i 与 x_j 间的线性交互效益，运用 Design-Expert（Version 8.0.5b）软件对试验数据进行回归拟合，并对拟合方程做数据分析。

表 2-15 Box-Behnken 实验设计参数和水平

编码	变量	编码水平	
		−1	+1
X_1	NaOH 浓度	0.1	1
X_2	NaClO 浓度	0.1	1
X_3	HCl 浓度	0.1	1
X_4	浸泡时间	0.5	5
X_5	温度	30	50

2.4.2.2 模型构建与实验结果分析

运用 Box-Behnken 的中心组合设计原理，设计 5 因素 3 水平共 46 组实验点进行响应面分析，其中包括 6 组用于估计误差的以零点为区域的中心点。实验设计及实验结果见表 2-16。采用 Design-Expert（8.0.6.1），得到以通量恢复率为响应值的二次多项回归模型：

$$y = 94.90 + 2.39X_1 + 9.48X_2 + 0.79X_3 + 12.31X_4 + 1.26X_5 - 2.10X_1X_2 - 2.18X_1X_3 + 1.18X_1X_4$$

$$- 0.66X_1X_5 - 0.40X_2X_3 - 4.45X_2X_4 - 1.41X_2X_5 - 0.83X_3X_4 + 0.97X_3X_5 - 1.70X_4X_5$$

$$- 1.81X_1^2 - 4.58X_2^2 - 0.82X_3^2 - 9.95X_4^2 - 0.76X_5^2$$

$$R^2=0.9968 \tag{2-13}$$

变量范围：$-1 \leqslant X_i \leqslant +1$，当 $i = 1, 2, 3, 4, 5$ 时。

将上述模型中的标准变量进行变量自然化，得到自然变量回归预测模型，结果如下式：

$$y=-5.39475+29.48683X_1+77.43637X_2+6.87665X_3+21.52623X_4+1.08066X_5$$
$$-10.38272X_1X_2-10.79012X_1X_3+1.16543X_1X_4-0.14722X_1X_5-1.96296X_2X_3$$
$$-4.397532X_2X_4-0.31444X_2X_5-0.82469X_3X_4+0.21500X_3X_5-0.075444X_4X_5$$
$$-8.94650X_1^2-22.63786X_2^2-4.03292X_3^2-1.96444X_4^2-7.64167X_5^2$$

$$R^2=0.9968 \tag{2-14}$$

变量范围：$0.1 \leqslant X_1 \leqslant 1.0$（%）；$0.1 \leqslant X_2 \leqslant 1.0$（%）；$0.1 \leqslant X_3 \leqslant 1.0$（%）；$0.5 \leqslant X_4 \leqslant 5.0$（h）；$30 \leqslant X_5 \leqslant 5.0$（℃）

该回归模型可用于对有限个实验参数条件下，对 PTFE 膜处理三元驱采油废水膜滤过程膜通量恢复程度的预测。

为确保模型的有效性，在 95% 的置信水平上利用方差分析（ANOVA）法对回归模型的显著性进行分析（表 2-17）。上述模型的决定系数 $R^2=0.9968$，说明该模型能解释 99.68% 的响应值的变化，只有 0.32% 不能解释，说明预测值与实验值之间的拟合度较好，合理性较好。模型的显著性采用 Fisher 法来判定，一般而言 F 值越大 P 值越小，相应的系数越显著[75]。该模型项 F 值为 385.87，$P < 0.0001$，表明模型由其他噪点引入的误差的可能性极低，说明该回归模型十分显著。此外，该模型的失拟项不显著（$P=0.9355>0.05$），表明该模型失拟不显著，因此可以采用该模型对 PTFE 膜通量恢复率进行分析和预测。由表 2-17 可知，一次项 X_1、X_2、X_4、X_5 影响显著，二次项 X_1^2、X_2^2、X_4^2 以及 X_1X_2、X_1X_3、X_2X_4 交互作用影响显著。回归模型中二次项前面的加号代表因子之间的协同效应，负号代表拮抗作用[60]。

表 2-16　实验设计表与结果

组合	NaOH 浓度/%	NaClO 浓度/%	HCl 浓度/%	浸泡时间/h	温度/℃	通量恢复率/%
1	0	0	−1	−1	0	70.59
2	0	0	0	0	0	94.19
3	0	−1	−1	0	0	79.66
4	0	−1	0	0	1	72.31
5	0	0	0	0	0	94.47
6	0	0	0	1	1	96.12
7	0	0	1	1	0	96.04
8	0	0	0	1	−1	96.79

组合	NaOH 浓度/%	NaClO 浓度/%	HCl 浓度/%	浸泡时间/h	温度/℃	通量恢复率/%
9	0	0	1	0	1	96.86
10	0	0	0	0	0	96.12
11	0	1	1	0	0	97.95
12	−1	0	0	0	1	91.65
13	0	0	1	−1	0	73.14
14	0	0	0	0	0	93.55
15	0	0	0	−1	1	74.96
16	0	0	1	0	−1	92.83
17	0	1	0	1	0	99.08
18	1	0	0	1	0	98.37
19	−1	0	0	1	0	91.35
20	−1	0	0	−1	0	69.63
21	1	0	1	0	0	93.67
22	1	0	0	−1	0	71.93
23	−1	0	1	0	0	93.36
24	0	−1	1	0	0	80.95
25	0	−1	0	0	1	82.84
26	0	1	0	0	−1	98.61
27	0	0	0	0	0	94.65
28	0	1	0	0	1	98.98
29	−1	0	−1	0	0	86.65
30	1	0	−1	0	0	95.7
31	0	1	−1	0	0	98.25
32	−1	0	0	0	−1	88.25
33	0	0	−1	0	−1	92.15
34	1	0	0	0	−1	94.41
35	0	0	0	−1	−1	68.84
36	0	−1	0	0	−1	76.81
37	0	−1	0	1	0	87.63
38	−1	1	0	0	0	97.71

组合	NaOH 浓度/%	NaClO 浓度/%	HCl 浓度/%	浸泡时间/h	温度/℃	通量恢复率/%
39	0	0	−1	1	0	96.83
40	0	1	0	−1	0	82.68
41	0	−1	0	−1	0	53.42
42	1	1	0	0	0	98.47
43	1	0	0	0	1	95.16
44	1	−1	0	0	0	83.93
45	0	0	0	0	0	96.43
46	−1	−1	0	0	0	74.76

表 2-17　响应面实验方差分析结果

来源	平方和	自由度	均方	F 值	P 值	显著性
模型	5132.79	20	256.64	385.87	<0.0001	显著
X_1	91.58	1	91.58	137.70	<0.0001	显著
X_2	1438.87	1	1438.87	2163.41	<0.0001	显著
X_3	10.02	1	10.02	15.06	0.0007	
X_4	2426.06	1	2426.06	3647.69	<0.0001	显著
X_5	25.48	1	25.48	38.31	<0.0001	显著
X_1X_2	17.68	1	17.68	26.59	<0.0001	显著
X_1X_3	19.10	1	19.10	28.71	<0.0001	显著
X_1X_4	5.57	1	5.57	8.37	0.0078	
X_1X_5	1.76	1	1.76	2.64	0.1168	
X_2X_3	0.63	1	0.63	0.95	0.3390	
X_2X_4	79.30	1	79.30	119.23	<0.0001	显著
X_2X_5	8.01	1	8.01	12.04	0.0019	
X_3X_4	2.79	1	2.79	4.19	0.0512	
X_3X_5	3.74	1	3.74	5.63	0.0257	
X_4X_5	11.53	1	11.53	17.33	0.0003	
X_1^2	28.64	1	28.64	43.07	<0.0001	显著
X_2^2	183.40	1	183.40	275.75	<0.0001	显著

续表

来源	平方和	自由度	均方	F 值	P 值	显著性
X_3^2	5.82	1	5.82	8.75	0.0067	
X_4^2	863.15	1	863.15	1297.79	<0.0001	显著
X_5^2	5.10	1	5.10	7.66	0.0105	
残差	16.63	25	0.67			
失拟项	10.22	20	0.51	0.40	0.9355	不显著
纯误差	6.40	5	1.28			
总变异	5149.42	45				

2.4.2.3 预测模型的精度分析

BBD 设计模型残差的正态分布概率图与预测响应值如图 2-63 所示。图 2-63（a）所得

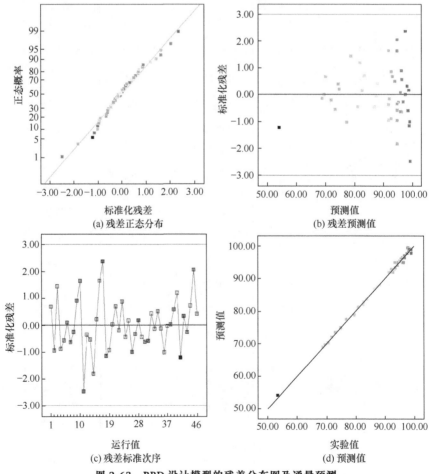

(a) 残差正态分布
(b) 残差预测值
(c) 残差标准次序
(d) 预测值

图 2-63 BBD 设计模型的残差分布图及通量预测

预测值的残差基本分布在一条直线上，满足正态分布，说明误差分布合理，无明显奇异性，表明该模型适应性较好。此外，由图 2-63（b）和（c）可见，残差均匀分布在横轴两侧，呈现无规则性的特征，且所有点均在±3.00 的范围内，进一步证明所得模型真实合理，准确性较高。由图 2-63（d）可见，仅个别点的实测值和预测值存在较明显的差异，因此，该回归模型可以较好地拟合 PTFE 膜通量恢复率的实验测定值。

2.4.2.4　响应曲面及等高线分析

（1）NaClO 浓度与浸泡时间的相互作用

NaClO 浓度和浸泡时间对通量影响的响应曲面图和等高线图如图 2-64 所示（书后另见彩图）。图 2-64 可以得出 NaClO 浓度和浸泡时间相互影响下 PTFE 膜通量恢复率的变化趋势，以确定最佳因素范围。

从图 2-64（a）可见，NaClO 浓度与浸泡时间的相互作用显著，图中存在圆心，说明在各因子所选范围内存在通量恢复率的最大值。由图 2-64（b）可见一定范围内随着 NaClO 浓度的增加，浸泡时间的延长，通量恢复率增大，即膜的清洗效果更理想。当清洗时间达到 4.1h 时通透量达到最大值，随后逐渐下降。在一定范围内，随着 NaClO 浓度增加，通量恢复率也逐渐增加。例如，当其他因素条件保持不变，NaClO 浓度和浸泡时间分别由编码值−1 上升到+1 时，通量恢复率从 83.93%增加到 98.47%。这与之前一些学者的研究结果相一致，在受微藻生物质污染的微滤膜的清洗时发现 NaClO 具备良好的清洗效果[64]。同样，Liang 等[76]和 Kwon 等[77]也发现在膜清洗中 NaClO 是一种良好的清洗剂。在清洗过程中，NaClO 溶液主要作为一种膨胀剂和蛋白增溶剂，通过以下几个机制打破了污染物和膜之间的化学键，使得膜清洗效率提高：a. 增加离子强度；b. 增加有机污染物的溶解度；c. 增加 pH 值，pH 值的增加会因羧基和酚类物质去质子化而使有机物负电荷增加[65-66]。

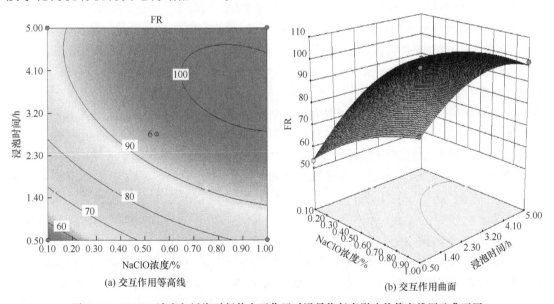

(a) 交互作用等高线　　　　　　　　　　(b) 交互作用曲面

图 2-64　NaClO 浓度与浸泡时间的交互作用对通量恢复率影响的等高线图及曲面图

APAM 是废水中的主要污染物之一，它与 NaClO 作用的过程可以用式（2-15）～式（2-19）表示，可以将其总结为 3 个阶段：a. 酰胺基中氮原子的氯化过程；b. 氢离子的分离和 N-Cl 阴离子的重排；c. 聚合物中的甲酰基转变成氨基[78]。此外，响应值受二者相互作用的影响较为显著，随着浸泡时间增加，膜通量恢复率呈现先上升后下降的趋势，其原因是清洗时间延长只可去除清洗过程中与膜结合松散的沉淀物，并不能洗脱与膜吸附紧密的物质。图 2-64（b）中浸泡时间对应的曲面比 NaClO 浓度对应的曲面更加陡峭，说明前者对响应值的影响比后者的影响大。

$$R-\overset{\overset{\textstyle O}{\|}}{C}-NH_2 \xrightarrow{OCl^-} R-\overset{\overset{\textstyle O}{\|}}{C}-NHCl \tag{2-15}$$

$$R-\overset{\overset{\textstyle O}{\|}}{C}-NHCl \xrightarrow{OH^-} [R-\overset{\overset{\textstyle O}{\|}}{C}-N-Cl]^- \tag{2-16}$$

$$[R-\overset{\overset{\textstyle O}{\|}}{C}-N-Cl]^- \xrightarrow{-Cl^-} R-\overset{\overset{\textstyle O}{\|}}{C}-N \rightarrow R-N=C=O \tag{2-17}$$

$$R-N=C=O \xrightarrow[OH^-]{H_2O} [R-\underset{\underset{\textstyle H}{|}}{N}-\overset{\overset{\textstyle O}{\|}}{C}-O]^- \tag{2-18}$$

$$[R-\underset{\underset{\textstyle H}{|}}{N}-\overset{\overset{\textstyle O}{\|}}{C}-O]^- \xrightarrow[-CO_2]{H^+} R-NH_2 \tag{2-19}$$

（2）NaOH 浓度、NaClO 浓度与其他因子的交互作用

图 2-65 表示 NaOH 浓度、NaClO 浓度与其他因子的交互作用对通量恢复率的影响（书后另见彩图）。在浸泡时间较短时，通量恢复率随着 NaOH 浓度的增加而增加[图 2-65（a）]。此外，随着 NaOH 浓度增加浸泡时间逐渐延长，响应值也有一定的增大。NaOH 清洗剂可通过水解和增溶作用去除膜上的有机污染物。腐蚀性的清洗剂被认为在去除有机污染物上具有较好的效果。这是因为碱性溶液中的氢氧根离子可以促进污染层的瓦解，其机制如前文 NaClO 作用机理基本相同，主要在于打破污染物与膜之间的化学键。然而 NaOH 浓度对通量恢复率的影响不如浸泡时间对其的影响显著。例如，当 X_1 在编码值（-1）而其他因素在中心点时，当浸泡时间由 0.5h 提高到 5h 时，膜的通量恢复率由 69.63%升至 91.35%。与 NaOH 溶液相比，NaClO 溶液呈现更好的清洗性能，这一结果与一些学者的研究结果相一致[60-61]。温度与 NaOH 浓度、NaClO 浓度之间的交互作用对响应值的影响如图 2-66（书后另见彩图）所示。由图 2-66 可以看出，温度与其他两者之间的相互作用对通量恢复率的影响并不显著。式（2-13）中 X_1X_5 和 X_2X_5 较小的相关系数可以用来解释这一现象。当其他因素保持不变，温度由 30℃升高至 40℃时得到较好的清洗效果。温度对膜清洗过程的作用机理主要表现在以下几个方面：a. 改

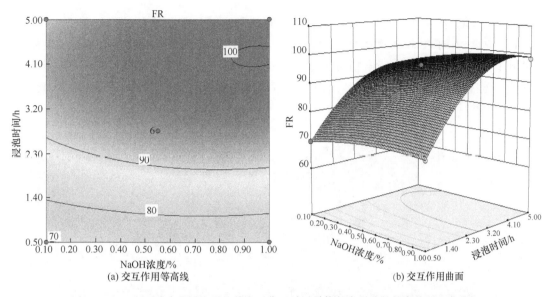

图 2-65　NaOH 浓度与浸泡时间的交互作用对通量恢复率影响的等高线图及曲面图

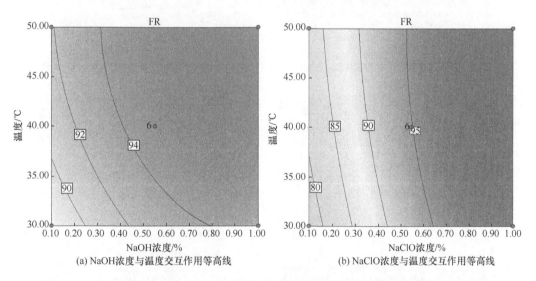

图 2-66　NaOH 浓度与温度、NaClO 浓度与温度的交互作用对通量恢复率影响的等高线图

变化学反应的平衡常数；b. 改变反应动力学；c. 改变污染物和反应产物的溶解性[72]。然而，继续增加温度会使通量下降。这是因为过高的温度会导致沉积物的溶解或分解和 PTFE 膜中聚合物结构的改变。

（3）HCl 浓度与其他因子的交互作用

一定范围内，通量恢复率随着盐酸浓度的增加而增加，如图 2-67 所示（书后另见彩图）。例如，当其他因素保持不变，HCl 浓度由 0.1%升至 1.0%时通量恢复率由 86.65%增加到 93.36%，增加了 6.71%（序列 23 和 29）。这预示着 HCl 溶液对于膜上无机污染物的去除具有较好的效果。在相似的研究中，AL-Amoudi 等也发现用 HCl 溶液清洗的膜的通量[9.2kg/（m²·h）]高于未经 HCl 溶液清洗的膜通量[5.6kg/（m²·h）][67-68]。膜的化学清洗过程中，HCl 溶液主要用于对无机物、金属氧化物或氢氧化物的溶解。然而，对比可知，HCl 浓度对 PTFE 膜通量的影响不及其他两种碱性清洗剂对污染物的去除效果显著，同样可以用方程式（2-13）中相关系数较小来解释。这些结果与 Norazman 等的研究结果相似，他们同样发现用 HCl 溶液清洗的膜通量恢复率不及 NaOH 溶液清洗的膜通量恢复率高[63]。

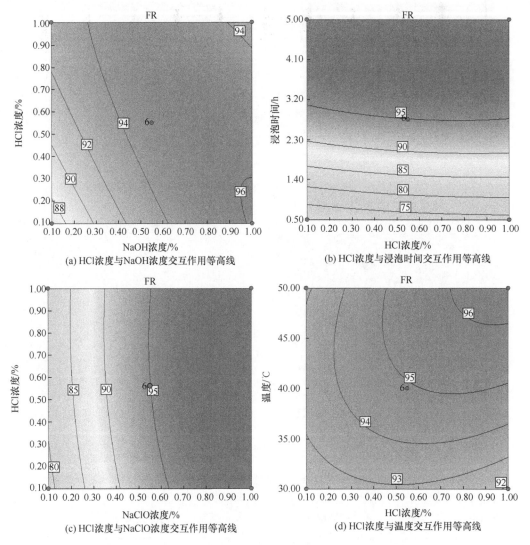

图 2-67　HCl 浓度与其他因子的交互作用对通量恢复率影响的等高线图

2.4.2.5　试验结果的模拟预测

用响应面分析软件对回归模型求极值，得到膜滤过程膜清洗的最优条件：NaOH 1%；NaClO 0.72%；HCl 0.65%；浸泡时间 3.35h；温度 40.0℃，在此条件下最大响应值为 99.56%。为了实验简便易行，采用如下条件对模型进行检验，以证明所得统计模型的正确性：NaOH 1%；NaClO 0.72%；HCl 0.65%；浸泡时间 3.35h；温度 40.0℃。经过 3 次试验求平均值，得到实际通量恢复率为 99.34%，效果较为理想，且与模型预测值相近，说明该模型可以用来真实反映和预测实际 PTFE 膜清洗后的膜通量恢复率。

2.4.3　清洗前后膜表面的微观分析

2.4.3.1　SEM-EDX 分析

图 2-68 表示原膜、污染膜以及在最优条件下清洗后的污染膜的形态和结构图片。新膜的表面尽管相对平坦但较为粗糙，有着不规则的膜孔[图 2-68（a）]。然而，如图 2-68（b）所示，污染的膜表面覆盖了一层平滑的污染层，大多数的膜孔被堵塞，表明了膜通量恢复率的下降主要归因于形成的 2~3μm 的污染层堵塞了膜孔。图 2-68（c）为最优条件下清洗后的膜表面图片。可以很清楚地看出，膜表面沉积的大多数污染物已经被去除掉，膜表面又恢复到了与原膜相似的粗糙程度，膜孔也变得清晰。

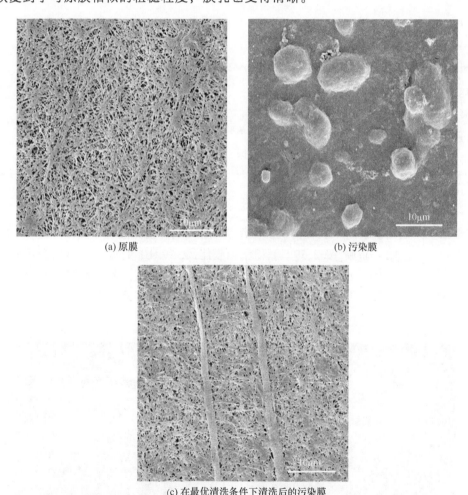

(a) 原膜　　　　　　　　　　　(b) 污染膜

(c) 在最优清洗条件下清洗后的污染膜

图 2-68　原膜、污染膜和在最优清洗条件下清洗后的污染膜扫描电镜图

表 2-18 显示了原膜、污染膜和清洗后的膜表面的 EDX 分析。相比原膜，污染膜表面

的 C 和 O 元素质量百分比增大,这是由有机污染物在膜表面沉积造成的。除此,污染膜表面还出现 Fe、Mg 等无机元素。清洗后的 PTFE 膜表面元素百分比与原膜基本相同,说明膜表面污染物已洗脱掉,同时也证明了清洗方法的高效性。

表 2-18 原膜、污染膜和清洗后的膜表面的 EDX 分析

元素	原膜的质量百分比/%	污染膜的质量百分比/%	清洗后的污染膜的质量百分比/%
C	28.26	38	28.38
O	6.68	14.02	6.74
F	65.06	17.44	64.88
Cu	0.00	1.01	0.00
Na	0.00	2.11	0.00
Mg	0.00	0.37	0.00
Al	0.00	0.38	0.00
Si	0.00	9.54	0.00
Cl	0.00	0.86	0.00
K	0.00	0.59	0.00
Ca	0.00	2.12	0.00
Fe	0.00	13.55	0.00

2.4.3.2 AFM 分析

三维原子力显微镜被用来表征清洗前和清洗后的 PTFE 膜的形态学变化(图 2-69,书后另见彩图)。通过比较新膜[图 2-69(a)]和污染膜[图 2-69(b)]的原子力显微镜图分析得出新膜的表面是不平坦的、波状的,且比污染膜波势大。在对废水进行膜滤处理之后,膜表面变得相对平坦而光滑。然而在最优条件清洗后,污染膜的膜表面又基本恢复到原膜的表面形态。

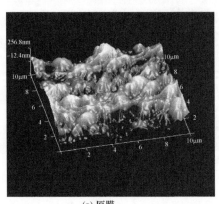
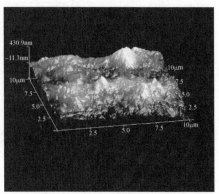

(a) 原膜   (b) 污染膜

(c) 清洗后的膜

图 2-69　原膜、污染膜和清洗后的污染膜的三维原子力显微镜图

2.4.3.3　红外光谱分析

如图 2-70 中曲线 a、c 所示，与原膜的条带强度相比，污染膜的条带强度更强些，并有一些新的条带出现。3285cm⁻¹ 和 1550cm⁻¹ 处较强的吸收峰代表 N—H 键。通过测量聚丙烯酰胺的分子式和进水的组成，得出这些峰值与聚丙烯酰胺有关。官能团中几个典型的吸收峰证明了很多重要的石油污染物的存在。比如，在 2923cm⁻¹ 和 2853cm⁻¹ 处的吸收峰代表 C—H 键，1641cm⁻¹ 处的吸收峰代表 C=C 键，1203cm⁻¹、1144cm⁻¹ 和 1044cm⁻¹ 处的吸收峰分别代表 C—O—C、C—O、C—O—C 键。污染后的膜和原膜的光谱波形的不同说明膜表面化学组成的不同，然而清洗后的膜和原膜的波形相近，说明化学组成与原膜十分相似，这也表明了清洗方法的高效性。

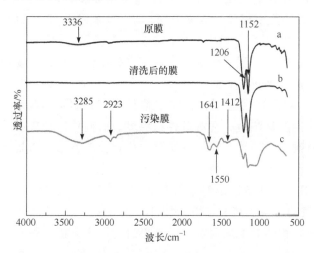

图 2-70　原膜、清洗后的污染膜和污染膜的红外光谱分析

2.4.4　清洗前后膜性能的变化及膜寿命分析

接触角是用来分析膜表面特征变化的方法之一，它可以反映膜片的亲疏水性[79]。

表 2-19 表示原膜、污染膜和清洗后的污染膜的接触角、孔径大小和拉伸强度的变化。由表 2-19 可见，原膜的接触角为 120.1°，表明 PTFE 膜具有疏水性。与原膜对比，尽管有些亲水性的污染物吸附到膜表面，但污染膜的接触角变化并不显著。在最优条件下清洗后的 PTFE 膜的接触角几乎与原膜保持一致。另外，由表 2-19 可见，原膜与清洗后的 PTFE 膜在孔径大小和拉伸强度上没有很大区别。这说明 PTFE 膜化学性质比较稳定，并且进一步证明了膜清洗方法的高效性。

表 2-19　原膜、污染膜和清洗后的 PTFE 膜接触角、孔径大小和拉伸强度的变化

类别	接触角/(°)	孔径大小/μm	拉伸强度/MPa
原膜	120.1	0.1013	15.5
污染膜	127.3	—	15.6
清洗后的膜	120.9	0.1033	15.4

随着膜使用时间的延长，膜不可逆污染不断积累，致使膜性能下降。膜的反复清洗、膜与化学清洗剂的长期接触，使得膜结构破坏，增大了膜孔径，降低了膜拉伸强度，导致膜无法根据设计预期稳定运行（如出水水质、产水量等无法达到设计要求）。本研究采用的 PTFE 膜化学稳定性好，具有耐酸碱、耐高温、耐微生物侵袭、耐氧化、耐油和耐压等诸多优点。前期研究[80]将 PTFE 膜和 PVDF 膜浸泡在 HCl、NaOH 和氧化剂等药剂的水溶液中 60d，定期取样分析膜清水通量、接触角、扫描电镜和机械拉伸强度的变化，结果表明其在 pH=1 的盐酸、pH=13 的氢氧化钠、5% H_2O_2 和 2% NaClO 条件下具有一定的耐受性，其在清水通量、膜面结构及机械拉伸强度方面，与 PVDF 相比，PTFE 膜具有更好的稳定性。因此，在处理三元驱采油废水过程中，相比于其他有机膜（PVDF、PSF、PES 等），PTFE 膜在运行和化学清洗过程中，耐受性更好，对膜产生损伤较小，膜使用寿命更长，设备运行稳定性更高，经济成本会更低。

本部分基于 PTFE 膜污染机理，针对 PTFE 膜处理三元驱采油废水中的污染膜进行化学清洗，考察不同清洗剂及其浓度、清洗条件（温度、时间）对污染膜的清洗效果，在获取单因素最佳条件的基础上，设计响应面法实验，优化清洗方法，以提高膜通量恢复率，并采用微观分析手段对清洗前后的膜特性进行表征。得出以下结论：

① NaClO、NaOH、HCl 溶液浓度分别为 0.5%、0.8%、0.5%时，清洗效果较好；40℃、3h 为最经济、最适宜的清洗温度和清洗时间；

② Design-Expert 软件对响应面法实验结果进行回归分析，得到以通量恢复率为响应值的二次多项回归模型：

$$y=-5.39475+29.48683X_1+77.43637X_2+6.87665X_3+21.52623X_4+1.08066X_5$$
$$-10.38272X_1X_2-10.79012X_1X_3+1.16543X_1X_4-0.14722X_1X_5-1.96296X_2X_3$$
$$-4.397532X_2X_4-0.31444X_2X_5-0.82469X_3X_4+0.21500X_3X_5-0.075444X_4X_5$$
$$-8.94650X_1^2-22.63786X_2^2-4.03292X_3^2-1.96444X_4^2-7.64167X_5^2\ (R^2=0.9968)$$

通过 ANOVA 对回归模型的显著性以及模型预测的精度进行分析可知该模型可用于有限个实验参数条件下，PTFE 膜处理三元驱采油废水过程中膜通量恢复程度的预测；

③ 详细分析了 NaClO 浓度与浸泡时间以及 NaOH 浓度、NaClO 浓度、HCl 浓度与其他因子的交互作用；对回归模型求极值，得到膜滤过程膜清洗的最优条件：NaOH 浓度为 1%；NaClO 浓度为 0.72%；HCl 浓度为 0.65%；浸泡时间 3.35h；温度 40.0℃，在此条件下最大响应值为 99.56%。经过 3 次试验求平均值，得到通量恢复率为 99.34%，与模型预测值相近；

④ 采用 SEM-EDX、AFM、FTIR 和接触角等对原膜、污染膜以及清洗后的膜进行微观分析，证明了上述最优清洗条件的清洗效果。

参考文献

[1] 梅德俊. PTFE 平板膜的亲水改性研究[D]. 杭州：浙江理工大学，2016.

[2] 郝新敏，张建春，杨元. 医用多功能防护服研究与发展[J]. 中国安全科学学报，2005(06)：80-84，115.

[3] 邹锦林，李伟光，吴传栋，等. 两种 PTFE 膜对污泥好氧发酵参数影响研究[J]. 给水排水，2016(04)：37-40.

[4] 衣雪松. 聚偏氟乙烯改性膜处理油田三次采出水的抗污染特性与机制[D]. 哈尔滨：哈尔滨工业大学，2012.

[5] 罗川南，杨勇. 高分子分离膜材料亲水改性及对膜性能的影响[J]. 合成技术及应用，2002(02)：23-26.

[6] Bhadra M, Roy S, Mitra S. Flux enhancement in direct contact membrane distillation by implementing carbon nanotube immobilized PTFE membrane[J]. Separation & Purification Technology, 2016, 161: 136-143.

[7] Dong Z Q, Ma X H, Xu Z L, et al. Superhydrophobic PVDF-PTFE electrospun nanofibrous membranes for desalination by vacuum membrane distillation[J]. Desalination, 2014, 347(17): 175-183.

[8] Lai C L, Liou R M, Chen S H, et al. Preparation and characterization of plasma-modified PTFE membrane and its application in direct contact membrane distillation[J]. Desalination, 2011, 267(2): 184-192.

[9] Saffarini R B, Mansoor B, Thomas R, et al. Effect of temperature-dependent microstructure evolution on pore wetting in PTFE membranes under membrane distillation conditions[J]. Journal of Membrane Science, 2013, 429(4): 282-294.

[10] Shirazi M M A, Kargari A, Tabatabaei M. Evaluation of commercial PTFE membranes in desalination by direct contact membrane distillation[J]. Chemical Engineering & Processing Process Intensification, 2014, 76(2): 16-25.

[11] Teoh M M, Chung T S, Yan S Y. Dual-layer PVDF/PTFE composite hollow fibers with a thin macrovoid-free selective layer for water production via membrane distillation[J]. Chemical Engineering Journal, 2011, 171(2): 684-691.

[12] Zhang H, Liu M, Sun D, et al. Evaluation of commercial PTFE membranes for desalination of brine water through vacuum membrane distillation[J]. Chemical Engineering & Processing Process Intensification, 2016, 110: 52-63.

[13] Cheng B, Zhang H, Xiao S, et al. Grafted porous PTFE/partially fluorinated sulfonated poly(arylene ether ketone) composite membrane for PEMFC applications[J]. Journal of Membrane Science, 2011, 376(1-2): 170-178.

[14] Jung G B, Weng F B, Peng C C, et al. The development of PTFE/Nafion/TEOS membranes for application in moderate and high temperature proton exchange membrane fuel cells[J]. International Journal of Hydrogen Energy, 2011, 36(10): 6045-6050.

[15] Kumar R J F, Radhakrishnan V, Haridoss P. Enhanced mechanical and electrochemical durability of multistage PTFE treated gas diffusion layers for proton exchange membrane fuel cells[J]. International Journal of Hydrogen Energy, 2012, 37(14): 10830-10835.

[16] Lu S, Xiu R, Xu X, et al. Polytetrafluoroethylene (PTFE) reinforced poly(ethersulphone)-poly(vinyl pyrrolidone) composite membrane for high temperature proton exchange membrane fuel cells[J]. Journal of Membrane Science, 2014, 464(16): 1-7.

[17] Wu B, Zhao M, Shi W, et al. The degradation study of Nafion/PTFE composite membrane in PEM fuel cell under accelerated stress tests[J]. International Journal of Hydrogen Energy, 2014, 39(26): 14381-14390.

[18] 张瑞君. 纳滤对聚驱采油废水的处理效能及膜污染研究[D]. 哈尔滨：哈尔滨工业大学，2014.

[19] Su Y L, Cheng W, Li C, et al. Preparation of antifouling ultrafiltration membranes with poly(ethylene glycol)-graft-polyacrylonitrile

copolymers[J]. Journal of Membrane Science, 2009, 329(1-2): 246-252.

[20] Mimoune S, Amrani F. Experimental study of metal ions removal from aqueous solutions by complexation-ultrafiltration[J]. Journal of Membrane Science, 2007, 298(1-2): 92-98.

[21] 张冰, 时文歆, 朱友兵, 等. 聚四氟乙烯膜处理三元驱采油废水的试验研究[J]. 给水排水, 2016(12).

[22] Petervarbanets M, Hammes F, Vital M, et al. Stabilization of flux during dead-end ultra-low pressure ultrafiltration[J]. Water Research, 2010, 44(12): 3607.

[23] 许振良. 膜法水处理技术[M]. 北京: 化学工业出版社, 2001.

[24] Chellam S, Jacangelo J G. Existence of critical recovery and impacts of operational mode on potable water microfiltration[J]. Journal of Environmental Engineering, 1998, 124(12): 1211-1219.

[25] 何青, 李圭白, 吕谋, 等. 操作条件及运行通量对超滤膜污染的影响[J]. 青岛理工大学学报, 2014, 35(3): 94-99.

[26] 王磊, 福士宪一. 运行条件对超滤膜污染的影响[J]. 中国给水排水, 2001, 17(10): 1-4.

[27] 张坤. 超滤对水中浊度及腐植酸的分离特性及膜污染控制条件研究[D]. 西安: 西安建筑科技大学, 2013.

[28] 郭小桐. 操作条件及运行模式对超滤膜处理过程的影响研究[D]. 西安: 西安建筑科技大学, 2007.

[29] Gao W, Liang H, Ma J, et al. Membrane fouling control in ultrafiltration technology for drinking water production: A review[J]. Desalination, 2011, 272(1-3): 1-8.

[30] 张伟, 李永红, 陈超, 等. 混凝/浸没式超滤膜工艺处理微污染地表水的运行工况和处理效果研究[J]. 清华大学学报(自然科学版), 2010(11): 1885-1889.

[31] Chakrabarty B, Ghoshal A K, Purkait M K. Ultrafiltration of stable oil-in-water emulsion by polysulfone membrane[J]. Journal of Membrane Science, 2008, 325(1): 427-437.

[32] Amin I N H M, Mohammad A W, Markom M, et al. Effects of palm oil-based fatty acids on fouling of ultrafiltration membranes during the clarification of glycerin-rich solution[J]. Journal of Food Engineering, 2010, 101(3): 264-272.

[33] Xiarchos I, Jaworska A, Zakrzewska-Trznadel G. Response surface methodology for the modelling of copper removal from aqueous solutions using micellar-enhanced ultrafiltration[J]. Journal of Membrane Science, 2008, 321(2): 222-231.

[34] Wiącek A E. Effect of ionic strength on electrokinetic properties of oil/water emulsions with dipalmitoylphosphatidylcholine[J]. Colloids and Surfaces A: Physicochemical and Engineering Aspects, 2007, 302(1-3): 141-149.

[35] Hesampour M, Krzyzaniak A, Nyström M. The influence of different factors on the stability and ultrafiltration of emulsified oil in water[J]. Journal of Membrane Science, 2008, 325(1): 199-208.

[36] Elias H G. An introduction to polymer science[J]. Annales De Chimie Science Des Matériaux, 1999, 24(4-5): 402-403.

[37] 吕正中, 谭爱民, 张磊, 等. 化学需氧量测定方法综述[J]. 工业水处理, 2000, 20(10): 9-11.

[38] Zhang B, Yu S, Zhu Y, et al. Application of a polytetrafluoroethylene (PTFE) flat membrane for the treatment of pre-treated ASP flooding produced water in a Daqing oilfield[J]. Rsc Advances, 2016, 6(67): 62411-62419.

[39] 张学东. 陶瓷膜与改性PVDF超滤膜处理含聚采油废水试验研究[D]. 哈尔滨: 哈尔滨工业大学, 2008.

[40] 曹绪龙, 胡岳, 宋新旺, 等. 阴离子型聚丙烯酰胺与阳离子表面活性剂的相互作用[J]. 高等学校化学学报, 2015, 36(2): 395-398.

[41] 马爱青, 陈连喜, 包木太. 表面活性剂对原油生物降解的强化作用[J]. 油田化学, 2011, 28(2): 224-228.

[42] Rekvig L, Hafskjold B, Smit B. Molecular simulations of surface forces and film rupture in oil/water/surfactant systems[J]. Langmuir, 2004, 20(26): 11583-11593.

[43] 金宝玉, 曹孟君, 刘白则, 等. 医用聚丙烯酰胺水凝胶红外吸收光谱化学结构分析[J]. 中国美容整形外科杂志, 2001, 12(3): 143-145.

[44] 黄妙芬, 李晓秀, 白贞爱, 等. 水体石油类污染中红外波段吸收特征分析[J]. 干旱区地理(汉文版), 2009, 32(1): 139-144.

[45] 任磊. 石油勘探开发中的石油类污染及其监测分析技术[J]. 中国环境监测, 2004, 20(3): 44-47.

[46] 谢雄. 纳米 ZrO_2/PVDF 改性膜的制备及其处理乳化油废水膜污染机制的研究[D]. 北京: 中国地质大学, 2015.

[47] 王海芳, 王连军, 周洁, 等. 改性聚偏氟乙烯膜的油吸附性研究[J]. 膜科学与技术, 2007, 27(3): 44-47.

[48] Xu K, Harper W F, Zhao D. 17α-Ethinylestradiol sorption to activated sludge biomass: thermodynamic properties and reaction mechanisms[J]. Water Research, 2008, 42(12): 3146-3152.

[49] Ten Hulscher T E, Cornelissen G. Effect of temperature on sorption equilibrium and sorption kinetics of organic micropollutants-a review[J]. Chemosphere, 1996, 32(4): 609-626.

[50] Von Oepen B, Kördel W, Klein W. Sorption of nonpolar and polar compounds to soils: processes, measurements and experience with the applicability of the modified OECD-Guideline 106[J]. Chemosphere, 1991, 22(3-4): 285-304.

[51] Xue Y, Hou H, Zhu S. Adsorption removal of reactive dyes from aqueous solution by modified basic oxygen furnace slag:

isotherm and kinetic study[J]. Chemical Engineering Journal, 2009, 147(2): 272-279.

[52] Chiem L T, Huynh L, Ralston J, et al. An in situ ATR-FTIR study of polyacrylamide adsorption at the talc surface[J]. Journal of Colloid and Interface Science, 2006, 297(1): 54-61.

[53] Carić M Đ, Milanović S D, Krstić D M, et al. Fouling of inorganic membranes by adsorption of whey proteins[J]. Journal of Membrane Science, 2000, 165(1): 83-88.

[54] Zheng X, Ernst M, Jekel M. Identification and quantification of major organic foulants in treated domestic wastewater affecting filterability in dead-end ultrafiltration[J]. Water Research, 2009, 43(1): 238-244.

[55] Hu B, Scott K. Microfiltration of water in oil emulsions and evaluation of fouling mechanism[J]. Chemical Engineering Journal, 2008, 136(2-3): 210-220.

[56] Boerlage S F E, Kennedy M D, Dickson M R, et al. The modified fouling index using ultrafiltration membranes (MFI-UF): characterisation, filtration mechanisms and proposed reference membrane[J]. Journal of Membrane Science, 2002, 197(1-2): 1-21.

[57] Wei C H, Amy G. Membrane fouling potential of secondary effluent organic matter (EfOM) from conventional activated sludge process[J]. Journal of Membrane and Separation Technology, 2012, 1(2): 129-136.

[58] Wei C H, Laborie S, Aim R B, et al. Full utilization of silt density index (SDI) measurements for seawater pre-treatment[J]. Journal of Membrane Science, 2012, 405-406(15): 212-218.

[59] 吕东伟. 陶瓷超滤膜分离乳化油过程中膜污染机制与抗污染改性研究[D]. 哈尔滨: 哈尔滨工业大学, 2016.

[60] Ahmad A L, Yasin N H M, Derek C J C, et al. Chemical cleaning of a cross-flow microfiltration membrane fouled by microalgal biomass[J]. Journal of the Taiwan Institute of Chemical Engineers, 2013, 45(1): 233-241.

[61] Zhang X, Hu Q, Sommerfeld M, et al. Harvesting algal biomass for biofuels using ultrafiltration membranes[J]. Bioresource Technology, 2010, 101(14): 5297-5304.

[62] 镇祥华, 于水利, 王北福, 等. 超滤处理油田采出水的膜污染特征及清洗[J]. 给水排水, 2006, 32(2): 56-59.

[63] Norazman N, Wu W, Li H, et al. Evaluation of chemical cleaning of UF membranes fouled with whey protein isolates via analysis of residual protein components on membranes surface[J]. Separation & Purification Technology, 2013, 103(2): 241-250.

[64] Ahmad A L, Yasin N H M, Derek C J C, et al. Crossflow microfiltration of microalgae biomass for biofuel production[J]. Desalination, 2012, 302(38): 65-70.

[65] Kennedy M D, Kamanyi J. Rodríguez S G S, et al. Water treatment by microfiltration and ultrafiltration[J]. Advanced Membrane Technology and Applications, 2008: 131-170.

[66] Al-Amoudi A, Lovitt R W. Fouling strategies and the cleaning system of NF membranes and factors affecting cleaning efficiency[J]. Journal of Membrane Science, 2007, 303(1): 4-28.

[67] Zsirai T, Al-Jaml A K, Qiblawey H, et al. Ceramic membrane filtration of produced water: Impact of membrane module[J]. Separation & Purification Technology, 2016, 165: 214-221.

[68] Abdel-Karim A, Gad-Allah T A, El-Kalliny A S, et al. Fabrication of modified polyethersulfone membranes for wastewater treatment by submerged membrane bioreactor[J]. Separation & Purification Technology, 2017, 175: 36-46.

[69] Madaeni S, Samieirad S. Chemical cleaning of reverse osmosis membrane fouled by wastewater[J]. Desalination, 2010, 257(1): 80-86.

[70] Zhang G, Liu Z, Song L, et al. One-step cleaning method for flux recovery of an ultrafiltration membrane fouled by banknote printing works wastewater[J]. Desalination, 2004, 170(3): 271-280.

[71] 王静荣, 许成. 超滤法处理油田含油污水膜清洗方法的研究[J]. 膜科学与技术, 2000, 20(6): 23-25.

[72] Ang W S, Lee S, Elimelech M. Chemical and physical aspects of cleaning of organic-fouled reverse osmosis membranes[J]. Journal of Membrane Science, 2006, 272(1-2): 198-210.

[73] Mohammadi T, Madaeni S, Moghadam M. Investigation of membrane fouling[J]. Desalination, 2003, 153(1): 155-160.

[74] Zhang B, Shi W, Yu S, et al. Optimization of cleaning conditions on a polytetrafluoroethylene (PTFE) microfiltration membrane used in treatment of oil-field wastewater[J]. RSC Advances, 2015, 5(127): 104960-104971.

[75] Jamekhorshid A, Sadrameli S M, Bahramian A R. Process optimization and modeling of microencapsulated phase change material using response surface methodology[J]. Applied Thermal Engineering, 2014, 70(1): 183-189.

[76] Liang H, Gong W J, Chen Z L, et al. Effect of chemical preoxidation coupled with in-line coagulation as a pretreatment to ultrafiltration for algae fouling control[J]. Desalination & Water Treatment, 2009, 9(1-3): 241-245.

[77] Kwon B, Park N, Cho J. Effect of algae on fouling and efficiency of UF membranes[J]. Desalination, 2005, 179(1-3):

203-214.

[78] Achari A E, Coqueret X, Lablache-Combier A, et al. Preparation of polyvinylamine from polyacrylamide: a reinvestigation of the hofmann reaction[J]. Die Makromolekulare Chemie, 1993, 194(7): 1879-1891.

[79] Ji H K, Jung J H, Lee S R, et al. Effects of consecutive chemical cleaning on membrane performance and surface properties of microfiltration[J]. Desalination, 2012, 286(1): 324-331.

[80] 刘贵彩, 于水利, 朱友兵. PTFE 膜的化学稳定性及其在聚驱采油废水处理中的应用[C]. 北京: 第二届膜法城镇新水源技术研讨会论文集, 2015: 221-226.

第3章
采油废水超滤膜处理及膜污染控制

▶ 超滤膜结构与性能

▶ 超滤膜处理采油废水的效能

▶ 超滤膜处理采油废水的膜吸附污染机理

▶ 超滤膜处理采油废水膜污染过程的数学模拟与阻力分布

▶ 超滤膜处理采油废水的膜清洗

本章从研究油田三次采出水水质特点出发，以解构和建构理论为指导，通过研究考察超滤过程的宏观现象，辅以微观液-固界面的相互作用深入剖析，阐明油田三次采出水对超滤膜污染的显著影响因子及污染机制，建立油田采出水的超滤膜污染模型，优化其运行工艺参数，并提出相应的污染控制措施。因此，本研究可为提高超滤膜的使用效率、延长超滤膜的使用寿命、改善污水处理质量、降低运行维护成本等奠定理论基础。对油田采出水的处理、回用及其产业发展具有明显的促进作用，在油田工业废水乃至其他相关化工、医药等废水的处理中将有着极其广泛的应用前景。

3.1　超滤膜结构与性能

超滤是介于微滤和纳滤之间的一种过滤技术，可实现对水溶液的净化、分离或浓缩过程，是一种简单有效的以筛分为基础理论的膜法分离技术。它只允许小分子溶剂及小于膜孔的溶质分子透过，而大分子溶质被截留，进而实现溶质与溶剂的分离、料液的浓缩等过程，具有操作压力范围广（0.1～0.6MPa），切割分子量范围广（500～500000）等特点。

超滤现象在 130 多年前就已经被发现，最早使用的超滤膜是天然动物脏器薄膜。1861 年 Schmidt 用牛心包膜截取阿拉伯胶，是世界上第一次 UF 实验[1]，直至 1907 年 Bechhold 系统地研究了超滤膜，并首次采用了"超滤"这一术语。1963 年 Michaels 开发出了孔径不对称的醋酸纤维（CA）超滤膜；1965 年开始，各种高分子聚合物超滤膜层出不穷[2-3]，此后 10 年是 UF 的大发展时期，聚苯乙烯（PS）、聚偏氟乙烯（PVDF）、聚碳酸酯（PC）、聚丙烯腈（PAN）、聚醚砜（PES）、尼龙（Ny）等材质的超滤膜相继出现。20 世纪 80 年代开始，超滤膜开始了广泛的应用[4]。

3.1.1　超滤技术原理

一般而言，"筛分"理论即 Darcy 定律是人们公认的能够合理解释超滤膜分离机理的基础理论[5-6]。该理论认为，膜表面布满了无数的微孔，根据切割分子量的需求，这些微孔的尺寸有所不同（10^{-10}～10000^{-10}m），料液中的溶质分子因尺寸较大，很难通过这层如同筛网般的微孔，而被截留在浓缩液中；相反，溶剂分子却能顺畅通过，实现了料液中溶质与溶剂的分离，进而达到分离、浓缩或纯化的目的。筛分过程仅是理论上存在的超滤过程，因为很多现象利用此理论并不能得到很完美的解释，例如[7]：切割分子量为 50000 的超滤膜，理论上对分子量为 10000 的溶质不具有截留能力，但实际结果表明对此类分子量的有机物截留率依然可达 60%以上；这就表明了超滤过程并非是一个简单的机械筛分作用。因此，超滤过程是一个既与膜自身切割分子量相关，又以溶质-膜相互作用为基础的化学作用。

3.1.2　超滤过程控制

认识、掌握和执行合理的超滤运行参数是维持超滤体系正常、稳定、安全运行的基础。对超滤过程起重要影响的操作参数主要包括：料液条件，即料液浓度、电解质和 pH 值等；操作条件，即操作压力、切向流速、工作温度、回收比和体积截留率等。

（1）料液浓度

料液浓度对超滤过程的浓差极化现象和凝胶污染层的形成起着至关重要的作用。原因是：较高的料液浓度导致溶质颗粒通过膜时与膜产生更强的竞争性，使其在膜体的沉积引起料液迁移率降低[8]，并使溶质颗粒覆盖膜表面或堵塞膜孔[9]。

（2）电解质和 pH 值

聚合物和表面活性剂等高分子有机物均可通过电解质的加入改变自身的浊点，进而降低渗透液中该类物质的浓度，主要是由于 NaCl、CaCl$_2$ 等电解质的加入使高分子胶体的双电层得以压缩，引起料液中胶体的聚集[10]。溶液 pH 值会引起聚合物所带电荷的变化，从而使得聚合物的结构发生变化，对于阴离子聚丙烯酰胺（APAM），随着 pH 值的降低，其表面所带负电荷会被 H$^+$中和，使聚合物表面的电荷斥力减弱，聚合物会发生团簇现象，因此，对超滤膜的污染能力大大降低[11]。

（3）操作压力

通常，广义的超滤认为操作压力范围为 0.05～0.7MPa[12]。根据待分离物质的分子量，需选用合适切割分子量的超滤膜，进而使超滤过程的最佳操作压力不同。在一定的压力范围内，操作压力的提高可以增加渗透通量，当渗透通量达到某一高点时，再通过增加操作压力的方式增大渗透通量的效果则不再明显。原因是，压力升高，超滤过程的浓差极化作用增大，加速了凝胶层的形成[13]，凝胶层在较高压力的作用下容易被压实变紧，导致膜阻力的增加，阻碍膜通量的持续增加。

（4）切向流速

超滤系统中另一主要的操作参数是切向流速，它是指料液在膜表面上流动的线速度。流速过快可引起切向力的加大，增大跨膜压的损失，造成能量的浪费；此外，亦可引起料液渗透比下降，引起料液的浪费。流速太慢又加速了超滤过程中的浓差极化现象，引起渗透通量的衰减，增加电能消耗[14]。

（5）工作温度

超滤膜的渗透通量随温度的升高而增大，但任何超滤膜都有自身所适用的温度范围，因此，在实际工程的设计中，需参考实际操作温度，选择合适的膜材料，并结合实际温度乘以膜的标准温度系数。值得注意的是，尽管温度的升高能一定程度上增大膜的渗透通量，但过高的操作温度会引起膜的压实而使渗透通量降低[15]。

（6）回收比和体积截留率

超滤体系中，回收比和体积截留率是一对矛盾的统一体[16]。二者相加等于 1，即：渗透液流量/进料液流量（回收比）+浓缩液流量/进料液流量水量（体积截留率）=1。因此，若要求回收比较高，则料液的截留率就相对较小；反之亦然。通常，在水处理领域的超滤过程中，中空纤维超滤组件、卷式超滤组件的回收比分别可控制在 50%～90% 和 10%～30%。

3.1.3　超滤膜的污染防治与清洗

超滤膜在处理水的同时极易受到污染，引起通量衰减、截留性能变差，出水水质恶化，严重时可引起膜的使用寿命缩短，设备成本上升，在一定程度上影响超滤技术的推广应用。目前，有关超滤膜污染的防治与清洗方法的研究备受国内外专家学者的重视。有关膜污染防治措施及清洗方法可归纳如下。

（1）低通量运行

若超滤过程存在临界通量，则在临界通量状态运行下的膜过程能最大限度地降低膜污染。Tiranuntakul 等[17]采用多种方法对中试规模的 MBR 反应器处理市政污水中临界通量进行评价。结果发现，所选通量的增加步长等对临界通量的确定并无明显的影响。Bouzid 等通过对牛奶超滤过程的研究发现[18]，该过程的临界通量受 pH 值、碱度等的影响很大，此外，在临界通量下进行长期运行的出水水质变化不大。

（2）增强预处理效能，去除水中的大分子有机物

采用强化混凝-沉淀-过滤技术对所处理废水进行预处理，可高效去除进水中的颗粒物、大分子量有机物等，为有效防治膜污染提供保障。齐鲁等[19]对比了混凝、PAC+混凝、污泥回流及粉末活性炭/污泥回流工艺强化膜前预处理松花江原水时膜污染效能与水质变化情况。结果表明，四种膜前预处理均能有效降低膜的运行跨膜压差（TMP），延缓膜污染。此外，粉末活性炭泥回流膜前预处理对原水中浊度、DOC、UV_{254}、COD_{Mn}、BOC 和 THMFP 的去除率分别可达 93.8%、37.3%、41.1%、48.7%、83.0%和 57.9%，出水水质的改善明显。Mozia 等[20]采用臭氧-吸附-超滤工艺，以腐殖酸和苯酚作为典型污染物模拟地表污水原水，利用纤维素平板膜做了强化超滤实验。结果表明，当 PAC 投加浓度为 100mg/L、O_3 2mg/L 时，该前处理工艺不仅能增加清水通量，减缓膜污染，同时使出水中的 TOC 及 UV_{254} 的去除率分别达到 96%与 100%。

（3）选择适合的超滤膜组件，优化膜工艺

Falahati 等[21]通过考察不同材质的膜对乳化废水（O/W）超滤过程的影响，得出在同一操作条件下，陶瓷膜较 PVC 有机膜的通量增加显著，膜污染速率下降明显。此外，Yi 等[22]对比研究了 PVDF 膜及无机纳米改性的 PVDF 膜对亲水性有机物阴离子型聚丙烯酰胺（APAM）的吸附机理。结果发现，改性 PVDF 膜对 APAM 的吸附能力明显强于 PVDF 原膜，表明改性膜的抗 APAM 污染能力不升反降。Sarkar 等[23]以 30000 矩形通道的聚砜超滤膜为研究对象，通过电场强化从存在一定电解质的水溶液中分离牛血清蛋白。结果发现，电场强度对过程的传质系数影响显著，此外，料液浓度、跨膜压力及膜的切向流速等均对膜的渗透通量及膜污染速率起着重要的影响。

（4）优化反冲及化学冲洗过程

只要膜过程存在，膜污染过程必然存在。膜清洗过程是消除膜污染最直接有效的方式，根据污染物和膜工艺，主要的清洗方法可归纳如表 3-1 所列[24]。

表 3-1 目前常用的膜清洗方法

清洗分类	方法	污染物	清洗方式及药剂
物理清洗法	物理清洗	膜表面的污染物、无机污染物	曝气、水反洗、高流速水冲洗、变流速冲洗等
	机械清洗		海绵球机械擦洗、振动等
	脉冲清洗		反向脉冲、气液脉冲
	其他		超声波、电泳法

清洗分类	方法	污染物	清洗方式及药剂
化学清洗	酸清洗	无机污垢	盐酸、硫酸、柠檬酸等
	碱清洗	生物污染、胶体污染、可溶性有机污染物	磷酸盐、氢氧化物等
	表面活性剂清洗	膜表面的有机污染物	SDS、Triton、X-100 等
	氧化剂清洗	有机物和微生物	高锰酸盐、双氧水等
	螯合剂清洗	膜表面及膜孔内沉积的盐和吸附的无机污染	EDTA、磷羧基羧酸、葡萄糖酸和柠檬酸等
生物清洗	生物酶清洗	微生物污染、含蛋白质的污染物	果胶酶、蛋白酶、酶制剂、TAZ、X-CT 等

3.2　超滤膜处理采油废水的效能

目前，膜污染问题仍是制约超滤技术处理油田采出水的关键问题，工程中可以通过改善膜的亲水性能和控制运行条件控制膜污染。因此，本部分重点对比研究了两种不同 PVDF 超滤膜在相同操作条件下处理油田三次采出水中主要有机污染物的超滤特性。其中，选取阴离子型聚丙烯酰胺（APAM）、乳化废水（O/W）及 APAM-O/W 共存体系作为研究对象，以膜通量（膜比通量）衰减情况、截留性能等作为评价体系，考察了相关因素比如料液浓度、操作压力、运行温度、系统 pH 值、矿化度等对膜通量的影响；并通过统计分析方法，获取各因素的交互作用规律。最终，为获得过程参数优化与通量预测回归模型及实际工程的优化运行提供理论指导和技术支持。

3.2.1　超滤实验

3.2.1.1　膜与膜组件

本次研究采用 PVDF 原膜做参比，重点考察了改性 PVDF 超滤膜处理油田采出水的膜污染规律和机制。实验采用的平板超滤膜由实验室自制[25]，管状膜组件由江苏金水膜公司代为加工成型，主要性能指标参数见表 3-2。

表 3-2　超滤膜的主要参数指标

参数指标	PVDF 膜（OM）	改性 PVDF 膜（MM）
表层厚度/nm	100	100
主要材料	聚偏氟乙烯	聚偏氟乙烯、纳米 TiO_2/Al_2O_3 颗粒
平均孔径/nm	8～10	8～10
接触角/(°)	65.2	48.4
切割分子量	100000	100000

续表

参数指标	PVDF膜（OM）	改性PVDF膜（MM）
纯水通量/[L/(m²·h)]	250	360
亲疏水性	强疏水	亲水性较OM升高
平板膜有效面积/m²	0.04	0.04
管状膜有效面积/m²	0.3	0.3
平板膜直径/mm	76	76
管状膜长度/mm	250×4	250×4
管状膜内/外径/mm	8/12	8/12

注：此处纯水通量采用的是压力0.1MPa时，测量5min内透过膜片的去离子水体积，并通过计算得到。

3.2.1.2 三次采出水与料液的配置

前期研究证明，油田三次采出水中对超滤膜污染贡献最大的两种主要污染物分别为聚合物和乳化废水，因此实验采用大庆油田提供的阴离子型聚丙烯酰胺（APAM）、原油及乳化剂等进行自配料液；此外，动态实验所用的油田三次采出水来自于大庆油田采油五厂经过混凝-沉淀-砂滤后的出水。

（1）三次采出水水质及处理目标

实验中所用油田三次采出水原水取自大庆油田采油五厂经重力沉降、混凝气浮、二次过滤后的水，水质参见前期研究[26]，本实验主要是对探讨膜污染过程及控制进行基础研究。与其相关的水质指标见表3-3。

三次采出水超滤处理的目标：达到中、低渗透地层的回注标准，或脱盐后作为再配聚用水。

表3-3 实验进水水质

油/(mg/L)	SS/(mg/L)	pH值	浊度/NTU	COD/(mg/L)	TOC/(mg/L)
15.7	20.1	9.8	84.4	667	438

（2）乳化废水（O/W）母液的配置

在500mL烧杯中加入大庆采油五厂经电脱水器输出含水率小于0.5%的原油400mg、表面活性剂（十六烷基磺酸钠，化学纯）、去离子水400mL，置于353K的高速磁力搅拌器上搅拌6h，制得含油量为1000mg/L的乳化液母液，粒径范围为0.1~0.6μm，平均粒径为0.35μm。存放于308K的恒温箱中保存，一周后粒径仍为0.2~0.8μm，稳定性良好。有报道指出[27]，当O/W粒径小于10μm时即为油的乳化状态，此时传统混凝沉淀-过滤等方法很难将其从水中分离。

（3）APAM母液的配置

实验所用APAM取自大庆油田采油五厂，分子量为6.88×10^6。取2.5g溶于500mL容量瓶中，制备成5g/L的APAM母液，陈化24h[28]，待用。

3.2.1.3　实验装置

本次研究采用自行设计的两套不同的超滤实验装置（死端超滤过程实验和错流超滤过程实验）。

工艺流程如图 3-1 所示。

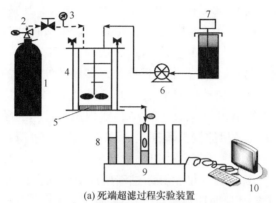

(a) 死端超滤过程实验装置

1—氮气驱动瓶；2—减压阀；3—压力表；4—超滤杯；5—超滤膜片；6—蠕动泵；7—进水槽；8—渗透液；9—电子天平；10—数据采集器

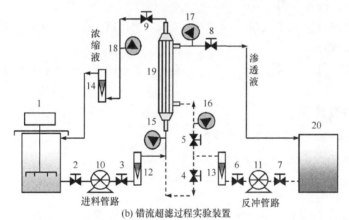

(b) 错流超滤过程实验装置

1—进水槽；2～9—阀门；10—恒流泵；11—反洗恒流泵；12～14—流量计；15～18—压力表；19—膜组件；20—渗透液槽（反冲洗槽）

图 3-1　超滤实验装置流程示意

死端超滤实验装置主要用于对油田三次采出水中的主要污染物，例如阴离子型聚丙烯酰胺（APAM）、乳化废水（O/W）颗粒等对超滤过程所引起的膜通量衰减特征和超滤膜污染机理的研究。该系统主要包括：高压纯氮驱动设备；超滤杯（XFUF07601，美国），有效容积 300mL，内径 76mm，有效过滤面积 $0.04m^2$；数据采集设备。废水超滤实验前取自制成型 PVDF 膜片放于超滤杯中，在 0.2MPa 压力下预压 30min[29-30]，消除膜体的压实效应。

错流超滤实验装置主要用于考察系统长时间运行时，实际油田三次采出水中有机污染物的去除效果及膜污染过程研究。该超滤体系主要由有效长度 250mm，有效膜面积 $0.3m^2$ 的内压式膜组件，进、出水槽，清洗药箱和泵等组成。

3.2.1.4　实验操作

（1）死端超滤操作

1）运行过程　实验采用连续流死端超滤[图 3-1(a)]，运行过程如下：开启蠕动泵 6，将待过滤料液输送至超滤杯 4 中，打开减压阀 2，超滤过程开始，并通过手动调节方式保持杯中有效液面高度（60±2）cm，以降低主体料液浓度变化对该过程的影响[31]。渗透液收集在试管中，进行相应的水质监测，实时渗透通量由联机天平直接记录。

2）清洗过程[32]   清洗过程包括以下 5 个步骤：a. 自来水冲洗 5min；b. 将膜片放置 pH=7.65 的自制复配洗涤剂溶液中浸泡 60min；c. 用自来水冲洗 5min；d. 将清洗后的膜片放置去离子水中浸泡 60min；e. 利用去离子水冲洗膜片 5min，以去除膜片存在的残留药剂。

（2）错流超滤操作

1）运行过程   本次实验为恒定浓度运行操作，其超滤处理后的出水均回流至进水箱。超滤流程如图 3-1（b）所示，启动恒流泵 10，开启阀门 2、3、8，调节阀门 9，用以控制跨膜压差；同时关闭反冲管道阀门 4、5、6、7，实现超滤过程的顺利进行。

2）清洗过程   本实验采用的清洗程序是：清水正向冲洗-清水反向冲洗-药剂反向清洗-清水正向冲洗-清水反向冲洗。药剂清洗时，所用药剂分别为 0.1%～0.2%浓度的 NaOH、1%的 NaClO 和 1%的十二烷基硫酸钠，其余过程所用清水均为自来水。

① 清水正向冲洗。启动反冲洗恒流泵 11（左向运行），开启阀门 4、6、7、9，关闭阀门 2、3、5、8，洗液外排。

② 清水反向冲洗。启动反洗恒流泵 11，开启阀门 5、6、7、9，调节阀门 8，关闭阀门 2、3、4，洗液外排。

③ 药剂清洗。启动反洗恒流泵 11，开启阀门 5、6、7、9，调节阀门 8，关闭阀门 2、3、4，洗液外排。

3.2.1.5 操作参数计算

不同超滤过程的具体操作参数计算如下：

（1）膜通量

$$J_{w} = \frac{V_{w}}{At} \tag{3-1}$$

式中 J_w——膜通量，L/（m^2·h）；

V_w——透水体积，L；

A——有效过滤面积，m^2；

t——过滤时间，h。

（2）膜面流速

① 死端超滤

$$u = r\omega \tag{3-2}$$

② 错流超滤

$$u = \frac{Q}{A_f} \tag{3-3}$$

式中 Q——流量计示数，L/min；

A_f——超滤膜横截面积 m^2。

（3）跨膜压力差

死端超滤的操作压力为压力表示数；

错流超滤

$$\Delta P = \frac{P_1 + P_2}{2} - P_3 \tag{3-4}$$

式中　P_1、P_2、P_3——膜管进出口及渗透液出口处压力。

（4）截留率

$$R = 1 - \frac{C_p}{C_b} \tag{3-5}$$

式中　C_p——渗透液溶质浓度；

　　　C_b——原料液溶质浓度。

3.2.1.6　模型构建理论

（1）响应曲面优化方法

响应曲面方法（response surface methodology，RSM）最早是由 Box 和 Willson 提出理论基础，经过 Hill 和 Hunter 的整理发展，于 1966 年建立更广泛的响应曲面定义和最优化模式。相应曲面法将数学方法和统计方法有机结合，试图通过最简单路线找出设计过程的最优化区域，并通过建立优化区域模型，迅速找到响应值的最佳点。它以传统的"正交实验法"为设计原理，但较传统的"正交实验"更为准确有效[33]。响应曲面法的目的是优化实验设计，在减少实验量的基础上，找出相应的最佳值；此外，如果选择的实验点恰当，则可以使中心复合设计具有可旋转性，进而为各个方向上提供等精度的估阶，它能很好地拟合高阶响应曲面。此外，该设计可用中心点的个数 n 来控制，恰当地选取 n，可使其成为一致精度的设计，进而防止回归稀疏的偏差产生。

方法原理[33-34]：

设某一过程有 k 个因子，ξ_1，ξ_2，$\cdots$，ξ_k。建立输入响应与输出响应间的函数关系：

$$Y = f(\xi_1, \xi_2, \cdots, \xi_k) + \delta \tag{3-6}$$

式中　f——响应函数，其形式未知；

　　　δ——系统误差，包括各种噪点，如测量误差、系统误差及过程中其他因素的不可控误差等。δ是一种统计意义上的误差，通常假设均值为 0，方差为 δ^2。

那么，

$$E(y) = n = E[f(\xi_1, \xi_2, \cdots, \xi_k)] + E(\xi) = f(\zeta_1, \zeta_2, \cdots, \xi_k) \tag{3-7}$$

式中　ξ_k——独立变量，可取温度、压力或浓度等。

在本方法中，通常可将其转化为规范变量 X_i，这些规范变量通常没有量纲，均值为 0，具有标准方差。因此，可将上述真实的响应函数写为：

$$n = f(X_1, X_2, \cdots, X_k) \tag{3-8}$$

因此，响应曲面法能够通过建模和分析多个独立变量影响一个独立响应，进而采用经验公式（模型）去逼近输入和输出之间的关系。

（2）白金汉定理

白金汉定理是一种具有普遍性的量纲分析方法，又称 π 定理[35]。它是 1915 年由白金汉（E. Buckinghan）提出的，该理论认为，对于某个物理现象，如果存在 n 个变量互为函数，即 $F(X_1, X_2, \cdots, X_n)=0$。而这些变量中含有 m 个基本物理量，那么 n 个变量可排列成由这些变量组成的 $n-m$ 个无量纲数的函数关系 $\varphi(\pi_1, \pi_2, \cdots, \pi_{n-m})=0$，即可合并 n 个物理量为 $n-m$ 个无量纲 π 数。

本书中，模型包括的物理量有：液位高度 h，流动半径 r，切向流速 u，跨膜压差 ΔP，料液密度 ρ，料液动力黏度 η 及操作时间 t。

（3）Cake 模型与临界通量

Hermia 模型适合于恒压过滤的非牛顿流体，该模型认为膜污染过程包括膜孔堵塞和滤饼过滤两种过程模型。Field 等人基于此模型提出了 Field 模型，又称为"Cake"模型，认为膜过滤过程中存在一个临界通量（critical flux），当膜在低于临界值运行时，不发生通量下降，即膜污染可以忽略。该临界通量是水力条件、料液条件等诸多因素的复合函数。

本书根据 Hemia 模型理论[36]、膜孔堵塞及滤饼过滤[37]理论，给予了超滤过程中临界通量的数学求解，并对其进行了实验验证。

3.2.2 APAM 超滤过程的通量衰减与操作条件优化

APAM 是一种易溶于水的线型高分子聚合物，属于亲水性有机物，并具有高黏度，能有效改变油水流度比、改善波及系数、降低总注水量等特点，因此被广泛应用于油田驱油过程。经油水分离后仍残存在水体中，传统的水处理工艺很难将其完全去除，难以达标外排和油田回注。超滤膜技术具有合适的孔径，能有效地将其从水体中去除，但聚合物引起的膜污染问题却极其显著，并制约超滤技术在油田采出水深度处理中的应用。本节内容对APAM 的溶液化学特性、超滤运行参数等进行考察，以确定合适的工艺条件，使膜分离过程得以长期稳定运行，最后给出膜通量的预测模型。

3.2.2.1 超滤膜清水通量实验

在处理含聚丙烯酰胺废水之前，用去离子水对膜片进行纯水通量实验。膜片测试前应在 0.2MPa 下预压 30min[29-30]，以消除因膜自身压实效应引起的通量衰减，此后测定了不同跨膜压差下膜的纯水通量，为避免膜片差异带来的影响，选取了多块不同膜片进行了大量实验，结果如图 3-2 所示。

从图 3-2 可知，尽管不同膜片间的纯水通量相差不大，但本节着重对超滤过程的通量衰减规律进行研究，因此，为了尽可能地降低因初始通量不同带来的误差，本节采用膜比通量（膜比通量=实际通量与未污染前清水通量的比值 J/J_0）间接表征膜通量。

从图 3-2 可以看出，原膜、改性膜的清水通量均随着操作压力的增大逐渐增大，且改性膜的清水通量明显高于原膜的清水通量。原因是，纳米颗粒的引入，使改性膜的亲水性明显增强，其清水通量明显增大。例如：压力为 0.1MPa 时，原膜和改性膜的去离子水通量分别为 170L/（m²·h）和 260L/（m²·h）。

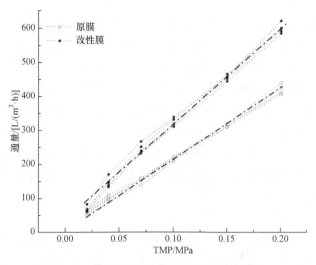

图 3-2　膜清水通量与操作压力的关系曲线

3.2.2.2　APAM 的溶液化学特征

APAM 是一种荷负电高分子聚合物，其旋转半径、黏度、电位等都会对超滤过程带来一定程度的影响，因此了解该物质的化学性质，并适当改变其分子形态，能有效减缓膜污染。

（1）溶液条件对 APAM 粒径分布的影响

非荷电高聚物分子在水溶液中常常表现为无规则的链状形态，而荷电高聚物（如 APAM）在分子内部排斥力的作用下，结构更为伸展。pH 的改变和电解质的加入，均可通过压缩双电层或吸附电中和作用降低分子内部的静电斥力，使其长链卷曲,旋转半径减小[38]；此外，聚合物浓度亦可引起分子构型的变化。

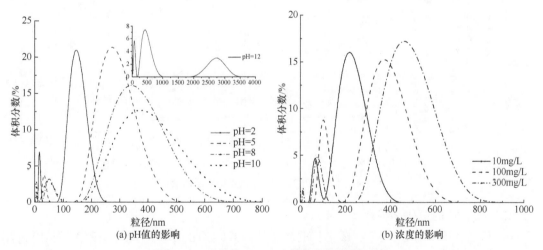

(a) pH 值的影响　　(b) 浓度的影响

图 3-3　不同条件下 APAM 旋转半径的体积分布

图 3-3（a）给出了 APAM 旋转半径变化与 pH 值的关系。APAM 的旋转半径随 pH 值的升高而增大。当 pH 值为 2 时，APAM 的半径主要集中在 200nm；pH 值为 5、8、10 时，

分子半径依次为 200～500nm、200～600nm、200～800nm；pH 值为 12 时，部分 APAM 的分子大小甚至可达 2000～3000nm。这是因为 pH 值较低时，溶液中大量 H⁺能有效中和 APAM 表面所带负电荷，APAM 结构趋于无规则线团状，旋转半径较小；相反，pH 值较高时，OH⁻过剩，APAM 结合更多的负电荷，分子间的排斥力加大，分子结构伸展，旋转半径增大。

Elias 等[38]研究表明，水溶液中聚合物间的相互作用会因浓度的不同而不同，例如同种高聚物的稀溶液、中等浓度溶液、高浓度溶液中分子粒径分布有所不同。从图 3-3（b）可以看出，溶液浓度越高，平均粒径也越大。原因是：稀溶液中高聚物分子间因存在斥力作用，保持一定间距，而相互独立，呈现自然的螺线卷状；浓溶液中聚合物分子不同支链相互缠绕、纠结，形成较大构型的聚合物分子[39]。

（2）APAM 的黏度特点

实验中采用乌氏黏度计对料液黏度进行测定，并考察了料液浓度为 1000mg/L 时，不同条件下料液黏度随温度变化的情况，结果如图 3-4 所示。料液黏度受溶液 pH 值和矿化度（TDS）的影响显著，且随温度的升高黏度有所降低。造成这一现象的原因是：随着 pH 的降低，APAM 自身所带负电荷被 H⁺中和，高聚物分子蜷曲成紧密的小团，导致其黏度急剧下降；反之，随着 pH 值 的升高，高聚物自身所带负电荷增多，导致蜷曲状的线形分子膨胀伸长，使黏度增大显著。当 pH=12.0 时，因自身所带负电过多，出现分子内部更强的相互排斥作用，分子状态更为伸展，出现分子间的相互缠绕、纠结，使其有效含量降低，导致黏度有所降低。同样，TDS 的增加，使 APAM 表面电荷被中和，料液黏度下降，且阳离子含量与该黏度降低过程呈较明显的正比关系。

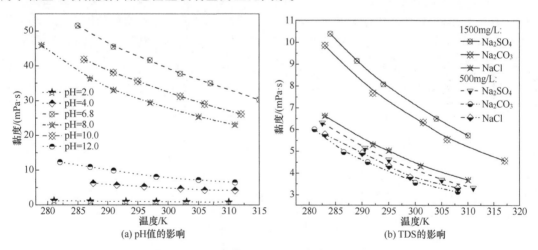

图 3-4　不同条件下 APAM 黏度随温度的变化

（3）APAM 的电化学特性

pH 值是影响高分子溶液 Zeta 电位的决定性因素。因此，我们考察了 APAM 为 20mg/L 时 pH 值对该过程的影响，结果如图 3-5 所示。

从图 3-5 可以看出，pH 值处于 2.0～12.0 的范围时，溶液的 Zeta 电位为负值，这是因为 APAM 溶液的等电点 pI 为 pH=1.8[40]。此外，APAM 的 pH 值介于 6.0～10.0 时，电位值基本稳定在–26mV，主要是由自身所带电荷产生，同时也说明了 APAM 胶体具有一定

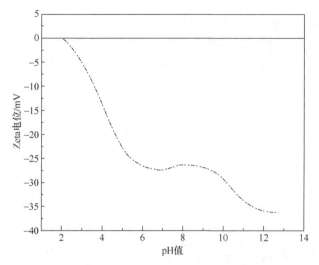

图 3-5　APAM 的 Zeta 电位随 pH 值的变化（浓度：20mg/L）

的抗电荷冲击能力。当 pH 值从 6.0 逐渐降低时，溶液 Zeta 电位（绝对值）逐渐降低，这时 APAM 所带负电荷被引入的 H^+ 中和，导致胶团的扩散层和 Stern 层逐渐变薄，此时吸引力超过了排斥力，胶体被破坏而发生凝聚现象，出现浊点[5]；当 pH > 10.0 时，由于 OH^- 的大量引入，使其表面带上大量的负电荷，胶团双电层变厚，自身斥力增强，电位值增大，溶液趋于更稳定状态。

3.2.2.3　APAM 超滤过程的单因子实验

超滤装置的稳定运行与系统的操作压力、料液浓度、料液温度、溶液条件等参数密切相关。下面对影响死端超滤过程通量（为降低膜片自身不均匀性带来的误差，本节采用膜比通量间接表征）衰减及对 APAM 截留性能的几个主要因素如跨膜压差（TMP）、料液（APAM）浓度、料液 pH 值、料液矿化度（TDS）等进行单因子实验。

（1）TMP 对超滤过程的影响

操作压力对膜分离过程有着十分重要的影响。实验研究了 pH=6.8±0.02、浓度 100mg/L、温度（293±2）K 条件下，不同操作压力对两种膜的通量衰减随时间的变化及对污染物 APAM 的截留效能。结果如图 3-6 所示。

由图 3-6（a）和（b）（其中小图是指通量稳定时的膜比通量）可知：原膜通量随压力的升高逐渐降低，改性膜的通量则先降低后趋于稳定。初步认为，在较低压力下，改性膜亲水能力较原膜强，同时由于纳米分子的存在，膜与 APAM 之间的电荷、氢键等分子作用力起到了较大作用，使 APAM 以近乎平躺的链序态与膜结合而附着于膜表面，该过程中膜通量变化并不明显；相反，APAM 在原膜上则由于静电、氢键作用弱，难于稳定结合，易进入膜孔，造成堵孔，通量大大降低。

图 3-6（c）给出了两种膜超滤过程中透过液中 APAM 的浓度及去除率随 TMP 的变化趋势。改性膜透过液中 APAM 浓度随 TMP 的变化并不显著，基本稳定在 0.175mg/L 左右，分析认为 TMP 较小时，由于膜的静电、氢键作用，在膜表面形成了一层较厚的 APAM 保护层，使小分子 APAM 不易穿过，截留率在一定程度上得到提高；压力较大时，APAM 在

膜孔内聚集，造成膜孔堵塞，又因为 APAM 的分子足够大，所以积聚的 APAM 并未因 TMP 的过高而透过，因此该过程的截留率始终保持一个较高的值。相反，原膜的透过液中 APAM 浓度的变化相对明显，且随压力的升高逐渐降低，究其原因，压力低时，分子量较小的 APAM 不能被膜有效截留，引起透过液中 APAM 的浓度略有升高。

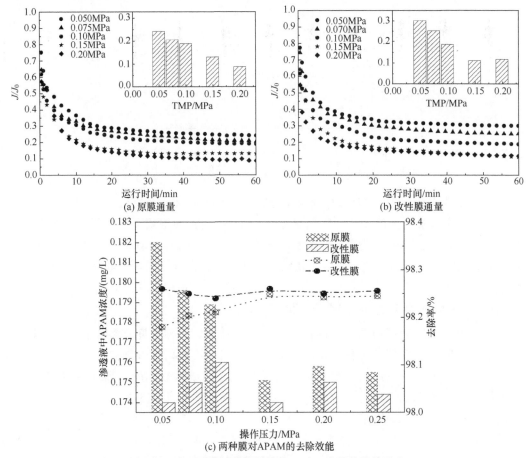

图 3-6　TMP 对膜过程的通量及 APAM 去除效能的影响

（2）APAM 浓度对超滤过程的影响

浓度是影响膜分离过程的一个重要因素。实验研究了操作压力 0.1MPa，pH=6.8±0.02；温度（273±2）K 条件下，不同 APAM 浓度对两种膜通量衰减随时间的变化情况及对污染物 APAM 的截留效能。结果如图 3-7 所示。

图 3-7（a）、（b）表明，不同浓度条件下，两种膜超滤 APAM 时的通量变化趋势几乎一致，只是改性膜较原膜的通量下降稍快，膜污染略显严重。其原因是：APAM 浓度高时，所含小分子 APAM 亦较多，此时不再取决于 APAM-膜间的分子作用力，而取决于膜孔结构，由孔径分布曲线[41]知道，原膜孔径分布不均，并含部分微孔，改性膜孔径均匀分布，微孔较少。微孔只允许水分子通过，即使小分子的 APAM 碎片也难以透过，因此原膜的通量下降不及改性膜明显。

从图 3-7（c）可以看出，透过液中 APAM 的浓度几乎不变。浓度低于 100mg/L 时，透过液浓度维持在 0.17mg/L 左右，随初始 APAM 浓度的升高，透过液中 APAM 浓度升高至 0.22mg/L。原因是：低浓度时，两种膜分别因各自的孔径特征，静电、氢键作用，导致 APAM 截留量处于较高水平；高浓度时，尽管料液中的小分子 APAM 含量大大增加，但分子间的相互缠绕、纠结，在外压作用下于膜表面形成一层较厚的 APAM 保护层，导致小分子 APAM 亦难于透过，故透过液中 APAM 的含量并未激增。

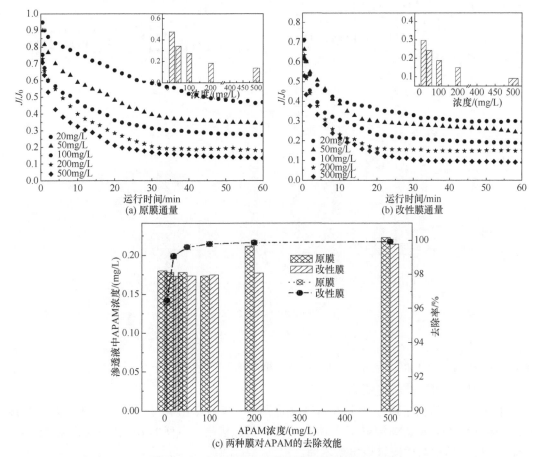

图 3-7　APAM 浓度对膜过程的通量及去除效能的影响

（3）pH 值对超滤过程的影响

pH 值对料液性能和膜面性能均具有一定的影响，它也是影响膜分离过程的一个重要因素。实验研究了操作压力 0.1MPa，料液浓度 100mg/L；温度[293K±2K]条件下，不同 pH 值对两种膜通量衰减随时间的变化情况及对污染物 APAM 的截留效能。结果如图 3-8 所示。

图 3-8（a）和（b）给出了不同 pH 值条件下，两种膜的通量变化曲线，两曲线均随 pH 值的升高先升高后降低。究其原因，APAM 的等电点 pI 为 2.0，H^+ 的引入中和了 APAM 自身所带负电荷，导致分子由伸展向团簇状态转化，即旋转半径减小，此时，分子可能会小于膜孔直径，其堵孔概率大大增加，膜通量衰减迅速。OH^- 的加入导致 APAM 水解程度

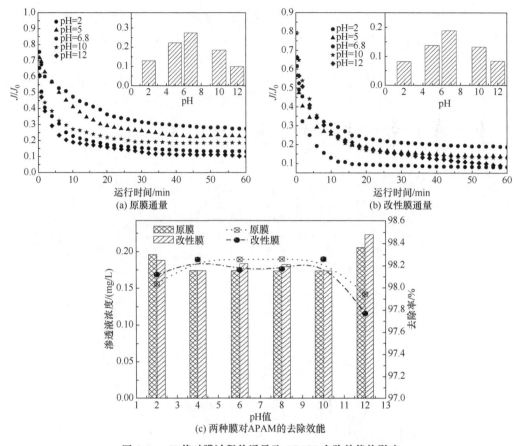

图 3-8　pH 值对膜过程的通量及 APAM 去除效能的影响

加大，料液的黏度增加，引起 APAM 分子间相互纠结、团聚，虽可缓解滤膜的堵孔时间，但加速了凝胶层的形成，导致通量下降。

图 3-8（c）给出了透过液中 APAM 浓度随 pH 值的变化情况。在较高和较低 pH 值条件下，透过液所含 APAM 浓度可达 0.20mg/L，其原因是：不同的 pH 值条件，APAM 的分子构型、分子间相互作用等均有所不同。

（4）TDS 对超滤过程的影响

TDS 能通过压缩双电层和电中和作用引起 APAM 的空间结构和形态变化，因此它对 APAM 的膜分离过程势必造成一定影响。实验研究了压力 0.1MPa、料液浓度 100mg/L、温度（293±2）K、pH 值为 6.8±0.02 的条件下，不同 TDS 浓度对两种膜通量衰减随时间的变化情况及对污染物 APAM 的截留效能。结果见图 3-9。

从图 3-9（a）可以看出，两种膜的通量均随溶液 TDS 的增加逐渐降低，随后趋于稳定。原因是，电解质的引入使 APAM 胶体自身所带负电荷得到中和，旋转半径降低，导致超滤过程中堵孔的概率大大增加；然而，TDS 的引入也使料液的黏度降低，有引起通量上升的趋势。综合这两个相反的作用因素，可以看到，原膜及改性膜随着 TDS 的增加，通量的改变并非特别明显，原膜的通量从最初的 0.18 降至 0.12 左右，改性膜变化幅度略微明显，降至 0.10 左右。

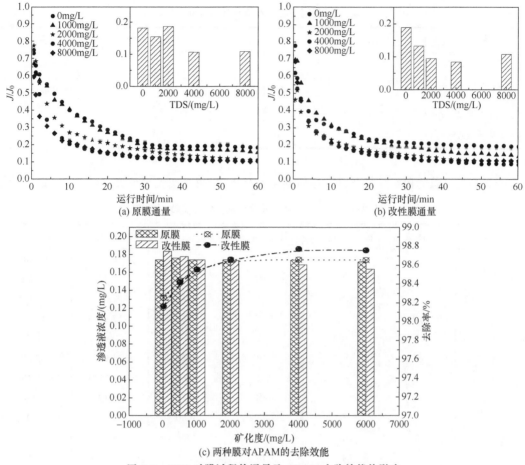

(a) 原膜通量

(b) 改性膜通量

(c) 两种膜对APAM的去除效能

图 3-9   TDS 对膜过程的通量及 APAM 去除效能的影响

此外，图 3-9（c）给出了透过液中 APAM 浓度随 TDS 的变化情况。两种膜对 APAM 的截留率随 TDS 的升高略有升高，这与 APAM 分子的旋转半径减小、堵塞膜孔、增大了膜的截留率相关。

3.2.2.4　APAM 超滤过程的析因设计试验

前面的单因子实验中对比研究了 PVDF 原膜及改性膜处理三次采出水中 APAM 的通量（膜比通量）衰减情况，结果表明：压力、料液浓度、pH 值、TDS 等对该过程通量衰减变化均具有较显著的影响；此外，由于实验中所用膜的孔径适当，故渗透液中 APAM 的含量不高，出水水质良好。尽管改性膜的亲水性能提高，却更容易受到亲水性污染物 APAM 的污染。为深入研究改性膜处理油田采出水的性能，采用改性膜为研究对象，通过析因实验优化改性膜处理 APAM 溶液的过程，以了解超滤过程中多个影响因素中可能存在的协同或拮抗作用。因此，综合考虑不同因素间的相互作用，通过对运行参数的合理搭配，优化运行操作过程可实现降低膜污染、延长膜寿命这一目的。

（1）析因实验设计结果与分析

采用 4 因素 2 水平全析因设计，研究了超滤过程通量衰减稳定后，膜通量的变化情况，各因子的取值见表 3-4。

表 3-4　各因子的自然值及其标准量化值

因子	低水平	自然变量	高水平	自然变量
压力 TMP	−1	0.07MPa	+1	0.2MPa
浓度 C	−1	10mg/L	+1	100mg/L
pH 值	−1	3	+1	10
矿化度 TDS	−1	0mg/L	+1	3000mg/L

表 3-5 是实验的自然变量及其响应值的实验结果表,每个实验平行测定两次,结果取平均。

表 3-5　四因素二水平标准变量全析因实验结果

实验次序	pH 值	浓度/(mg/L)	压力/MPa	TDS/(mg/L)	J/J_0 (1)	J/J_0 (2)
1	3	10	0.2	0	28.64	31.06
2	3	10	0.07	0	27.93	28.71
3	10	10	0.2	0	8.86	10.844
4	10	10	0.07	0	17.99	19.05
5	3	100	0.2	0	3.86	5.02
6	3	100	0.07	0	24.91	23.67
7	10	100	0.2	0	11.31	10.17
8	10	100	0.07	0	12.32	12.3
9	3	10	0.07	3000	36.69	36.03
10	3	10	0.2	3000	23.96	21.76
11	10	10	0.07	3000	23.38	24
12	10	10	0.2	3000	13.71	12.31
13	3	100	0.2	3000	8.68	10.9
14	3	100	0.07	3000	20.09	22.33
15	10	100	0.07	3000	17.45	17.29
16	10	100	0.2	3000	10.43	10.95

表 3-6 给出了以通量为响应值的全因素方差分析,如 F_0 值,由于各因素及交互作用的自由度相同, 可用于判断各自对实验响应值的相对影响作用; P 值,可用于评价实验结果的显著性等。

通过对表 3-5、表 3-6 的分析,可得以下结论。

① 影响超滤过程中通量衰减最显著的影响因子是: 跨膜压 (TMP)。这一结论是可以预料到的, 由于 APAM 的旋转半径会因较高压力而有所减小[42], 因此被挤压进入膜孔的概率提高, 导致其在膜孔内部形成严重的孔堵塞, 造成膜通量衰减明显。

② APAM 浓度越高,膜通量衰减越严重,即通量 J/J_0 越小。造成这一现象的原因可归结为: 料液浓度升高导致料液黏度加大, 使 APAM 分子容易在膜的表面形成致密的凝胶层,造成通量衰减[43]。

表 3-6　以通量为响应值的全因素方差分析表

影响因素	相对响应	响应	平方和	变异系数/%	自由度	均方和	F_0 值	P 值
C	−131.24	−8.20	538.28	23.79	1	538.28	107.62	<0.0001
pH 值	−109.88	−6.87	377.27	16.67	1	377.27	75.43	<0.0001
C×pH 值	99.40	6.21	308.74	13.64	1	308.74	61.73	<0.0001
TMP	−153.68	−9.60	738.01	32.62	1	738.01	147.56	<0.0001
C×TMP	−28.40	−1.78	25.21	1.11	1	25.21	5.04	0.0320
pH 值×TMP	19.28	1.20	11.62	0.51	1	11.62	2.32	0.1376
C×pH 值×TMP	48.80	3.04	74.41	3.29	1	74.41	14.88	0.0005
TDS	31.32	1.33	14.20	0.63	1	14.20	2.84	0.1020
C×TDS	−16.20	−1.01	8.20	0.36	1	8.20	1.64	0.2100
pH 值×TDS	8.04	0.50	2.02	0.089	1	2.02	0.40	0.5299
C×pH 值×TDS	−21.08	−1.32	13.88	0.61	1	13.88	2.78	0.1058
TMP×TDS	−15.44	−0.96	7.45	0.33	1	7.45	1.49	0.2314
C×TMP×TDS	52.72	3.30	86.87	3.84	1	86.87	17.37	0.0002
pH 值×TMP×TDS	10.96	0.68	3.75	0.16	1	3.75	0.75	0.3931
C×pH 值×TMP×TDS	−41.12	2.60	52.83	2.33	1	52.83	10.56	0.0028
模拟			2262.74		15	150.85	28.28	
误差			80.02		16	5.00		
加和			1342.76		31	75.57		

③ 高 pH 值导致膜系统的通量急剧下降。究其原因，可认为 pH 值是影响大分子聚合物结构形态变化的最重要的参数[44]，此外，随着 pH 值的升高，分子的稳定性增强，加速了浓差极化现象的形成。

④ 尽管溶液的总矿化度（TDS）对通量衰减并无明显影响，但通量仍然有随矿化度升高而降低的趋势，这与有些报道所得结论基本一致[44]。Zeman 曾报道，随着 TDS 浓度的增加，膜表面会形成一层致密胶体吸附层，增大过滤阻力，引起通量下降显著[45]。

⑤ 浓度和 pH 值的交互作用对通量的影响显著，因为不同浓度及 pH 值条件下的 APAM 很容易发生结构的变化和压实效应。

（2）单因子与交互作用因子的显著性分析

P 值是用于判定模型项中显著因子的一个重要概率值。该值越接近 0.00，说明该因子越显著。对于置信度为 95%置信区间来说，该值≤0.05，可说明在该水平上该因子显著[46]。由表 3-6 可知，TMP、料液浓度 C、pH 值、浓度×pH 值的交互作用均为高度显著的影响因子；此外，结合图 3-10 给出的各显著因子在实验水平区间上的平均响应变化，可得因子间的相互作用强度。

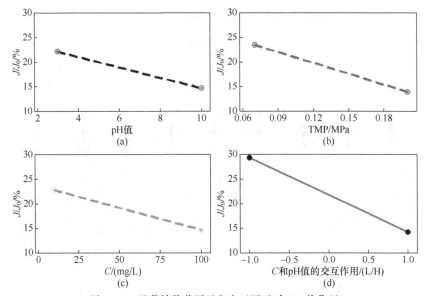

图 3-10　显著性的单因子和交互因子对 J/J_0 的作用

从图 3-10 可以看出，过程的推动力随跨膜压差的增大而增加，料液容易在膜表面沉积，通量衰减严重；APAM 浓度越高，料液越易于形成浓差极化，进而沉积在膜表面形成沉积层，导致通量下降显著；pH 值的升高，改变了 APAM 分子的构型，增大了料液黏度，浓差极化严重。可见，跨膜压力差、料液浓度、pH 值对膜通量均产生了强烈的负面影响，即各因子处于低水平时能产生较高的通量[47]，故三种影响显著的单因子系数应为负值。原因是：

① APAM 浓度越高，浓差极化越严重，此外，APAM 分子在较高浓度（100mg/L）时有利于出现分子间的缔合，形成更大的分子[48]，促进凝胶层的形成，一定程度降低了通量值。相关研究[40,49]表明，大分子更容易沉积在膜表面而不是进入膜孔。因此，可以认为该过程的通量下降主要由 APAM 在膜表面的沉积所致。

② 当 pH>8.0 时，APAM 的结构发生了明显的变化，同时溶液的黏度大大增加，促进了浓差极化和凝胶层的形成[50]；同时，当 pH=3.0，接近 APAM 的等电点（pI=2.2）时，APAM-APAM 的静电斥力几乎消失，该分子的旋转半径增大。因此，堵孔的可能性降低，因此膜污染程度降低。相反，浓度×pH 值交互作用的系数为正，表明它的提高有利于膜通量的提高。

对实验数据进行统计分析时，一个关键的原则是观察这些数据是否符合正态分布。Daniel 曾报道，除了具有明显显著性的关键因子和交互作用因子外，其他非显著性影响因子必须符合正态分布[51]，也就是说所有具有明显显著性的因子应该位于置信区间参考线外侧。如图 3-11 所示，置信水平为 95%时，位于两条参考线外侧的因子 TMP、C、pH 值、C×pH 值均为影响 J/J_0 的显著性因子，因此它们对 J/J_0 有着非常显著的影响。表 3-6 中，TMP、C、pH 值、C×pH 值的 P 值在置信水平为 95%的水平上均<0.0001，说明这些影响因子的确是极其显著的。此外，结合表 3-6 中的 F_0 值，可知这些因子和交互作用因子的相对显著顺序为：TMP>C>pH 值>C×pH 值。

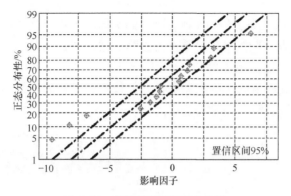

图 3-11　影响因素的正态分布图

3.2.2.5　APAM 超滤过程中通量衰减稳定后的回归模型建立

（1）通量衰减预测模型的建立

根据表 3-6 的方差分析结果，将显著性高的因子项并入回归方程，舍弃显著性差的因子项[52]，即得到 P 值在 0.00 附近的包含显著单因子及交互因子的以自然变量（–1,+1）为基本单元的、用于预测超滤通量衰减稳定后（时间>30min），膜通量（膜比通量）J/J_0（%）的二次回归方程，结果如式（3-9）。

$$J/J_0=18.706-4.101x_1-3.434x_2+3.106x_1x_2-4.802x_3, \quad R^2=0.9658 \qquad (3-9)$$

式中　x_1——APAM 浓度的标准化值±1；

x_2——pH 的标准化值±1；

x_3——压力的标准化值±1。

对上述变量进行自然化处理，即将所有的标准变量用各因子的实际值代替，可得以自然变量为基本单元的回归模型，如式（3-10）。其中 APAM 浓度范围：10～100mg/L，pH 值范围为 3～10，跨膜压差范围为 0.07～0.2MPa。

$$J/J_0=40.068-0.219[C]-2.786[pH]+0.0197[C][pH]-73.877[TMP], \quad R^2=0.9658 \qquad (3-10)$$

求解上述参数范围内的回归方程式（3-10），可得到实验范围内的最佳操作条件：APAM 浓度=10mg/L；pH=3；TMP=0.07MPa。此时，过程的最大膜通量为 24.95%。

（2）交互作用对膜通量的影响

从前面求得的预测模型来看，仅 pH 值和浓度间存在较为明显的相互作用。故此处重点考察二者交互作用对膜通量的影响趋势，图 3-12 给出了二者影响下膜通量的 3D 曲面图。

从图 3-12 可以看出，压力为 0.07MPa 时，膜通量随料液浓度及 pH 值的降低而升高。在高浓度区出现了膜通量的低值区，此时，即使 pH 值降至 3.0 左右，膜通量的提高程度也很有限，仅从 5%升至 10%左右；相反，在低浓度区则出现了膜通量的峰值区域，此时 pH 的影响相对更为显著，当 pH 值从 10.0 降至 3.0 时，膜通量提升量高达约 20%。因此，从所得响应面呈曲面看，APAM 的膜通量与自身浓度和 pH 值并非呈简单的线性关系。

对各种曲面进行等高线分析是利用回归方程寻优化的一种常用技术，可由 Expert Designer 软件得到，通过绘制曲面的等值线，直观形象地表述响应与因子间以及因子与因子间的变化规律。

图 3-13 给出了对膜通量 J/J_0 有着重要影响的不同因子相互作用的等高线图。结果表明：APAM 浓度和 pH 值的交互作用对膜通量的影响呈现出弯曲的线形，表明二者的交互作用是预测模型影响因子的重要组成部分。然而，pH 值和跨膜压差的交互作用、浓度和跨膜压差的交互作用，对膜通量的影响呈现出良好的线性关系，表明此两种交互作用对该过程的模拟贡献较小，可以忽略。

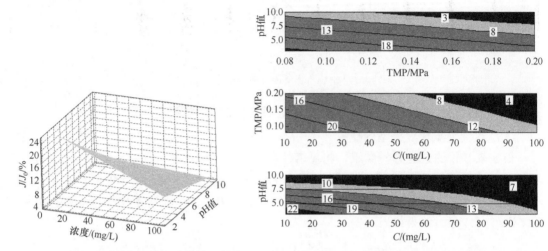

图 3-12　浓度和 pH 值的交互作用对膜通量的影　　图 3-13　不同因子间的相互作用对膜通量的影响等高线图
　　　　　响（压力 0.07MPa）

(3) 模型的残差分布与准确性检验

残差是指测定值与回归方程预测值之差。它用以对实验数据的有效性、合理性进行一个统计学检验，如果这些数据点几乎落在同一条直线上，即说明它们符合正态分布[51]，进而认为这些数据点的可靠程度很高。图 3-14 描述了用于建立预测模型的实验点的残差分布图。在置信度为 95% 的水平上，这些数据点的残差分布几乎为一条直线，并落在两条参考线内，说明这些来源于实验所得到的数据点是可靠的，其合理性较高，也说明多建立预测模型的高合理性和有效性良好。

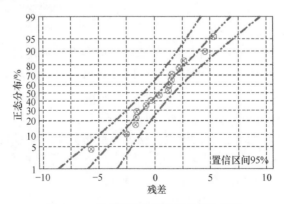

图 3-14　模型预测的结果的残差分布图

3.2.3　O/W 超滤过程通量衰减与操作条件优化

O/W 乳状液是一种外相为水、内相为油的乳状液，称为水包油型乳状液，是油田采出水中油滴的主要存在形式。本实验配置的乳化液的液滴平均粒径为 0.1～0.6μm，分散均匀，呈现半透明状的淡黄色；此外，液滴荷电量很高，油乳液可长期稳定存在，使用传统混凝沉淀、过滤等工艺处理时效不佳。有研究表明[53]，传统工艺甚至难以去除此类稳定存在油乳液中 1% 的油滴，相反超滤膜技术则以其合适的孔径特征在实现油水分离上具有巨大的应用潜力。然而，油滴的存在可引起显著的膜污染，从而制约其在油田采出水深度处理中的应用。本节重点对 O/W 的溶液特性、运行参数等进行考察，以确定合适的工艺条件，建立膜通量（膜比通量）稳定后的预测模型，进而对膜分离过程的长期稳定运行提供理论指导。

3.2.3.1　O/W 的溶液特性

O/W 乳状液是一种荷负电稳定存在的乳状液，其粒径、电位等都会对超滤过程带来一定程度的影响，因此，了解并掌握其溶液特点，有利于通过适当改变溶液特性降低膜污染。

（1）O/W 乳化液的粒径分布及形貌

不同类型的油水中的油滴粒径分布不同，通常认为乳化废水粒径分布在 0.1～10μm 之间，实验所用油乳化液油滴颗粒随时间变化的粒径分布及形貌见图 3-15。

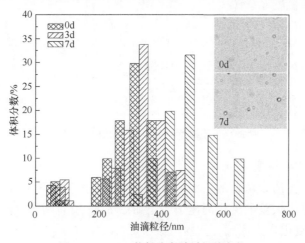

图 3-15　O/W 粒径分布随时间的变化

从图 3-15 可以看出，不同时刻油滴粒径随时间变化的体积分布函数趋势几乎一致，即呈现出较好的正态分布性。此外，油滴粒径分布的范围较窄，大都集中在 0.1～0.4μm 之间，且粒径随时间的延长略有增大；第 3 天时，粒径仍主要集中在 0.1～0.4μm 的范围内；第 7 天时，粒径分布增大较为明显，在 0.5～0.8μm 范围内，但仍然较小，处于乳化废水液体的粒径范围内[54]，表明乳油液体的稳定性比较好，完全可以满足本次实验的需要。此外，第 0 天和第 7 天的乳化废水颗粒形貌图片也很好地说明了该乳化废水溶液粒径分布均匀、稳定。

（2）外部因素对 O/W 粒径的影响

荷电 O/W 液滴，能在电解质、pH 值改变时，对离子型乳化剂乳化的乳状液造成巨大影响，进而导致油乳颗粒间的絮凝、聚结、陈化和破乳现象的产生，最终导致乳状液的破坏[55]。因此，考虑环境因素对油滴颗粒的影响，对减缓膜污染有着重要作用。

图 3-16（a）给出了 O/W 半径变化与 pH 值的关系。从图上可以看出油滴粒径于中性条件下最小，主要集中在 500nm 左右；pH 值升高或降低均能导致油滴粒径的微增。究其原因，当 pH 值低至 2.0 左右，乳化液的酸值提高，乳化剂变成脂肪酸，脂肪酸析出后乳化液被破坏，油乳颗粒粒径增大[56]；相反，随着 pH 值的升高，即电解质 NaOH 的大量投入，导致液体介质的离子强度升高，油滴颗粒周围的双电层遭到破坏，电动势降低，促进了液滴颗粒之间的碰撞，使油乳颗粒粒径提高。此外，这一原因也能很好地解释 TDS 的变化所引起的乳化废水颗粒粒径的变化趋势，如图 3-16（b）所示。

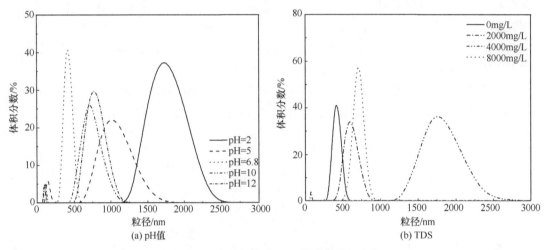

图 3-16　不同条件下 O/W 粒径的体积分布

（3）O/W 的电化学性质

油乳化液的液珠上所带电荷的来源包括：电离、吸附和液珠与介质之间的摩擦，但主要来源于其表面吸附了大量的乳化剂离子。正如图 3-16 所看到的，pH 值是影响乳化废水溶液 Zeta 电位的重要因素。因此，实验考察了 O/W 为 20mg/L 时 pH 值对 Zeta 电位的影响，结果如图 3-17 所示。

图 3-17 表明，油乳液在 pH=2.0～13.0 的范围，其 Zeta 电位始终为负值，且该值相对较大。原因是：a. 水的介电常数远比常见的其他液体更高，这就导致 O/W 乳状液的油滴基本是带负电的；b. 所用乳化剂为十二烷基磺酸钠（SDS），其典型的特征是离子头聚集在界面，尾巴伸在油相，这就导致扩散双电层的形成，因此其电势很高，促使乳状液稳定[57]。此外，随着 pH 值的升高，乳化液的 Zeta 电位呈现先增大后减小的趋势。分析认为，pH 值较低时乳化剂表面电荷被中和，故其 Zeta 电位值较低；随着 pH 值的升高，溶液电解质的含量增加，油滴双电层得到压缩，导致其 Zeta 电位降低。

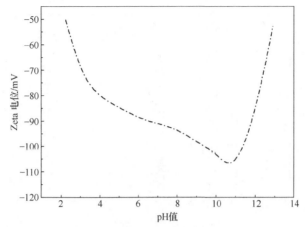

图 3-17　O/W 的 Zeta 电位随 pH 值的变化（浓度：20mg/L）

3.2.3.2　O/W 超滤的单因子实验研究

本节以单因素实验的方式，重点考察了跨膜压差（TMP）、料液（APAM）浓度、料液 pH 值、料液矿化度（TDS）等对死端超滤过程膜通量（采用膜比通量进行表征）衰减及对 O/W 截留性能的影响。

（1）TMP 对超滤过程的影响

实验研究了 pH=6.8±0.02、浓度为 200mg/L、温度为 293K±2K 条件下，操作压力从 0.05MPa 逐渐升至 0.20MPa 时，两种膜通量衰减及污染物 O/W 截留效能随时间的变化情况。结果如图 3-18 所示。

由图 3-18（a）、（b）（其中，小图是指运行稳定时的膜比通量）可以看出，随着跨膜压差的加大，两种膜的通量衰减均加快。究其原因，压差加大，使得 O/W 反向扩散速率降低，膜面的沉积加剧，甚至使一些油滴因挤压变形而进入膜孔内，引起膜孔堵塞严重，导致通量衰减迅速[58]。比较图 3-18（a）、（b）原膜和改性膜的通量衰减曲线，可以看出：随着 TMP 的提高，两种膜的膜通量均有所下降，且原膜的通量衰减速率远大于改性膜，过滤结束时，原膜的通量甚至较改性膜低 15%左右。说明改性膜处理乳化液废水时有着比原膜更强的抗污染能力，其原因是：纳米粒子 Al_2O_3/TiO_2 的加入，使膜的亲水性增强，水分子更容易透过，膜污染程度降低。

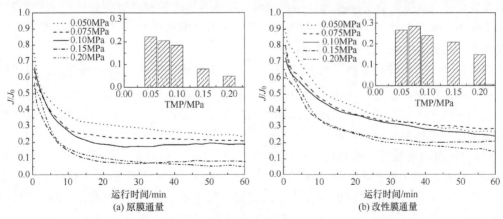

图 3-18

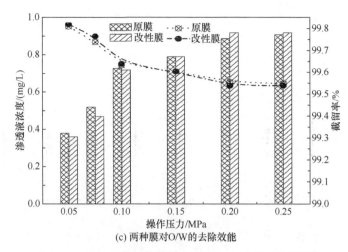

(c) 两种膜对O/W的去除效能

图 3-18　TMP 对膜过程的膜通量及 O/W 去除效能的影响

此外，图 3-18（c）给出了两种膜除油效率随跨膜压力的变化情况，结果表明，随着压力的增大，除油效率略有降低，其原因是：跨膜压的升高，常能导致油滴颗粒压缩变形，进入膜孔，造成膜孔堵塞，通量衰减明显，并使渗透液中 O/W 浓度增大。综合以上结果，我们得出实际工程中选择 0.1MPa 即可满足膜通量衰减缓慢同时还能达到较高的除油效果，保证出水水质。

（2）O/W 浓度对超滤过程的影响

膜过滤过程总是伴随着料液浓度的不断浓缩，因此料液浓度也是影响膜通量的又一重要因素。一般认为，料液浓度越大，渗透通量越小。图 3-19 给出了 293K，料跨膜压差 0.1MPa，不同浓度（20mg/L、50mg/L、100mg/L、200mg/L 和 400mg/L）下两种膜的通量随时间的衰减曲线及 O/W 截留率的变化。

由图 3-19（a）、（b）可知，尽管原膜、改性膜的通量均随时间的延长而降低，但浓度不同，同一时间的通量亦呈现出较大的差异性。这是因为料液中 O/W 浓度的增加，一方面引起了料液黏度升高，导致吸附污染加大；另一方面使膜表面处的渗透压升高，造成渗透通量下降[59]。比较原膜及改性膜在此过程中的膜通量下降情况，可以看到，相同乳化废水浓度条件下，原膜通量下降较改性膜更显著，其原因是改性膜具有更强的抗油污染能力。实际工程中，采用适当的预处理方法降低料液中 O/W 的浓度，无疑是对降低膜污染、维持较高的渗透通量起到了积极作用。

此外，图 3-19（c）表明，渗透液乳化废水浓度随进水浓度的增大而增加，主要原因是：进水浓度的提高，所含乳化废水微粒子的个数亦增多，其容易透过膜孔，进入渗透液中，导致渗透液乳化废水浓度增加。去除率始终呈现增加的趋势，是进水浓度升高的幅度远大于渗透液浓度增大的幅度所致。

（3）pH 值对超滤过程的影响

pH 值的变化对渗透通量的影响很大。一方面可通过改变乳化液悬浮颗粒电性而影响通量；另一方面也直接影响到电荷性质而使膜面性能改变。图 3-20 为温度 293K，料液浓度 200mg/L，跨膜压差 0.1MPa 时，不同 pH 值条件下两种超滤膜的通量衰减曲线，及超

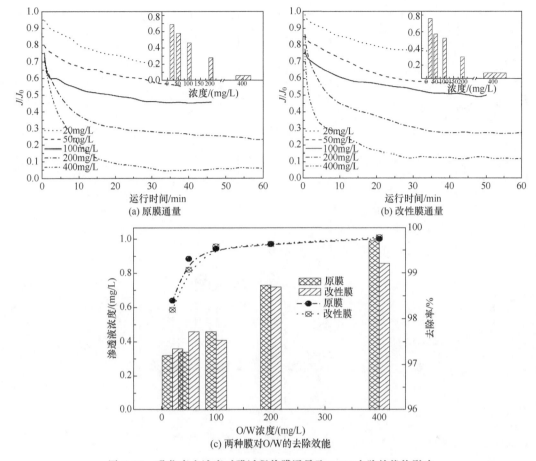

图 3-19　乳化废水浓度对膜过程的膜通量及 O/W 去除效能的影响

滤时间 60min 时 O/W 截留率随 pH 值的变化情况。

由图 3-20（a）、（b）可以看出，pH 值从 2 逐渐增大到 6 时，膜通量随之提高，且膜通量于 pH6.8 时达到最大；此后，随着 pH 值的升高膜通量下降。分析原因，pH 值升高或降低，体系引入 H^+、Na^+ 都可引起乳化废水胶团颗粒的 Zeta 电位升高[60]，从而易于吸附到膜表面，并于膜表面形成致密的油膜阻止液体进入膜孔，导致膜通量急剧下降。此外，通过比较原膜及改性膜的通量衰减情况，可知相同 pH 值条件下改性膜通量下降要较原膜更为缓慢，主要是因为无机纳米颗粒具有较强的亲水性，能有效地与乳液中的水进行氢键缔合，同时阻止乳油颗粒的黏附，使改性膜具有更强的抗污能力。因此，对于本实验体系，较适宜的 pH 值应为 6.8。

图 3-20（c）给出了不同 pH 值条件下，渗透液中 O/W 浓度及膜过程的变化规律。从该图可以看出，pH=6.8 时，渗透液中乳化废水的含量最大，原因是：此 pH 值条件下的乳化废水溶液最为稳定；pH 值降低时，乳化废水颗粒发生脱稳、聚集，形成较大油珠颗粒，不易透过膜片；pH 值较高时，同样会因电解质的引入使油乳化颗粒脱稳，油滴变大，导致截留率升高。

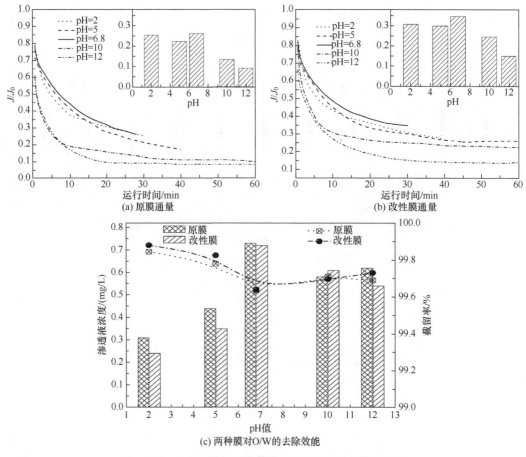

图 3-20 pH 值对膜过程的膜通量及 O/W 去除效能的影响

（4）TDS 对超滤过程的影响

TDS 通常对乳油溶液的性质有着较显著的影响，因此实验对不同乳油溶液中 TDS 对膜通量的影响进行了考察。结果如图 3-21 所示。

本次实验给出了跨膜压差 0.1MPa，乳油浓度 200mg/L，TDS 分别为 0mg/L、1000mg/L、2000mg/L、4000mg/L 和 8000mg/L 时，两种膜的通量随时间的衰减曲线及乳化废水截留率变化情况。从图 3-21（a）、（b）可知，TDS 的浓度对两种膜超滤乳油时的渗透液通量影响并不十分显著。这与 Mehrdad 等人研究发现的 TDS 严重影响 O/W 的渗透性能并不完全一致[61]，分析原因可能是，各种离子的存在，一定程度上使乳油溶液脱稳，小颗粒发生团聚，但其中的微小油滴粒子依然很多，当其与膜接触时，仍可进入膜孔，造成膜孔堵塞，通量下降趋势明显。此外，从图 3-21（b）还可以看出，相同 TDS 下，改性膜通量下降缓慢，这主要是由于共混无机纳米颗粒的引入提高了膜材料的亲水性，不仅促进了水的透过，而且可通过降低 O/W 在膜表面的吸附作用，削弱超滤过程的浓差极化、延缓凝胶层形成，使改性膜的抗污染性能得到显著提高。因此，该因子在本实验过程中并非主导因子，实际工程中可不考虑此条件的影响。

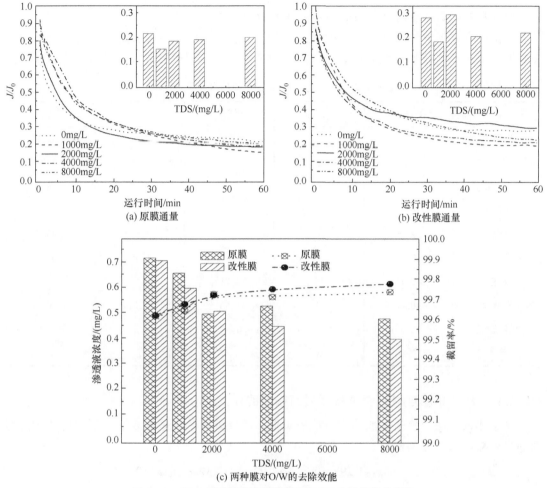

图 3-21 TDS 对膜过程的膜通量及 O/W 去除效能的影响

此外，TDS 对渗透液中乳化废水含量及截留率的影响，主要源于电解质的压缩双电层作用引起的油滴颗粒脱稳。表明 TDS 的引入对减轻膜污染、提高出水水质起到了正面作用。

3.2.3.3 O/W 超滤过程的析因设计实验

从前面的研究可知，改性膜抗 O/W 污染的能力明显较原膜提高。本节在单因素实验的基础上，对影响 O/W 超滤过程膜通量的 4 个外部因素及其交互作用的贡献进行了研究，水平的选取参照表 3-7，实验平行测定两次，结果及方差分析见表 3-8。

表 3-7 各因子的自然值及其标准量化值

因素	低水平	自然变量	高水平	自然变量
压力（TMP）	−1	0.07MPa	+1	0.2MPa
浓度（C）	−1	20mg/L	+1	200mg/L
pH 值	−1	3	+1	10
矿化度（TDS）	−1	0mg/L	+1	4000mg/L

表 3-8 为以膜通量为响应值的显著因素分析方差表。

根据表 3-8 的分析可以得出，模型的 F 值为 17.52，说明模型项是显著的；$P<0.0001$ 表明该模型可信性较高，仅存在 0.01% 的可能不能对所需预测的响应值做出正确的预测。

表 3-8　以膜通量为响应值的显著因素分析方差表

源	平方和	自由度	均方	F 值	P 值
模型项	237.54	5	47.51	17.52	<0.0001
压力（TMP）	16.13	1	16.13	5.95	0.0276
浓度（C）	9.42	1	9.42	3.47	0.0820
pH 值	0.98	1	0.98	0.36	0.5565
压力×pH 值	12.28	1	12.28	4.53	0.0503
浓度×pH 值	17.78	1	17.78	0.65	0.0217
残差	40.65	15	2.71		
失拟项	40.49	11	3.68	81.02	0.0004
绝对误差	0.18	4	0.045		
总差	278.21	20			

3.2.3.4　O/W 超滤过程的通量衰减回归模型的建立

由于建模方法、检验标准等均与前述类似，故此处仅给出依据表 3-8 所得的超滤过程的通量衰减的单点预测模型。

$$J/J_0(\%)=29.92-1.69x_1-1.29x_2+0.27x_3+1.92x_1x_3+2.32x_2x_3; \quad R^2=0.8538 \quad (3-11)$$

式中，x_1、x_2 和 x_3 分别为压力、O/W 和 pH 值的标准化值±1；对上述变量进行自然化处理，即将所有的标准变量用各因子的实际值代替，即得到以自然变量为基本单元的回归模型，如式（3-12）。其中 O/W 浓度范围为 10～100mg/L，pH 值范围为 3～10，跨膜压差范围为 0.07～0.2MPa。

$$J/J_0(\%)=64.56-70.28[TMP]-0.1[C]-1.64[pH]+7.38[TMP][pH]+0.0129[C][pH], \quad R^2=0.8538$$
$$(3-12)$$

3.2.4　APAM-O/W 混合液超滤过程通量衰减与操作条件优化

前面两节内容针对油田采出水中严重影响膜污染的 APAM 及 O/W，分别进行了单因素及析因实验研究，并建立了两种污染物超滤过程的最优条件及稳定膜通量（膜比通量）预测模型。本节以此为基础，通过复合旋转中心实验设计方法（析因设计），考察了不同环境条件下两种污染物对改性超滤膜的协同污染作用，优化了运行条件，并建立了稳定时膜通量的预测回归模型，为优化运行条件、延缓膜污染、稳定膜分离过程提供一定的理论支持。

3.2.4.1　改性超滤膜对 APAM-O/W 中主要污染物的去除能力

前面实验针对超滤三次采出水中主要污染物 APAM 和 O/W 的去除效能分别进行了研究，结果表明：任何溶液条件下两种超滤膜对两种主要污染物的去除率均可高达 98%以上，出水含量分别小于 0.5mg/L 和 1mg/L。此处，为了进一步优化研究改性膜超滤处理油田采出水的过程，考察了不同条件下二者共存时，料液中主要污染物的去除率，结果见表 3-9。

表 3-9　溶液中 APAM 及油的去除率

去除率/%	APAM（油）/（mg/L）			pH 值			TMP/MPa		
	20	100	200	3	6.8	10	0.05	0.10	0.20
APAM	97.5	99.7	99.8	98.6	98.8	98.2	98.8	97.4	97.3
油	100	100	100	100	100	99.9	100	100	99.8

从表 3-9 可以看出，改性膜对 APAM 和 O/W 的去除率分别高达 97.3%和 99.8%以上，此时，渗透液中的 APAM 和 O/W 的含量均可达到 0.5mg/L 以下，渗透液达到油田低渗透层回注要求[62]。故而，出水水质可不作为后续研究重点，而延长膜的高通量运行，降低膜污染为实验的设计响应进行深入考察。

3.2.4.2　基于复合中心旋转设计（CCRD）的 APAM-O/W 溶液超滤通量衰减与操作条件优化

（1）CCRD 实验设计

为探索影响石油采出水中主要污染物、水溶液条件等对改性超滤膜通量衰减的贡献率，采用 5 因素 3 水平二次旋转正交设计，5 因素以 A、B、C、D、E 来表示，其取值范围分别为：APAM 0～200mg/L；O/W 0～200mg/L；pH=1～13；TMP 0.05～0.15MPa；TDS 0～8000mg/L。对 3 水平进行水平编码，从低到高依次为−1、0、+1，为了使设计具有中心旋转性，又增加−2 及+2 两个水平的实验点，具体实验编码和水平参见表 3-10，实验结果见表 3-11。

表 3-10　实验因素编码和水平

变量	编码	编码水平				
		−2.00	−1.00	0.00	1.00	2.00
APAM 浓度/（mg/L）	A	0	50	100	150	200
油浓度/（mg/L）	B	0	50	100	150	200
pH 值	C	1	4	7	10	13
TMP/MPa	D	0.05	0.075	0.10	0.125	0.15
TDS/（mg/L）	E	0	2000	4000	6000	8000

表 3-11　旋转中心组合实验设计与结果

标准次序	APAM	油	pH 值	TMP	TDS	响应 J/J_0(1)	响应 J/J_0(2)
9	−1.00	−1.00	−1.00	1.00	−1.00	0.060002	0.068012
10	1.00	−1.00	−1.00	1.00	1.00	0.040968	0.041171
21	0.00	0.00	−2.00	0.00	0.00	0.034102	0.030000
11	−1.00	1.00	−1.00	1.00	1.00	0.056401	0.064101
13	−1.00	−1.00	1.00	1.00	1.00	0.05763	0.055417
15	−1.00	1.00	1.00	1.00	−1.00	0.091557	0.087641
2	1.00	−1.00	−1.00	−1.00	−1.00	0.132886	0.131432
22	0.00	0.00	2.00	0.00	0.00	0.044999	0.044877
6	1.00	−1.00	1.00	−1.00	1.00	0.09605	0.100027
32	0.00	0.00	0.00	0.00	0.00	0.096639	0.088312
19	0.00	−2.00	0.00	0.00	0.00	0.047815	0.047777
16	1.00	1.00	1.00	1.00	1.00	0.035002	0.035427
17	−2.00	0.00	0.00	0.00	0.00	0.071885	0.062011
1	−1.00	−1.00	−1.00	−1.00	1.00	0.17503	0.212022
20	0.00	2.00	0.00	0.00	0.00	0.055592	0.052780
3	−1.00	1.00	−1.00	−1.00	−1.00	0.156422	0.159023
14	1.00	−1.00	1.00	1.00	−1.00	0.05057	0.046989
26	0.00	0.00	0.00	0.00	2.00	0.055001	0.055669
18	2.00	0.00	0.00	0.00	0.00	0.045306	0.050301
8	1.00	1.00	1.00	−1.00	−1.00	0.080501	0.071828
28	0.00	0.00	0.00	0.00	0.00	0.067638	0.067761
24	0.00	0.00	0.00	2.00	0.00	0.026001	0.025838
4	1.00	1.00	−1.00	−1.00	1.00	0.083846	0.081810
7	−1.00	1.00	1.00	−1.00	1.00	0.107317	0.11124
29	0.00	0.00	0.00	0.00	0.00	0.077714	0.073471
23	0.00	0.00	0.00	−2.00	0.00	0.108999	0.111260
5	−1.00	−1.00	1.00	−1.00	−1.00	0.140093	0.128088
25	0.00	0.00	0.00	0.00	−2.00	0.069999	0.080662
30	0.00	0.00	0.00	0.00	0.00	0.062371	0.063011
31	0.00	0.00	0.00	0.00	0.00	0.062837	0.062279
12	1.00	1.00	−1.00	1.00	−1.00	0.037998	0.035497
27	0.00	0.00	0.00	0.00	0.00	0.070653	0.070198

本次实验数据的统计分析、建模以及工艺参数的优化采用 Expert Designer 统计分析软件，其方差分析如表 3-12 所列。

表 3-12　改性膜的三次修正设计方差分析表

变量	平方和	自由度	均方	F 值	P 值
模型	306.86	8	38.36	6.39	0.0002
A	2.12	1	2.12	0.35	0.5584
B	4.65	1	4.65	0.77	0.3879
C	4.32	1	4.32	0.72	0.4049
D	213.02	1	213.02	35.48	<0.0001
AB	1.50	1	1.50	0.25	0.6214
CD	20.39	1	20.39	3.40	0.0783
B^2	0.17	1	0.17	0.028	0.8691
AB^2	10.96	1	10.96	1.82	0.1899
残差	138.07	23	6.00	6.00	
失拟项	131.51	18	7.31	7.31	5.57
绝对误差	6.56	5	7.31	1.31	
总和	444.93	31			

通常，基于 CCRD 设计的包括一次项、二次项和交互项的二次多项式模型能对因子及水平较少实验所得数据进行很好的模拟[63]。然而，对于因子较多，交互作用明显时，二次项模型并非十分适合，此处采用包含一次项、二次项、三次项以及交互作用项的三次多项式模型。响应曲面（RSM）作为一种常用的回归经验公式，可以无限逼近所需拟合的实验值，可以用方程式（3-13）表示：

$$y = b_0 + \sum_{i=1}^{n} b_i x_i + \sum_{i=1}^{n} b_{ii} x_i^2 + \sum_{i=1}^{n} b_{iii} x_i^3 + \sum_{i=1}^{n-1} \sum_{j=i+1}^{n} b_{ij} x_i x_j + \sum_{i=1}^{n-2} \sum_{j=i+1}^{n-1} \sum_{k=i+2}^{n} b_{ijk} x_i x_j x_k + \sum_{i=1}^{n-1} \sum_{j=i+1}^{n} b_{iij} x_i^2 x_j \qquad (3\text{-}13)$$

式中　　　　　y——预测响应值（J/J_0）；

x_i, x_j, x_k——设计变量的编码水平；

b_0，b_i，b_{ii}，b_{iii}——分别指常数、一次项、二次项和三次项系数；

b_{ij}，b_{ijk}，b_{iij}——指交互作用项系数；

n——设计变量个数。

可利用多元线性回归方法（MLR）通过最小二乘法计算得到回归系数，该三次模型的合理性和有效性通过 ANOVA 方法在置信水平为 95% 的区间上进行检测。

APAM-O/W 模拟废水的超滤膜比通量衰减的过程如图 3-22 所示（书后另见彩图）。不同运行条件下比通量衰减稳定时的膜通量如图 3-23 所示。

（2）APAM-O/W 溶液超滤结果分析与模型建立

根据相关文献报道[64]，为确保模型的有效性，我们在 95% 的置信水平上利用变量分析法（ANOVA）对回归模型的显著性进行相关分析，结果见表 3-12。模型的显著性由 Fisher 法[65]进行判定，模型项的 F 值为 6.39，P 值为 0.0002。这表明，模型仅仅存在 0.02% 的可能性是由其他噪点引入的误差，说明模型项是显著的，即回归模型合理有效。从统计学的角度看，在所选因子的实验范围内用于预测响应的模型项准确性、合理性均较好。此外，根据学生检验法，P 值越小，各因子的相关系数也越显著，因此模型的失拟项不显著（P=5.57>>0.05）。表明在实验所选五因子范围内，该模型可以准确反映参数之间的真实关系，用此模型对溶液超滤 60min 后的膜通量衰减程度进行分析和预测是有效的。各因子的显著性顺序如下：

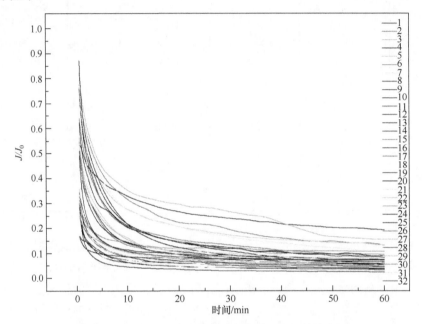

图 3-22　APAM-O/W 模拟废水的超滤膜比通量衰减的过程

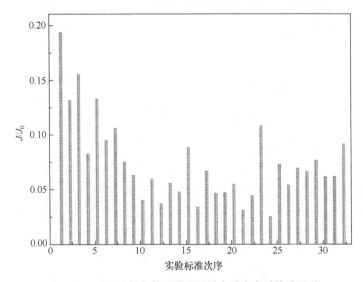

图 3-23　不同运行条件下膜比通量衰减稳定时的膜通量

一次项 x_4（TMP）>二次交互作用项 x_3x_4（pH 值与 TMP）>$x_1x_2^2$ 三次交互作用项（APAM 浓度与 O/W 浓度的平方）>一次项 x_2（O/W 浓度）>一次项 x_3（pH 值）>一次项 x_1（APAM 浓度）>二次交互作用项 x_1x_2（APAM 浓度与 O/W 浓度）>二次项 x_2^2（O/W 浓度的平方）。

因此可得，基于标准变量的用于预测膜通量衰减的三次回归模型，结果如式（3-14）所列：

$$y = 7.4713 - 0.5145x_1 - 0.4401x_2 - 0.4243x_3 - 2.9792x_4$$
$$- 0.3067x_1x_2 + 1.1288x_3x_4 + 0.0745x_2^2 - 1.4332x_1x_2^2, \quad R^2 = 0.8641 \tag{3-14}$$

变量范围：$-\alpha \leqslant x_i \leqslant \alpha$，当 $i=1,2,3,4$ 时。

将上述模型中的标准变量进行变量自然化，得到自然变量回归预测模型，结果如式（3-15）所列：

$$y = 32.7449 - 0.00653C_{APAM} - 0.01954C_{oil} - 1.6465pH - 224.523TMP - 4.78 \times 10^{-5}C_{APAM}C_{oil}$$
$$+ 15.0507pH \times TMP + 1.15 \times 10^{-4}C_{oil}^2 - 8.5417 \times 10^{-7}C_{APAM}C_{oil}^2, R^2 = 0.8641 \tag{3-15}$$

变量范围：$0 \leqslant C_{APAM} \leqslant 200mg/L$；$0mg/L \leqslant C_{oil} \leqslant 200mg/L$，$1 \leqslant pH \leqslant 13$；$0.05MPa \leqslant TMP \leqslant 0.15MPa$。

该回归模型可用于对有限个实验参数条件下，APAM-O/W 乳化液超滤过程膜通量衰减程度的预测。

（3）预测模型的精度分析

图 3-24 给出了预测响应值与其残差的正态分布关系。从图 3-24（a）可以看出，所得

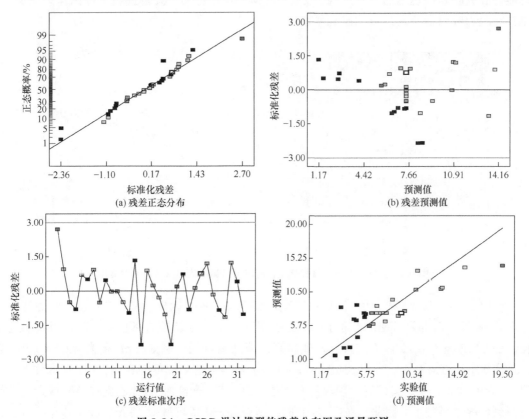

(a) 残差正态分布　　(b) 残差预测值　　(c) 残差标准次序　　(d) 预测值

图 3-24　CCRD 设计模型的残差分布图及通量预测

预测值的残差基本分布在一条直线上，即残差分布满足正态分布，表明误差分布合理，无明显奇异性，也说明了模型的准确度很高。此外，从图 3-24（b）、（c）可以看到，残差均匀地分布在 X 轴的两侧，呈现无规则性和随机性的特征，且所有点均在±3.00 的范围内，进一步证明所得模型的合理性和准确性。从图 3-24（d）显示的有关模型预测值和实验测定值的关系图线可以看出，不同条件下，仅个别点的实测值和预测值存在较明显的差异，因此，所得回归模型能较准确地模拟膜通量的实验测定值，模型的 R^2 为 0.8545。

（4）响应曲面及等高线分析

为确定最优参数组合，寻找适宜的工艺条件，本部分采用等高线图直观形象地表述响应与因子间以及因子与因子间的变化规律，为实现生产过程的控制和调优奠定基础。

① TMP 与 pH 值的交互作用。图 3-25（书后另见彩图）给出了优化 TMP 和 pH 值的响应曲面和等高线图，从该图可以得到两因素相互影响下的膜通量（J/J_0）变化趋势，进而确定实验的最佳因素水平范围。

由等高线图可直观地看出随着 TMP 的增加膜通量迅速降低。尽管随着 TMP 的增大，膜的渗透液通量增加，但膜比通量却显著降低，即膜污染加剧。例如：在 pH 值为 4.0 时，TMP 从 0.075MPa 增至 0.125MPa 时，膜通量从 0.1 以上降低至 0.04 左右。原因是，较高的 TMP 常常导致污染物因压缩变形而进入膜孔，造成孔道堵塞，同时引起污染物在膜表面上形成更加致密的凝胶层，因此，膜通量下降迅速，膜污染严重。此外，APAM 的存在是促使膜通量衰减迅速的又一原因，较高的 TMP 可引起 APAM 的旋转半径因压缩而减小，使其在膜内吸附而引起严重的膜孔堵塞[42]。

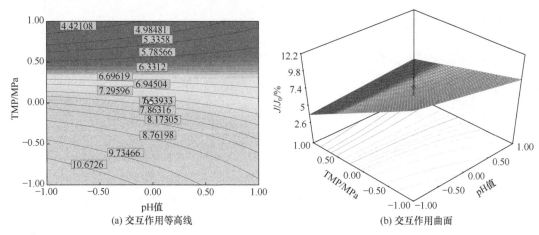

图 3-25　TMP 与 pH 值的交互作用对通量影响的等高线图及曲面图

pH 值是影响 APAM 分子结构和 O/W 颗粒的又一重要因素，图 3-25（a）中的弯曲形等高线表明，pH 值和 TMP 之间存在明显的交互作用，且二者的交互作用存在明显的区域性。当 TMP 高于 0.125MPa 时，pH 值越高，膜通量越低，例如：pH 值为 4.0 时 J/J_0 仅为 5.8%；然而，TMP 低于 0.125MPa 时，膜通量随 pH 值的降低而升高，pH 值同样为 4.0 时，J/J_0 可达 10.6%。造成这一现象的原因是：pH 值的升高使 APAM 旋转半径增大，却使油滴颗粒的半径减小。因此，在高 TMP 时，尽管高 pH 值可降低 APAM 进入膜孔的量，却易引起油滴颗粒对膜孔的堵塞；相反，APAM 半径在低 pH 值时，旋转半径较小，但较低的 TMP 仍不足以将其压入膜孔，膜污染降低。综上，TMP 的副作用及 pH 值的复杂作用，导致了等高线的弯曲。

② APAM、O/W 浓度与其他因子间的交互作用。图 3-26、图 3-27 给出了基于不同变量条件下用于预测膜通量衰减模型的响应曲面和等高线图。图 3-26 和图 3-27 中的等高线说明，当其他因子处于中心水平时，溶液 pH 值的增加或 APAM（O/W）浓度的增大均能引起 J/J_0 的降低。其中，图 3-26 的直线型等高线说明进水 APAM 浓度和 pH 值（TMP）之间并无显著的交互作用，因此，最佳的操作条件区域应处于：pH<4；C_{APAM}<50mg/L；TMP<0.075MPa。类似地，图 3-27 表明，尽管进水 O/W 浓度和 pH 值（TMP）之间存在一定的交互作用，但最佳的操作区域仍为：pH<4；C_{oil}<50mg/L；TMP<0.075MPa。造成这一现象的原因可由不同 pH 值条件下 APAM（或油滴）与膜表面的静电作用解释[66]。

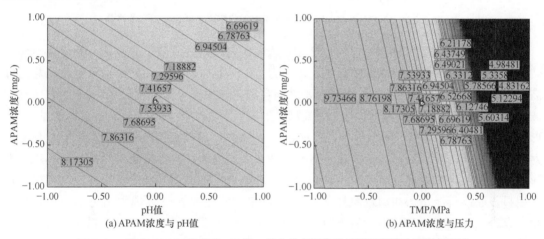

图 3-26　进水 APAM 浓度和 pH 值、压力的交互作用对膜通量影响的等高线图

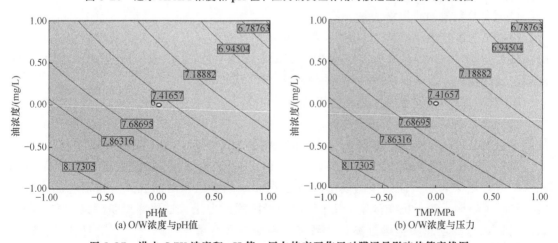

图 3-27　进水 O/W 浓度和 pH 值、压力的交互作用对膜通量影响的等高线图

图 3-26 和图 3-27 表明，进水 APAM（O/W）浓度与 pH 值或 TMP 间的相互作用几乎可以忽略，然而，进水 APAM 浓度与 O/W 浓度的交互作用却十分显著，如图 3-28 所示（书

后另见彩图）。

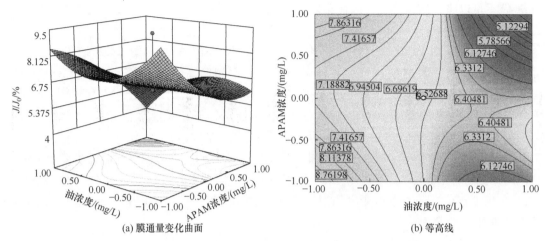

(a) 膜通量变化曲面   (b) 等高线

图 3-28   APAM 和 O/W 浓度联合作用下的膜通量变化曲面和等高线

当进水 O/W 浓度较高时，进水 APAM 浓度对膜通量的影响十分显著，膜通量范围为 4%～8.5%；而进水 O/W 浓度较低时，该值为 6%～8.5%。此外，O/W 浓度变化引起的等高线为曲线，主要原因是 O/W 与 APAM 之间存在明显的交互作用。因此，随着进水 APAM 浓度升高通量急剧衰减。究其原因，油滴颗粒的引入，增加了大分子 APAM 之间的黏附力，形成了紧密大分子结构；更重要的是，在进水 APAM 浓度较高的条件下，浓差极化现象更为显著[67]。这与 Chakrabarty 等发现的随着油浓度的增大，膜通量急剧衰减，是因膜表面形成了更为致密的油凝胶层几乎一致。然而，本研究发现油滴颗粒的作用并没有预想的那么明显，原因可能是，油滴颗粒被 APAM 胶体包裹，导致 APAM 成为膜污染的决定性因素，此外，由于纳米 TiO_2/Al_2O_3 颗粒的引入，使 PVDF 膜的亲水性增强，增大了对油滴颗粒的排斥作用，使其不易被膜表面吸附[68]。

（5）实验结果的模拟检测

根据工艺参数优化结果，对超滤过程分别采用优势条件：O/W、APAM 浓度为 20mg/L，pH=2，TMP 为 0.05MPa；劣势条件：O/W、APAM 浓度为 20mg/L，pH=12，TMP 为 0.15MPa 对模型进行检验，以证明所得统计模型的正确性。结果如图 3-29 所示。

图 3-29 给出了典型的优热及劣势条件下该超滤过程中膜通量随时间的变化趋势，其中，当进水 APAM、O/W 浓度为 20mg/L、pH=2.0、TMP 为 0.05MPa 时，超滤 60min 时的膜通量为 21.51%；相反，进水 APAM、O/W 浓度为 20mg/L、pH=12.0、TMP 为 0.15MPa 时，超滤 60min 时的膜通量为 10.55%。与此同时，用预测模型所求的膜通量分别为 19.34% 和 2.95%。结果表明，回归预测模型对预测 60min 超滤结束时的膜通量是相对准确有效的；同时也表明，低有机物浓度、低 pH 值和低跨膜压力是该过程降低膜污染，维持系统长期稳定运行的理想操作运行参数。当然，考虑到产水量等问题，并非所有的最优参数都适合实际工程中的应用。因此，有必要在这一超滤过程前实施预处理，以降低污染物

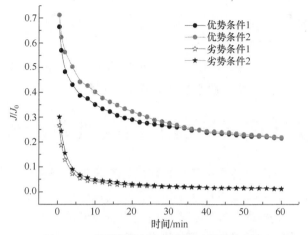

图 3-29　典型优势与劣势条件下膜通量衰减

含量、pH 值等，进而实现较低跨膜压时具有相对较高的膜通量，降低浓差极化层的厚度，即减小对膜的污染。此外，对降低操作运行费用，降低膜的清洗难度，提高系统的稳定性奠定基础。

本部分对比研究了两种不同的 PVDF 膜在相同操作条件下对油田三次采出水中主要有机污染物的超滤特征。以膜通量（膜比通量）衰减情况、截留性能等作为评价体系，考察了料液浓度、操作压力、运行温度、系统 pH 值、矿化度等对膜通量的影响并通过统计分析方法，获取了各因素的交互作用规律。得出以下结论。

① 不同的操作条件下，PVDF 原膜及纳米改性 PVDF 膜对 APAM 及 O/W 的去除率几乎一致，均可维持在 95% 以上，说明改性 PVDF 膜并未改变 PVDF 膜的截留性能；但其清水通量的提升，反映出改性膜亲水性能的提高。

② APAM 超滤过程的析因实验表明：影响 APAM 超滤过程的最显著因子是跨膜压差，然后依次为：料液浓度、pH 值、料液浓度和 pH 值的交互作用和矿化度。并得到一定条件下，用于预测改性膜超滤稳定后（30min）膜通量（J/J_0）的二次回归方程：

$$J/J_0(\%)=40.068-0.219[C]-2.786[\text{pH}]+0.0197[C][\text{pH}]-73.877[\text{TMP}], \quad R^2=0.9658$$

③ 实验室配置的油乳液稳定性好，油滴粒径主要集中在 0.1~0.4μm 之间。超滤工艺采用 0.1MPa、中性 pH、较低的油浓度及较高的矿化度条件，此举可满足膜通量衰减缓慢并达到较高的除油效果；此外，一定条件下，预测改性膜超滤 30min 时膜通量（J/J_0）的二次回归方程如下：

$$J/J_0(\%)=64.56-70.28[\text{TMP}]-0.1[C]-1.64[\text{pH}]+7.38[\text{TMP}][\text{pH}]+0.0129[C][\text{pH}], \quad R^2=0.8538$$

④ APAM 和 O/W 复合废水，经改性膜超滤处理后 APAM 和 O/W 的去除率分别高达 97.3% 和 99.8% 以上，渗透液中的 APAM 和 O/W 的含量均能达到 0.5mg/L 以下，渗透液可达油田低渗透层回注要求。同时获得变量范围：$0\text{mg/L} \leqslant C_{\text{APAM}} \leqslant 200\text{mg/L}$；$0\text{mg/L} \leqslant C_{\text{oil}} \leqslant 200\text{mg/L}$，$1 \leqslant \text{pH} \leqslant 13$；$0.05\text{MPa} \leqslant \text{TMP} \leqslant 0.15\text{MPa}$ 时，用于预测混合液膜通量的衰减模型：

$$y = 32.7449 - 0.00653C_{APAM} - 0.01954C_{oil} - 1.6465pH - 224.523TMP - 4.78 \times 10^{-5} C_{APAM}C_{oil}$$
$$+ 15.0507pH \times TMP + 1.15 \times 10^{-4} C_{oil}^2 - 8.5417 \times 10^{-7} C_{APAM}C_{oil}^2, \quad R^2 = 0.8641$$

因此，针对实际采出水有必要在超滤过程前实施预处理，以降低污染物浓度、改变料液 pH 值等，以延缓膜污染，实现膜系统的长期稳定运行。

3.3　超滤膜处理采油废水的膜吸附污染机理

近年来，国内外学者广泛关注于超滤过程的堵孔污染、凝胶层污染、泥饼污染，并产生了大量的经验模型、半经验模型及理论模型，相关机理也已基本明朗；然而对几乎伴随整个超滤过程的吸附污染却鲜有报道。其原因是膜-污染物间的吸附作用力小、吸附量低，难于精确定量，因此膜的吸附污染机理有待进一步研究。

本章在 3.2 部分认知基础上，研究了不同条件下油田三次采出水中两大类型的有机污染物[以阴离子型聚丙烯酰胺（APAM）为代表的亲水性有机物；以乳化废水（O/W）为代表的疏水性有机污染物]与膜片间的相互作用。从两大吸附体系的热力学特征、动力学特征、外界影响因素，同时辅以微观分析，揭示膜-有机污染物体系的吸附机理，为延缓膜污染及膜污染防治提供理论支持。

3.3.1　超滤膜-污染物体系的吸附力分析

吸附质在吸附剂上的吸附，是吸附质分子同吸附剂表面或邻近表面发生了物理化学相互作用力的结果。吸附作用的大小跟吸附剂的性质和表面的大小、吸附质的性质、吸附剂浓度、温度等密切相关。因此，量化和区分吸附作用力对了解吸附过程有着至关重要的作用。

吸附剂从溶液中吸附有机物时，常常表现为若干个作用力单独或相互联合作用。其中物理力主要包括色散力、静电力、诱导力；有时还会形成以氢键、非极性键形式发生的物理吸附作用；化学力主要包括共价键、离子键和配位键等。

本书研究的膜表面从溶液中吸附 APAM 大分子或 O/W 微粒综合作用力，标准吸附吉布斯自由能为 $\Delta_r G_m^\ominus$ 由 Stern 层吸附导出的 Stern-Grahame 方程[69]是：

$$\Gamma_\delta = 2rC \exp\left[-\Delta_r G_m^\ominus / (RT)\right] \tag{3-16}$$

式中　Γ_δ——Stern 层内吸附的 APAM 分子（或 O/W 微粒）的密度，mol/cm²；

　　　　r——吸附的 APAM 分子（或 O/W 微粒）有效半径，cm；

　　　　C——APAM 分子（或 O/W 微粒）在主体相的浓度，mol/mL。

因此，对于膜-APAM 分子（或 O/W 微粒）研究体系，过程的标准吉布斯自由能 $\Delta_r G_m^\ominus$ 可以通过各不同的作用力进行表示[69]：

$$\Delta_r G_m^\ominus = \Delta G_{elec}^\ominus + \Delta G_{cov}^\ominus + \Delta G_{c-c}^\ominus + \Delta G_{c-s}^\ominus + \Delta G_h^\ominus + \Delta G_{solv}^\ominus \tag{3-17}$$

式中　$\Delta G_{elec}^\ominus$——静电自由能；

$\Delta G_{cov}^{\ominus}$——共价键自由能；

$\Delta G_{c\text{-}c}^{\ominus}$——APAM 分子（或 O/W 微粒）碳链作用自由能；

$\Delta G_{c\text{-}s}^{\ominus}$——吸附质分子碳链-膜面亲油部位的非极性自由能；

$\Delta G_{h}^{\ominus}$——氢键自由能；

$\Delta G_{solv}^{\ominus}$——吸附质的溶解自由能。

对于此吸附体系，随着膜性质、吸附质类型、浓度、温度、pH 值、溶液矿化度等的不同，可能出现上述方程中的一项或几项对吸附过程起关键作用。有研究表明[70]，在非金属矿物为吸附剂，表面活性剂为吸附质的吸附体系中，静电力和侧向力是影响吸附的主要作用力；对于盐类矿物如方解石和硫化矿物，化学力则是主要的。

3.3.2　APAM 在超滤膜上的吸附机理

APAM 能通过分子链上的活性基团，如氨基、羧基等结合在固体颗粒表面上；超滤膜从宏观上看似乎很光滑，但从原子水平上看表面是不均匀、凹凸不平的，正是由于固体表面原子受力不对称和表面结构不均匀性，它可以吸附其他有机分子，使表面自由能下降。基于此，当水体中含有大量的 APAM 时，就会在超滤膜表面发生吸附、累积，进而加速膜污染，导致膜通量衰减，增加反冲和清洗频率。本节旨在研究 APAM 在膜表面的吸附特征，并量化膜的吸附污染能力。

将特定浓度的 APAM 溶液 300mL，50cm² 的膜片（确保足够的吸附敏感性），一同加入 500mL 锥形瓶中，置于 200r/min 的空气浴振荡箱中恒温振荡。考察溶液中 APAM 浓度的变化，直至吸附平衡，获得吸附动力学曲线；考察吸附平衡时溶液中 APAM 浓度与膜吸附量的关系，获得吸附热力学曲线；最后，考察温度、初始浓度、pH 值、离子浓度等的影响，依照上述步骤进行。

3.3.2.1　APAM 在超滤膜上的吸附热力学

改性 PVDF 膜表面具有 C、H、O、N、F 等元素组成的羧基、氨基等表面活性团，以及无机纳米粒子 TiO₂/Al₂O₃，它们决定了膜片的化学性质，对吸附起着重要的作用；此外，APAM 的溶解性、分子大小、官能团对吸附有着较为显著的影响。

（1）APAM 在超滤膜上的吸附等温线

目前，有关膜对有机物的吸附研究鲜有报道，因此本研究采用 5 种常用的等温线模型[71]：Freundlich、Langmuir、Temkin、Redlich-Peterson 和 Langmuir-Freundlich 方程对吸附过程进行非线性回归模拟，结果如图 3-30 所示。

图 3-30 给出了 pH=6.8，温度 303K 时，两种膜对 APAM 的吸附等温线。结果表明，该吸附属于典型的"L"形吸附等温线，即吸附量处于低平衡浓度区域内（0～200mg/L）时的吸附量增加快速，OM 和 MM 的平衡吸附量分别从 0 增至 9.6μg/cm² 和 12.6μg/cm²；在平衡浓度为 200～600mg/L 时趋向于达到一吸附平台。这一结果与 Chiem 等[72]研究的聚合物在滑石粉表面的吸附效能类似。"L"形吸附等温线表明，APAM 在两种膜表面上均有较强的吸附亲和力。实验所得数据采用 Freundlich 和 Langmuir-Freundlich

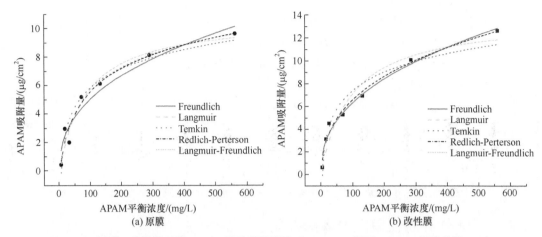

图 3-30　原膜、改性膜吸附 APAM 的吸附等温线（pH=6.8，温度 303K，接触时间 24h）

模型拟合对 OM 及 MM 的适合程度的 R^2 值，分别为 0.9323，0.9339；0.9657，0.9720。显然，Langmuir-Freundlich 模型的拟合效果更好，据此初步断定这是一个物理-化学吸附过程。

此外，比较图 3-30（a）和（b）还可以看出，改性膜对 APAM 的吸附能力要略高于原膜。其原因：首先，APAM 复杂的化学结构（亲水基团、氢键），使其易于吸附在亲水表面；其次，经纳米颗粒改性后，MM 表面构成发生了变化，表面能升高，这些均对增加 APAM 吸附量起到了重要作用。这一结果，与 Jones 等[73]研究的醋酸纤维膜对牛血清蛋白（BSA）和腐殖酸的吸附结论相似；Carić 等[74]的研究同样证明了膜材料和膜孔尺寸对蛋白质的吸附量具有重要的影响。此外，与原膜相比，无机纳米材料的引入，使膜孔开发度、孔道、孔隙率等都有所增大，使改性膜的表面积在一定程度上有所增加；最后，改性膜的亲水性增加，根据相似相吸理论，其对 APAM 的吸附能力更强。

通常，由于两参数模型（Langmuir、Freundlich 和 Temkin）在求解等温线模型参数时较三参数模型方便，因此，其应用更为广泛。因此，大量研究中均采用两参数模型研究 BSA 在不同膜上的静态吸附等温线。然而，两参数模型并不能满足各种情况的吸附等温线；相反，三参数模型则能提供更为准确和精确的吸附等温线模拟。

（2）APAM 在超滤膜上的吸附等温线评价

表 3-13　两种膜对 APAM 的吸附等温线参数

	参数	m	n	R^2
Freundlich 方程 $q=mC^n$	原膜	0.8026	0.4005	0.9382
	改性膜	0.9352	0.4141	0.9643
	参数	q_m	k	R^2
Langmuir 方程 $q=kq_mC/(1+kC)$	原膜	10.7732	0.0117	0.9323
	改性膜	13.8737	0.0104	0.9339

续表

	参数	a	b		R^2
Temkin 方程 $q=a+b\ln C$	原膜	−2.9523	1.914		0.9367
	改性膜	−3.4960	2.357		0.9428
	参数	a	b	n	R^2
Redlich-Peterson 方程 $q=aC/(1+bnC)$	原膜	0.1889	0.0514	0.8326	0.9487
	改性膜	0.5993	0.3793	0.6658	0.9765
	参数	q_m	k	n	R^2
Langmuir-Freundlich $q=kq_mC^n/(1+kC^n)$	原膜	12.8314	0.0213	0.779	0.9487
	改性膜	35.1328	0.0202	0.5251	0.9720

表 3-13 给出了两种膜吸附 APAM 的实验数据，及其由最小二乘法进行非线性回归拟合得到的 5 种吸附等温线方程、模型各参数及回归系数 R^2 的求解结果。

从表 3-13 可以看出，实验数据对这 5 种模型拟合的适应程度均较好。两参数吸附等温线模型对实验数据的适应能力大小为 Freundlich>Langmuir≈Temkin。此外，很明显可以看出，三参数模型（Redlich-Peterson 方程、Langmuir-Freundlich 方程）对原膜和改性膜吸附 APAM 的 R^2 值较两参数模型更高，分别为 0.9487、0.9487 和 0.9765、0.9720。基于此，可初步断定该吸附过程为物理-化学联合吸附。

（3）APAM 在超滤膜上的吸附热力学参数

为揭示吸附过程的吸、放热问题，我们研究了 APAM 浓度为 20mg/L，pH 值为 6.8，膜面积为 50cm²，接触时间为 24h，温度为 293K、298K、303K、308K 和 313K 条件下两膜对 APAM 的吸附过程，结果如图 3-31 所示。

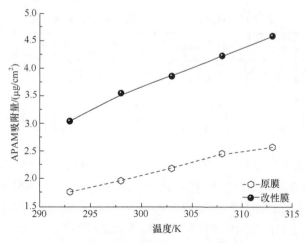

图 3-31　原膜、改性膜吸附 APAM 随温度的变化

从图 3-31 可以看出，随温度的升高，两种膜对 APAM 的吸附能力增强，说明该过程吸热。为求解与此过程密切相关的热力学参数（如 $\Delta_r G_m^\ominus$、$\Delta_r H_m^\ominus$、$\Delta_r S_m^\ominus$），采用式（3-18）~式（3-20）进行计算。

任意温度下的吉布斯自由能 $\Delta_r G_m^\ominus$（kJ/mol）为：

$$\Delta_r G_m^\ominus = -RT\ln K \tag{3-18}$$

利用 Van't Hoff 方程求解标准摩尔反应焓 $\Delta_r H_m^\ominus$ 和熵 $\Delta_r S_m^\ominus$：

$$\Delta_r G_m^\ominus = \Delta_r H_m^\ominus - T\Delta_r S_m^\ominus \tag{3-19}$$

$$\ln K = \frac{\Delta_r S_m^\ominus}{R} - \frac{\Delta_r H_m^\ominus}{RT} \tag{3-20}$$

式中，$\Delta_r S_m^\ominus$ [J/(mol·K)] 和 $\Delta_r H_m^\ominus$（kJ/mol）可通过 $\ln K$ 对 $1/T$ 作图后的斜率和截距获得，如图 3-32 所示，各参数计算结果见表 3-14。

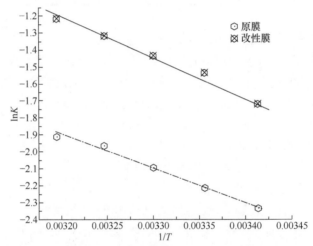

图 3-32　不同温度下原膜、改性膜对 APAM 吸附的 Van't Hoff 图

表 3-14　原膜和改性膜吸附 APAM 的热力学参数

APAM-膜体系	$\Delta_r G_m^\ominus$/(kJ/mol)					$\Delta_r H_m^\ominus$/(kJ/mol)	$\Delta_r S_m^\ominus$/[J/(mol·K)]
	293K	298K	303K	308K	313K		
原膜	5.68	5.48	5.27	5.03	4.97	18.63	49.53
改性膜	4.18	3.80	3.61	3.37	3.16	16.69	37.62

表 3-14 给出了温度为 293K、298K、303K、308K 和 313K 时，APAM 在原膜和改性膜上的吸附吉布斯自由能 $\Delta_r G_m^\ominus$ 依次分别为：5.68kJ/mol、5.48kJ/mol、5.27kJ/mol、5.03kJ/mol 和 4.97kJ/mol；4.18kJ/mol、3.80kJ/mol、3.61kJ/mol、3.37kJ/mol 和 3.16kJ/mol。所得吉布斯自由能为正值，表明两种膜对 APAM 的吸附难度较大，也就是说，该吸附过程是一个非自发反应。然而，随着温度的升高标准吉布斯自由能下降，说明温度的提高可促进该反应向自发进行方向过渡。此外，改性膜吸附 APAM 的吉布斯自由能明显较原膜低，表明了改

性膜对 APAM 的吸附能力略高于原膜。标准摩尔焓变值为正，说明该吸附过程吸热。

显然，温度的提高可促进膜对 APAM 的吸附作用，因为较高的温度能提供更多的能量促进吸附速率。同时，吸附过程的标准焓变分别可达 18.63kJ/mol 和 16.69kJ/mol，Alkan 等[75]指出，当标准焓变处于 40～120kJ/mol 时吸附为化学吸附，否则该过程主要由物理吸附控制。因此，这是一个以物理吸附为主导的吸附过程。此外，原膜及改性膜对 APAM 吸附过程的标准熵变分别为 49.53J/(mol·K) 和 37.62J/(mol·K)，说明 APAM 在膜上的吸附主要为平铺式，所占面积较大，导致过程的熵函数升高，同时反映出 APAM 分子在膜上的分布较溶液中更加规则有序，APAM 和膜间的亲和作用远大于 APAM 在溶液中因解离而产生的作用。

3.3.2.2　APAM 在超滤膜上的吸附动力学

吸附的动力学特征与溶液的吸附率密切相关。为探究 APAM 在膜上的吸附机理和吸附过程的控速步骤，采用 4 种动力学模型（准一级动力学模型、准二级动力学模型、Elovich 模型、内扩散模型）[76]对所得实验数据进行考察，固定条件：pH=6.8，温度 303K，原因是油田采出水经传统工艺，如脱稳/混凝/沉淀/过滤后，pH 值和温度常常可分别降至 7.0（6.8～7.2）和 303K。

（1）初始 APAM 浓度对吸附速率的影响

为研究初始 APAM 浓度对吸附动力学的影响，利用 4 种动力学模型对所得实验数据进行非线性拟合，结果见图 3-33。

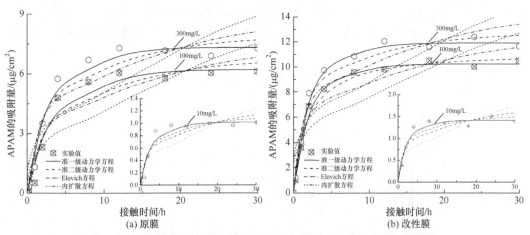

图 3-33　不同初始浓度时 APAM 在原膜、改性膜上的吸附动力学曲线

从图 3-33 可以看出，12h 后的溶液中的 APAM 浓度变化不再显著，可知该吸附体系的平衡吸附时间约为 12h。动力学曲线包含两部分：快吸附阶段，这一过程非常快，是平衡吸附量的主要贡献部分；平缓吸附阶段，对饱和吸附起着相对较小的作用。此外，低浓度溶液的平衡吸附时间较高浓度溶液略短，例如：初始浓度为 10mg/L、100mg/L、300mg/L 时，吸附平衡时间分别为 4h、6h、10h；平衡吸附量依次为 0.899μg/cm²、5.60μg/cm²、6.71μg/cm²（原膜）和 1.26μg/cm²、9.60μg/cm²、12.06μg/cm²（改性膜）。这是因为，吸附质浓度的升高，加大了液相与膜表面的 APAM 浓度间的浓差推动力，使吸附剂的吸附能力得以更充分的利用。

（2）温度对吸附速率的影响

绝大多数的油田采出水具有相对较高的温度，因此，考察温度对过程的影响效能无疑对超滤过程的优化运行起着至关重要的作用。图 3-34 给出了 pH 值为 6.8，APAM 浓度为 20mg/L，293K、303K、313K 时，两种膜对 APAM 的吸附动力学曲线。

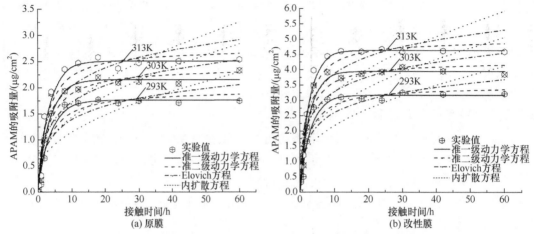

图 3-34　不同温度时 APAM 在原膜及改性膜上的吸附动力学曲线

从图 3-34 可以看出，吸附速率随着温度的升高而加快。此外，在最初的 4h 内，膜对 APAM 的吸附基本达到饱和，如：293K 时，经过 1h、2h、4h 后原膜对 APAM 的吸附量分别可达平衡吸附量（2.112μg/cm²）的 14%、37% 和 86% 左右。

此外，我们对该吸附体系不同温度和初始浓度下的各动力学模型的相关参数及模型回归系数进行了参数求解，结果见表 3-15。

表 3-15　原膜、改性膜吸附 APAM 时的动力学参数

模型/因素			准一级动力学模型			准二级动力学模型	
			a	b	R^2	$1/h$	R^2
初始浓度 /（mg/L）	10	PM	1.0171	0.3265	0.9638	2.2405	0.9294
		MPM	1.4091	0.4112	0.9774	1.1911	0.9526
	100	PM	6.2051	0.2712	0.9614	0.4600	0.9301
		MPM	10.256	0.4385	0.9953	0.1430	0.9875
	300	PM	7.3210	0.3168	0.9838	0.3133	0.9533
		MPM	11.9200	0.4344	0.9956	0.1281	0.9838
温度/K	293	PM	1.7592	0.2951	0.9614	1.4080	0.9276
		MPM	3.1645	0.3689	0.9762	0.6019	0.9506
	303	PM	2.1507	0.3200	0.9604	1.0733	0.9411
		MPM	3.9405	0.4032	0.9802	0.0824	0.9552
	313	PM	2.5042	0.3363	0.9763	0.1713	0.9532
		MPM	4.6213	0.4108	0.9890	0.3454	0.9682

续表

模型/因素			Elovich 模型			内扩散模型		
			α	β	R^2	K_t	C	R^2
初始浓度 /（mg/L）	10	PM	1.0134	4.2902	0.8894	0.2020	0.1362	0.7122
		MPM	2.2441	3.4455	0.9071	0.2635	0.2901	0.7070
	100	PM	4.9404	0.6749	0.8988	1.2758	0.5328	0.7527
		MPM	17.990	0.4801	0.9491	1.9064	2.2506	0.7350
	300	PM	7.5485	0.6064	0.9156	1.4417	1.0084	0.7402
		MPM	20.9457	0.4143	0.9475	2.2034	2.6317	0.7246
温度/K	293	PM	1.6378	2.7165	0.8696	0.2487	0.3656	0.6326
		MPM	2.2545	0.2232	0.8878	0.0927	0.3795	0.6403
	303	PM	2.2267	2.2573	0.8971	0.3065	0.4654	0.6748
		MPM	4.5624	0.2026	0.8853	0.1144	0.4687	0.6179
	313	PM	3.1136	2.0338	0.8959	0.0737	0.3020	0.6499
		MPM	10.900	1.2670	0.9005	0.5750	1.4639	0.6270

从表 3-15 可以看出，各种吸附条件下，采用准一级动力学模型对两种膜吸附 APAM 过程的非线性回归拟合的 R^2 值均大于 0.96，表明该吸附过程符合准一级动力学模型。这一结果与有些工业染料废水在不同吸附剂上的吸附动力学几乎一致[77]。其中，Elovich 模型及内扩散模型对该吸附过程的拟合程度较差，尤其是内扩散模型，它们很难对此吸附动力学进行准确描述，主要是因为膜对 APAM 的吸附过程被外表面吸附及瞬时吸附控制。

3.3.2.3　APAM 在超滤膜上吸附的影响因素

吸附剂的性质、吸附质浓度、pH 值、温度和矿化度等均能对吸附过程产生显著影响。本节对此进行一一考察。

（1）初始 APAM 浓度对吸附过程的影响

图 3-35 给出了 pH=6.8、温度 303K，APAM 初始浓度为 10mg/L、100mg/L、300mg/L 时，APAM 在膜上的吸附量随时间的变化关系。

图 3-35 表明，随 APAM 初始浓度的增加，饱和吸附量也逐渐增大，10h 后原膜和改性膜对 APAM 的吸附基本平衡，此时的吸附量分别为 $1.01\mu g/cm^2$、$6.12\mu g/cm^2$、$7.29\mu g/cm^2$ 和 $1.38\mu g/cm^2$、$10.53\mu g/cm^2$、$11.67\mu g/cm^2$。这一现象与 Wu 等[78]研究的不同浓度 BPA 在聚砜膜上的吸附趋势相一致。此外，当 APAM 浓度从 200mg/L 升至 300mg/L 时，APAM 在原膜和改性膜上的平衡吸附量仅分别从 $6.12\mu g/cm^2$、$10.53\mu g/cm^2$ 提高至 $72.8\mu g/cm^2$、$11.67\mu g/cm^2$，变化不大。说明 APAM 于两种膜上的吸附量几近饱和。原因是：膜表面的有效吸附点位已几乎全被占据，也就是说，APAM 的浓度越高，吸附率相对就会越低。这与 Zhang 等[79]研究的 NF、RO 吸附现象相悖，因为并未考虑体系中污染物浓度的影响。

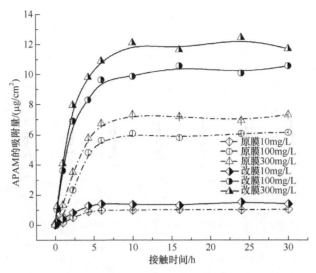

图 3-35　APAM 初始浓度对原膜、改性膜吸附过程的影响

（2）初始 pH 值对吸附过程的影响

溶液初始 pH 对两种膜吸附 APAM 的影响如图 3-36 所示。当 pH 从 2.0 升至 12.0 时，两种膜对 APAM 的吸附量均直线下降。APAM 的等电点 pI 在 pH=1.8 处，而溶液 pH 值范围在 2.0～12.0 时，Zeta 电位为负值。此外，pH 的升高亦可引起 PVDF 膜表面官能团的结构变化：

$$M—F+OH^- \Longleftrightarrow M—F \cdot \cdot OH^- \tag{3-21}$$

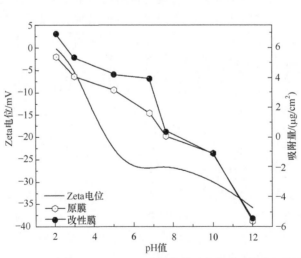

图 3-36　pH 值与 APAM、Zeta 电位的关系及其对吸附过程的影响

图 3-36 表明，pH 值高于等电点（pH=1.8）时，溶液带负电，膜片亦带负电，因此二者的结合能力较弱。此外，pH 值越高，Zeta 电位越低，二者排斥力越大，导致 APAM 在膜上的吸附量逐渐下降。原因是吸附能力与吸附质-吸附剂间的电动行为（可通过 H^+/OH^- 表征）直接相关。同一 pH 值时，改性膜对 APAM 的吸附量总略高于原膜，主要是由于改性膜表面的 Zeta 电位为-20.2mV，较原膜（-26.6mV）略低，对 APAM 的排斥力也较低；

pH 值高于 9.0 时，两种膜对 APAM 均趋于负吸附状态，原因是膜材料发生了部分水解（膜片由白色变咖啡色）及部分有机物的溶出，给 UV-VIS 分析方法带来了一定的误差。

（3）温度对吸附过程的影响

为了解温度对膜吸附 APAM 的影响，我们对 293K、303K 及 313K 时，APAM 在原膜、改性膜上的吸附量随时间的变化进行了考察，结果如图 3-37 所示。

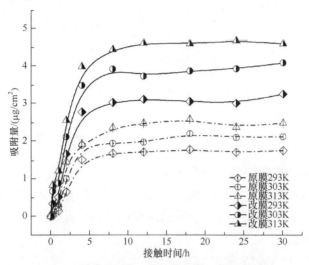

图 3-37　温度对原膜、改性膜吸附 APAM 的影响

图 3-37 显示，随温度的升高，两种膜对 APAM 的吸附量增大，这与大多数有机物的吸附量随温度升高而升高[80]相一致。初始 APAM 浓度为 20mg/L，温度为 293K、303K 和 313K 时，原膜及改性膜对 APAM 的平衡吸附量分别为 $1.7\mu g/cm^2$、$2.3\mu g/cm^2$、$2.5\mu g/cm^2$ 和 $3.2\mu g/cm^2$、$3.8\mu g/cm^2$、$4.5\mu g/cm^2$。分析原因：温度的升高，加剧了 APAM 分子的扩散速率，使 APAM 与膜的增加的碰撞概率高于该过程增大的解吸速率；同时，温度的升高也导致膜孔扩张、膜面积增加，增加了膜的吸附点位。

（4）无机离子对吸附过程的影响

吸附体系中的反离子，能通过压缩双电层或吸附电中和的作用降低膜-高分子之间的静电斥力，促进吸附过程。此外，反离子亦可中和 APAM 所带负电荷，使结构更加卷曲，旋转半径减小，也使吸附剂单位比表面积上吸附更多的 APAM 分子。

图 3-38（a）给出了不同阴离子（NaCl、NaNO₃、Na₂SO₄）对吸附体系的影响，尽管离子浓度的变化范围很广（0～5000mg/L），但两种膜对 APAM 的吸附量变化却不显著，分别仅从 $2\mu g/cm^2$ 提高至 $3\mu g/cm^2$，从 $4\mu g/cm^2$ 提高至 $5\mu g/cm^2$；此外，不同阴离子对该吸附过程的影响亦不显著。然而，不同阳离子（Na^+、K^+、Ca^{2+}）对该吸附体系的影响却较为显著，其相对大小为 $Na^+<K^+<Ca^{2+}$[见图 3-38（b）]。例如：当离子浓度从 0 升至 5000mg/L 时，由于 Na^+、K^+、Ca^{2+}的存在，改性膜对 APAM 的吸附量分别从 $4\mu g/cm^2$、$4.5\mu g/cm^2$、$9\mu g/cm^2$ 提高至 $6\mu g/cm^2$、$7.5\mu g/cm^2$、$13\mu g/cm^2$。这一现象可由高分子在固体表面上的吸附形态理论解释[81]。此外，阳离子的存在还促进了 APAM 与膜表面的桥联作用，并诱使聚合物分子间相互粘连、纠结、缠绕、变单层吸附为伪多层吸附。

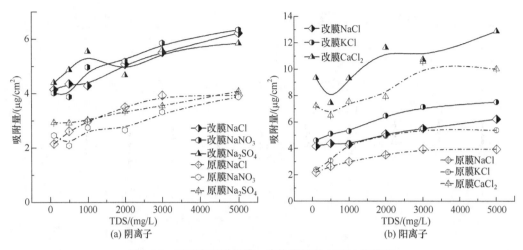

(a) 阴离子　　　　　　　　　　　　　　(b) 阳离子

图 3-38　不同离子对原膜、改性膜吸附 APAM 的影响

3.3.2.4　APAM-超滤膜吸附体系的微观分析

采用傅里叶变换红外光谱仪（FTIR）分析吸附前后膜表面官能团的变化；扫描电子显微镜（SEM）观察膜片吸附 APAM 前后的形貌变化，进一步确定体系的吸附特征，为其吸附机理分析奠定基础。

（1）超滤膜吸附 APAM 的 SEM 微观分析

图 3-39 给出了两膜片吸附 APAM 前后的 SEM 表面及断面图（书后另见彩图）。

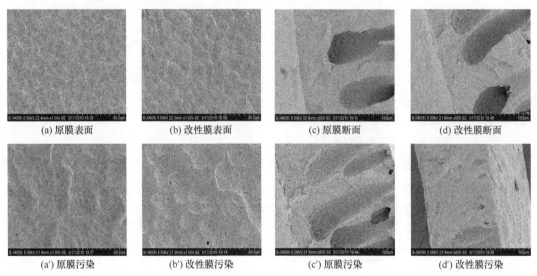

(a) 原膜表面　　　(b) 改性膜表面　　　(c) 原膜断面　　　(d) 改性膜断面

(a′) 原膜污染　　　(b′) 改性膜污染　　　(c′) 原膜污染　　　(d′) 改性膜污染

图 3-39　膜吸附 APAM 前后的表面及断面 SEM 照片

由图 3-39（a）、（b）、（c）和（d）可以看出原膜及改性的表面形貌及断面特征并未因纳米颗粒的加入而变化明显。从两种膜吸附 APAM 后的表面特征图[图 3-39（a′）和图 3-39（b′）]可以看出，原来多孔的膜面覆盖了一层黏稠的胶状物质，且改性膜表面的这层物质明显较原膜更为密实和牢固。图 3-39（c）、（c′）给出的原膜吸附 APAM 前后的断面形貌，变化亦并不十分显著，仅有一层薄薄的胶状物附着其上；相反，图 3-39（d′）中改性膜断面膜孔

指状孔堵塞严重。主要是由于改性膜表面的自由能升高，更容易吸附 APAM，间接证明了高表面能表面的吸附能力更强。因此，该吸附过程亦存在较强的化学吸附作用。

（2）超滤膜吸附 APAM 的红外光谱分析

为进一步了解该 APAM-膜吸附体系中化学键的参与情况，我们研究了不同条件下两种膜片吸附 APAM 前后的 ATR-FTIR 光谱图，如图 3-40 所示。

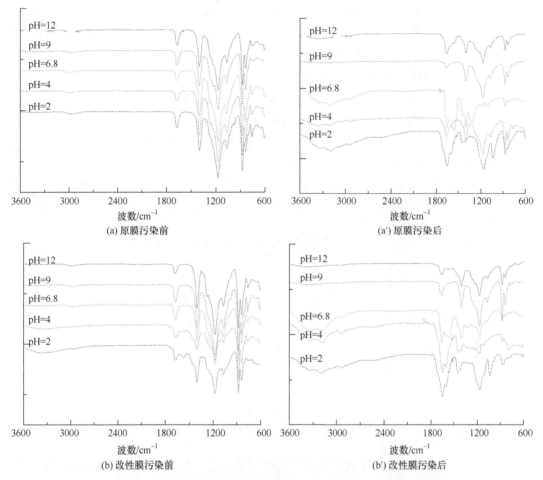

图 3-40　不同 pH 值条件下两膜吸附 APAM 前后的 ATR-FTIR 图谱

图 3-40（a）给出了原膜在不同 pH 值条件下的 ATR-FTIR 谱图。其中，波数 1175cm⁻¹ 是 C—F 的伸缩振动吸收峰，为振动最强谱带；1402cm⁻¹ 是 C—H 及—CH₂ 的变形吸收峰；此外，其呈现半结晶性的相态，由 α 相、β 相和非晶态相组成，其中波数 615cm⁻¹、762cm⁻¹ 和 797cm⁻¹ 是 α 结晶相的振动吸收峰，波数 1280cm⁻¹ 是 β 相的振动吸收峰，波数 840cm⁻¹ 和 876cm⁻¹ 处的尖峰是无定形相的特征吸收峰，不同 pH 值下的特征峰未见显著变化，表明该膜材料的稳定性良好。同样的情况也适用于图 3-40（b）所示的改膜图谱，但由于纳米颗粒的引入，波数处于 615cm⁻¹、762cm⁻¹ 和 797cm⁻¹ 处的 α 相吸收峰减弱，并于波数 607cm⁻¹ 和 637cm⁻¹ 处出现了对称吸收振动峰。

比较图 3-40（a)和(b）及图 3-40（a′)和(b′)可以看出，pH 值较低（2、4、6.8）时，

APAM 的特征吸收峰值有：1642cm^{-1}，—C=O 的对称振动吸收；位于 1606cm^{-1} 附近的—NH$_2$ 的弯曲振动吸收；1448cm^{-1}，C—N 的弯曲振动吸收，在谱图上均有所体现，而 1402cm^{-1} 处的峰值密度亦有所提高，是由膜材料中 C—H 的伸缩振动与 APAM 中 C—H 的振动叠加所致。pH 值为 9 和 12 时，峰形、波数均与低 pH 值时差异明显，主要原因是，APAM 在较高 pH 值时，膜自身官能团发生改变（M—F+OH$^-$ ⇌ M—F··OH$^-$）。此外，图 3-40 （a′）（b′）中处于 pH=2、4、6.8 的谱图也不尽相同，主要是由于 APAM 分子在不同 pH 值条件下的空间构型不同。总之，APAM 在两种膜的吸附行为几乎相同，但纳米颗粒的引入一定程度上使吸附结合键能更大，吸附更稳定。

3.3.2.5　APAM 的吸附污染对膜通量的影响

吸附污染作为膜组件长期运行而带来的缓慢污染，对膜污染的贡献作用重大。因此，为研究吸附作用对膜通量（膜比通量）衰减带来的影响，依据前面所述实验方法研究了原膜（OM）及改性膜（MM）吸附 APAM 前后的纯水通量，此处依然采用膜比纯水通量的变化对该部分吸附污染进行描述，结果如图 3-41 所示。

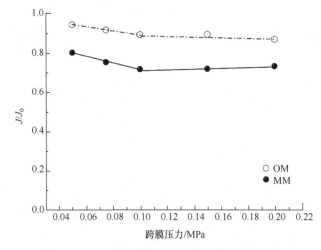

图 3-41　APAM 吸附引起的膜通量随压力的变化

从图 3-41 可以看出，两种膜片因吸附引起的膜通量下降趋势相同，即：随跨膜压力的增大，两种膜片因吸附污染引起的膜通量先迅速衰减，而后趋于平稳状态。这说明：跨膜压较低时，膜片对 APAM 的黏附力相对较小，且较小的跨膜压力不足以使 APAM 在膜片表面形成凝胶层，故此时的纯水通量很大；随着跨膜压力的升高，APAM 在膜表面向膜孔内迁移，造成膜孔堵塞的可能性大大提高，此外还会在膜表面形成致密的凝胶层，进而使通量衰减迅速；压力过高时，由于膜吸附的 APAM 量不再增加，也不能造成膜通量的继续衰减。此外，同样压力下，改性膜的膜通量衰减程度略高是因为改性膜的吸附量略大于原膜。

3.3.3　O/W 在超滤膜上的吸附机理

O/W 由高分子烃类、胶质、沥青质、烷基羧酸、中性含氧化合物及含硫含氮有机高分子组成，因此乳液中含有大量的亲水、亲油及两亲基团。运动中的油滴乳液可在范德华力的作用下，与多孔膜片之间产生很强的相互作用，导致油滴在膜表面沉积滞留，引起膜通量的衰减，其滞留作用的大小决定着膜的吸附污染能力及膜通量变化。本节重点研究 O/W 在膜表面的吸附性能，并量化吸附污染能力。实验过程与 3.3.1 部分相同。

3.3.3.1　O/W 在超滤膜上的吸附热力学

大庆油田原油中除主要含有烃类、胶质等亲油性有机物外，还含有大量的酸性含氧化合物（包括脂肪酸、环烷酸、芳香酸及酚类等）约为 0.04mg/g，含氮化合物 0.05%～0.5%、含硫化合物约 1%。这些有机物很容易与膜表面的 O、N、F 等强极性元素形成氢键作用，吸附在膜表面。此外，根据"相似相吸"原则，可知非极性油类物质很容易吸附在强疏水性的 PVDF 膜表面。因此，探究 O/W 在膜表面的吸附热力学，对了解吸附机理起着重要作用。

（1）O/W 在超滤膜上的吸附等温线

吸附等温线可用来反映固体吸附液体中溶质分子时，吸附量与温度、浓度等之间的关系。目前，尽管超滤膜对油分的吸附研究已有报道，但研究并未深入。本节根据 3.3.1 部分方法考察了膜-乳化液体系的吸附等温线，结果见图 3-42。

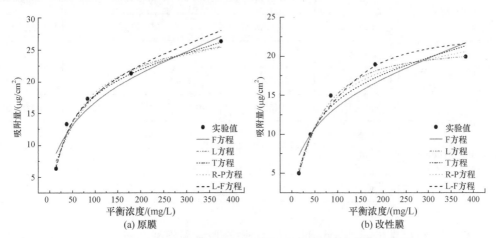

图 3-42　原膜、改性膜吸附 O/W 的吸附等温线

(pH6.8；温度 303K；接触时间 48h)

从图 3-42 可以看出，吸附量在低平衡浓度区域内（0～200mg/L）增加迅速，当初始浓度为 200mg/L 时，原膜及改性膜对 O/W 的平衡吸附量分别为 21.8μg/cm² 和 18.3μg/cm²；此后，原膜对 O/W 的吸附仍未达到稳定平台，当初始浓度增至 400mg/L 时，吸附量可达 26.9μg/cm²；相反，改性膜的吸附趋于稳定，吸附量仅升至 19.6μg/cm²。这一结果与王海芳等[82]研究的改性聚偏氟乙烯膜吸附润滑油所得吸附等温吸附线的类型不同，主要是因为本实验中采用的膜改性材料和所用油的性质均不相同。此外，比较两种膜的平衡吸附量可以看出，改性膜对 O/W 的吸附能力明显低于原膜。首先，O/W 组成复杂，主要由各种烃类和胶质组成，根据"相似相吸"原则，O/W 更易于吸附在疏水膜的表面；其次，纳米颗粒改性后，改性膜表面的亲水性能提高，降低了对疏水性有机物的吸附作用，导致其对 O/W

的吸附能力下降；但亲水性能的提高也使其对亲水性有机物的吸附能力增强，不同有机物在膜上的累积分析，将在后面章节中进一步对比研究。

如前所述，我们采用了多种不同的动力学模型对两种膜吸附 O/W 的动力学过程进行了模拟，得到三参数模型准确性更高。此处，有关模型参数的求解及 R^2 见表 3-16。

表 3-16 两种膜对 O/W 的吸附等温线参数

	参数	m	n	R^2
Freundlich 方程 $q=mC^n$	原膜	3.3214	0.3522	0.9461
	改性膜	2.9682	0.3355	0.8640
	参数	q_m	k	R^2
Langmuir 方程 $q=kq_mC/(1+kC)$	原膜	25.551	0.0101	0.9366
	改性膜	20.058	0.0094	0.9998
	参数	a	b	R^2
Temkin 方程 $q=a+b\ \ln C$	原膜	−9.1185	5.9040	0.9935
	改性膜	−7.7956	4.9130	0.9596

	参数	a	b	n	R^2
Redlich-Peterson 方程 $q=aC/(1+bnC)$	原膜	0.5577	−0.1397	−0.1397	0.9682
	改性膜	0.4615	−0.1405	−0.1405	0.9840
	参数	q_m	k	n	R^2
Langmuir-Freundlich $q=kq_mC^n/(1+kC^n)$	原膜	12.8314	0.0213	0.779	0.9487
	改性膜	35.1328	0.0202	0.5251	0.9720

从表 3-16 可以看出，除 Freundlich 模型外，其他 4 种模型对该过程的拟合程度均较好，综合两种膜吸附 O/W 的动力学特征，可得模型的拟合优劣顺序为：Redlich-Peterson≈Langmuir-Freundlich>Temkin≈Langmuir。因此，根据拟合模型的意义，可以初步断定该吸附过程为物理-化学联合吸附。

（2）O/W 在超滤膜上的吸附热力学参数

为揭示 O/W 在膜片上吸附过程的吸、放热问题，研究了 O/W 浓度为 20mg/L，pH=6.8，膜面积为 50cm²，接触时间为 24h，温度为 293K、298K、303K、308K 和 313K 条件下的平衡吸附量随温度的变化，结果见图 3-43。

从图 3-43 可以看出，随着温度的升高，两种膜对 O/W 的吸附能力均逐渐减弱，说明该吸附过程放热，这与大多数吸附过程的热力学性质相符。主要因为温度对 O/W 的溶解度影响较大，通常温度升高会引起油滴颗粒的溶解度增大，因此温度升高导致吸附量降低，可认为是焓控制过程。

采用式（4-3）～式（4～5），将 $\ln K$ 对 $1/T$ 作图（图 3-44），进而求得过程各热力学参数，结果见表 3-17。

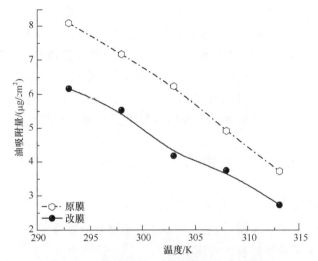

图 3-43　温度对原膜、改性膜吸附 O/W 的影响

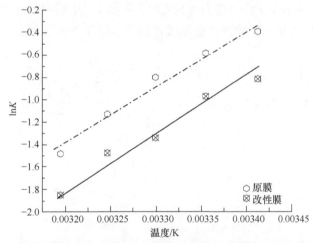

图 3-44　不同温度下，原膜、改性膜对 O/W 吸附的 Van′t Hoff 图

表 3-17　原膜、改性膜吸附 O/W 的热力学参数

APAM-膜体系	$\Delta_r G_m^{\ominus}/(kJ/mol)$					$\Delta_r H_m^{\ominus}/(kJ/mol)$	$\Delta_r S_m^{\ominus}/[J/(mol \cdot K)]$
	293K	298K	303K	308K	313K		
原膜	0.81	0.96	2.00	2.88	3.84	−41.37	−143.8
改性膜	1.97	2.39	3.36	3.76	4.80	−39.22	−140.2

温度为 293K、298K、303K、308K 和 313K 时，O/W 在原膜和改性膜的吸附吉布斯自由能 $\Delta_r G_m^{\ominus}$ 依次分别为：0.81kJ/mol、0.96kJ/mol、2.00kJ/mol、2.88kJ/mol 和 3.84kJ/mol；1.97kJ/mol、2.39kJ/mol、3.36kJ/mol、3.76kJ/mol 和 4.80kJ/mol。当温度较低时，所得吉

布斯自由能接近于 0，表明两种膜对 O/W 的吸附能力较强，也就是说，该吸附过程趋于自发；温度的升高使吸附过程的自发性降低。此外，改性膜对 O/W 的吸附吉布斯自由能较原膜明显提高，说明改性膜对 O/W 的吸附能力较原膜明显降低，对 O/W 的抗污染能力有所增加。标准摩尔焓变值为负，则证明了该吸附过程吸热。显然，从表 3-17 可以看出，温度的提高能降低膜对 O/W 的吸附作用，是因为较高的温度使 O/W 的溶解性增大，这一过程更有利于脱吸过程；相反，温度降低，O/W 的溶解度降低，且容易发生团聚，因此容易在膜表面吸附沉积，导致其吸附量增加。同时，吸附过程的标准摩尔焓变分别可达 41.37kJ/mol 和 39.22kJ/mol，因此，该吸附过程主要由化学吸附控制。此外，原膜及改性膜对 O/W 吸附过程的标准摩尔熵变分别为 $-143.8\text{J}/(\text{mol}\cdot\text{K})$ 和 $-140.2\text{J}/(\text{mol}\cdot\text{K})$，反映出系统的混乱度大大降低，这与油滴颗粒紧密吸附在膜表面后引起溶液中油滴颗粒的浓度降低有关。

3.3.3.2　O/W 在超滤膜上的吸附动力学

本部分实验依然采用前面所提到的 4 种动力学模型对膜片吸附 O/W 的过程的动力学进行重点考察，研究了吸附过程的控速阶段。

（1）初始 O/W 浓度对吸附速率的影响

研究了初始 pH 值为 6.8，温度为 303K 时，初始 O/W 浓度对吸附动力学的影响，利用 4 种动力学模型对所得实验数据进行非线性拟合，结果见图 3-45。

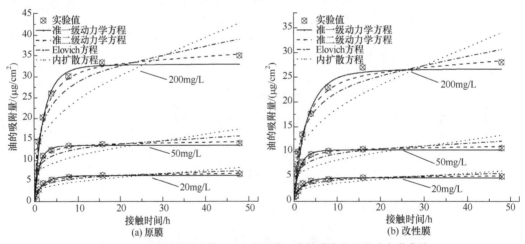

图 3-45　不同初始浓度的 O/W 在原膜、改性膜上的吸附动力学曲线

从图 3-45 可以看出，在 3 种不同的 O/W 初始浓度下，经过 8h 后的吸附，膜对 O/W 的吸附量变化不再显著，可知该吸附体系的平衡吸附时间约为 8h。很明显，每条吸附动力学曲线均包含两个明显的阶段：快速吸附阶段，这一过程非常快，且对平衡吸附量贡献较大；慢速吸附阶段（吸附平台区），这一过程相对缓慢，8~48h 吸附量仅略有提高，此阶段对平衡吸附量的贡献相对较小。此外，低浓度溶液的平衡吸附时间较高浓度溶液略短，但高浓度溶液的平衡吸附量明显较低浓度溶液高，如初始浓度为 20mg/L、50mg/L、200mg/L 时，吸附平衡后，吸附量依次为 6.6μg/cm²、12.5μg/cm²、32.8μg/cm²（原膜）和 4.9μg/cm²、10.7μg/cm²、27.8μg/cm²（改性膜）。究其原因，随着吸附质浓度的升高，液相与膜表面的

浓差推动力加大，促进了膜对 O/W 的吸附。

（2）温度对吸附速率的影响

图 3-46 给出了 pH 值为 6.8，O/W 浓度为 100mg/L，293K、303K、313K 时，两种膜吸附 O/W 的过程中，吸附量随时间的变化情况。

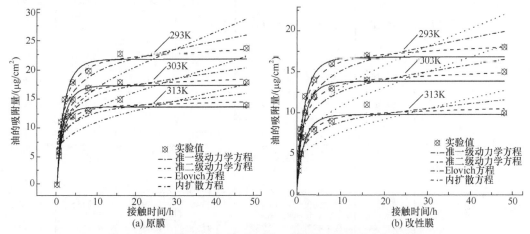

图 3-46　不同温度时 O/W 在原膜、改性膜上的吸附动力学曲线

从图 3-46 可以看出，吸附速率随温度的升高而降低。原因是：温度的升高导致 O/W 在水中的溶解度不断增大，既与水分子的亲和力大大增强，又由于膜的疏水能力较强，易于吸附疏水性物质，故随着温度升高，O/W 的吸附率降低。同时，不同温度条件下的 3 条动力学曲线形状一致，说明温度介于 293～313K 时，吸附体系并没有从根本上出现物理-化学吸附方式的改变。此外，在最初的 8h 内，膜对 APAM 的吸附便基本达到饱和。比如：温度为 313K 时，原膜及改性膜对 O/W 的平衡吸附量分别为 13.5μg/cm² 和 10.7μg/cm²。经过 1h、2h 和 8h 后，原膜及改性膜对 O/W 的吸附量分别可达平衡吸附量的 50%、67%、90% 和 51%、64%、92%。进一步证明了该吸附体系达平衡的时间约为 8h。

最后，对该吸附体系不同温度和初始浓度下的各动力学模型的相关参数及模型回归系数进行了求解，结果见表 3-18。

表 3-18　原膜及改性膜吸附 O/W 动力学参数

模型/因素			准一级动力学模型			准二级动力学模型		
			a	b	R^2	$1/h$	q_m	R^2
初始浓度/（mg/L）	20	原膜	6.2433	0.5725	0.9881	0.1956	6.8928	0.9929
		改性膜	4.6514	0.5810	0.9847	0.2641	5.1485	0.9796
	50	原膜	13.4786	0.9095	0.9907	0.05334	14.5684	0.9908
		改性膜	10.2593	0.8119	0.9847	0.0803	11.1471	0.9827
	200	原膜	32.8599	0.4708	0.9826	0.0452	36.5126	0.9973
		改性膜	26.6056	0.3306	0.9812	0.0873	26.6914	0.9740

模型/因素			准一级动力学模型			准二级动力学模型		
			a	b	R^2	$1/h$	q_m	R^2
温度/K	293	原膜	22.0763	0.5746	0.9684	0.0552	24.4387	0.9952
		改性膜	16.7847	0.6101	0.9829	0.0671	18.4665	0.9978
	303	原膜	17.4617	0.6229	0.9892	0.0617	19.0325	0.9807
		改性膜	13.8610	0.6426	0.9834	0.0779	15.2511	0.9962
	313	原膜	13.6694	0.7704	0.9695	0.0626	14.8596	0.9904
		改性膜	9.8160	0.6246	0.9601	0.1108	10.7730	0.9816

模型/因素			Elovich 模型			内扩散模型		
			α	β	R^2	K_t	C	R^2
初始浓度/(mg/L)	20	原膜	17.2580	0.8891	0.9345	0.8824	2.0265	0.6093
		改性膜	12.0877	1.1732	0.9125	0.6504	1.4989	0.5869
	50	原膜	154.0220	0.5245	0.9158	1.6700	1.9367	0.4772
		改性膜	73.1756	0.6386	0.9053	1.3168	4.1388	0.4999
	200	原膜	65.4652	0.1598	0.9572	4.8317	9.3660	0.6734
		改性膜	36.0552	0.1892	0.9749	4.0335	6.0432	0.7558
温度/K	293	原膜	63.6902	0.2526	0.9627	3.1818	7.1119	0.6592
		改性膜	57.3797	0.3444	0.9508	2.3486	5.7078	0.6212
	303	原膜	39.6754	0.3408	0.9310	2.3598	6.1819	0.5718
		改性膜	50.4962	0.4198	0.9479	1.9364	4.8056	0.6140
	313	原膜	98.0729	0.4818	0.9348	1.7664	5.4567	0.5329
		改性膜	38.1149	0.6053	0.9284	1.3359	3.4727	0.5768

从表 3-18 可以看出，不同温度及浓度条件下，采用准一级动力学模型对两种膜吸附 O/W 过程的非线性回归拟合 R^2 值均大于 0.98，说明该吸附过程符合这一动力学模型。这一结果与有些工业染料废水在不同吸附剂上的吸附动力学几乎一致[77]。其中，两种扩散型动力学模型对该吸附过程的拟合程度很差，尤其是内扩散模型，它很难对此吸附动力学进行准确描述。主要是因为膜对 O/W 的吸附过程主要受外表面吸附及瞬时吸附控制；此外，最初的热力学熵差、溶液中的游离 O/W 颗粒与膜表面的相互作用也是决定该过程的主要因素之一。

3.3.3.3　O/W 在超滤膜上吸附的影响因素

吸附剂的性质、吸附质浓度、pH 值、温度和矿化度等均能显著地影响吸附过程，进而通过优化运行条件，达到减缓膜的吸附污染，提高膜系统稳定运行的目的。

（1）初始 APAM 浓度对吸附过程的影响

图 3-47 给出了 pH=6.8，温度为 303K，O/W 初始浓度为 20mg/L、50mg/L、200mg/L 时，O/W 在两膜上的吸附量随时间的变化关系。

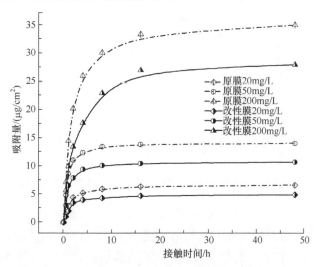

图 3-47　初始 O/W 浓度对原膜、改性膜吸附过程的影响

图 3-47 显示，8h 后两膜对 O/W 的吸附基本平衡，随着初始 O/W 浓度的增加，其饱和吸附量也增大。这一现象与很多报道相似[78]，主要原因是随着 O/W 初始浓度的增大，吸附质数量亦增多，溶液的混乱程度加大（系统的熵值函数增大），导致吸附平衡向减少吸附质的方向移动，也就是 O/W 向膜表面的吸附推动力增大；与此同时，系统内部 O/W 颗粒增多，分子间距减小，斥力增强，导致其在膜表面出现的概率增大，因此吸附概率增加。此外，同一初始浓度条件下，原膜的平衡吸附浓度总略大于改性膜。主要原因是纳米颗粒的引入使改性膜表面带上了更多羟基，增强了膜面的极性，当非极性的油类物质靠近膜表面时，由于二者间的电子结构难以产生偶极矩，因此物理作用变得很弱，导致吸附量明显较原膜低。

（2）初始 pH 对吸附过程的影响

初始 O/W 浓度 50mg/L 的条件下，考察了温度为 303K，pH 值从 2.0 变化至 12.0 时，两种膜对 O/W 的吸附量变化，结果如图 3-48 所示。O/W 溶液在 pH 值为 2.0～12.0 范围内，Zeta 电位始终为负值，且呈现出随 pH 值的升高先升高随后达到一个相对稳定的值，最后又逐渐降低的趋势。这一现象可能与 O/W 的特殊化学性质有关（一定条件下可以聚集成大颗粒），此外，pH 值的升高亦引起了 PVDF 膜表面官能团的结构变化。

如图 3-48 所示，当 pH 值介于 4.0～10.0 时，O/W 溶液的 Zeta 电位一直升高，原膜及改性膜对其吸附量保持一个较低值，分别稳定在 $10\mu g/cm^2$ 和 $15\mu g/cm^2$ 左右。这是由于 O/W 溶液带负电，两种膜片自身亦带负电，因此，油滴颗粒与膜间的结合能力较弱，此时可认为二者间的静电斥力是阻止膜对 O/W 吸附的控制性因素。当 pH<2.0（或 pH>10.0）时，O/W 溶液的 Zeta 电位迅速降低，膜与 O/W 之间的静电斥力明显减弱，导致膜对 O/W 的吸附量减少。同时，我们还发现，pH 值处于此区间时，原膜及改性膜对 O/W 的吸附量几乎相同，原因有 2 个。a. 膜的表面性质随 pH 值发生了变化，低 pH 值条件下膜表面转

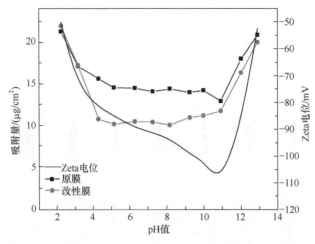

图 3-48 pH 与 O/W Zeta 电位的关系及其对吸附过程的影响

变为正电性，加大了与 O/W 之间的静电引力，促进了吸附量的提高；高 pH 值时，表面电性负向加大，吸附体系内部的电动行为（可通过 H^+/OH^- 表征）减弱。b. pH 值过大或过低，均导致溶液的 Zeta 电位降低，加快了 O/W 分子的碰撞，促进了 O/W 颗粒的团聚，使油滴脱稳、析出，降低了溶液体系的 O/W 含量。

（3）温度对吸附过程的影响

选择初始 O/W 的浓度为 100mg/L，在 293K、303K 及 313K 时，两种膜对 O/W 的吸附量随时间的变化进行考察，结果如图 3-49 所示。

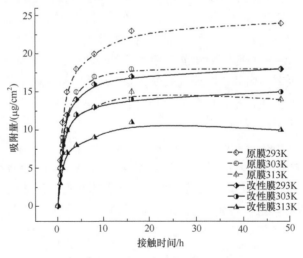

图 3-49 温度对原膜、改性膜吸附 O/W 的影响

图 3-49 显示，两种膜对 O/W 的吸附量随温度的升高而降低，主要是由于一定温度下，油类分子在水相中的溶解度随温度的升高而升高。O/W 浓度为 100mg/L，温度为 293K、303K 和 313K 时，原膜及改性膜对 O/W 的平衡吸附量分别为 23.9μg/cm²、18.6μg/cm²、13.5μg/cm² 和 17.6μg/cm²、14.3μg/cm²、10.7μg/cm²。原因是：尽管温度的升高促使膜孔扩张，并提供了更多的吸附点位，但也使其溶解度增大，因此该吸附过程更趋向于油在膜

上的解析过程，即降低了 O/W 在膜上的吸附量。此外，较高的温度加剧了 O/W 分子的布朗运动，提高了分子间的碰撞概率，一定程度上增大了油滴分子的粒径，相对小分子油滴，大分子油滴的吸附能力相对困难，因此导致高温条件下的吸附量降低。

（4）无机离子对吸附过程的影响

强电解质被引入吸附体系后，常常会导致溶质的吸附量大大提高。图 3-50 给出了初始 O/W 浓度为 50mg/L 时，不同浓度的阴、阳离子对两种膜吸附 O/W 的影响。

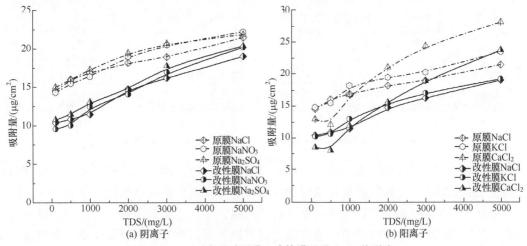

图 3-50　不同离子对原膜、改性膜吸附 O/W 的影响

从图 3-50 可以看出，阴、阳离子的引入都对膜吸附 O/W 产生了明显的影响，即电解质的引入能在一定程度上加大吸附体系的吸附作用。这是因为无机盐强烈的水合作用能减少水的有效浓度，导致有机物的溶解度降低。另一种说法是，无机盐与水的相互作用减少了有机物与水形成氢键的机会，从而降低其溶解度，使吸附过程向右移动，提高了平衡吸附量。此外，对于乳化废水体系，若存在一定量的电解质，则通过压缩双电层或吸附电中和作用降低油滴分子之间的静电斥力，增加了碰撞概率，造成一定程度的脱稳，导致体系中溶质的有效浓度降低。其中，一价阳离子的影响与阴离子的影响程度相对较弱，例如：当 TDS（NaCl、NaNO$_3$、Na$_2$SO$_4$、KCl）从 0 升至 5000mg/L 时，原膜及改性膜对 O/W 的吸附量分别从 10mg/L 和 15mg/L 提高至 15～20mg/L。值得注意的是，随着二价阳离子电解质 CaCl$_2$ 的加入，两种膜对 O/W 的吸附量呈现出先降低后急剧上升的趋势，主要原因是：Ca^{2+}的浓度较低时，促进了 O/W 的稳定，进而不利于其在膜上的吸附；Ca^{2+}浓度的升高，促使油滴颗粒絮凝聚结，一方面，形成的大分子油滴颗粒析出，降低溶液中 O/W 的有效浓度；另一方面，通过离子的架桥作用使微油滴的单层吸附变为伪多层吸附。

3.3.3.4　O/W-超滤膜吸附体系的微观分析

对该体系吸附前后膜表面官能团的变化，表面和断面形貌变化等进行对比研究，进一步了解吸附体系的特征，为吸附机理的分析奠定基础。

（1）超滤膜吸附 O/W 的 SEM 微观分析

图 3-51（书后另见彩图）给出了两膜片吸附 O/W 前后的 SEM 表面形貌及断面形貌图。

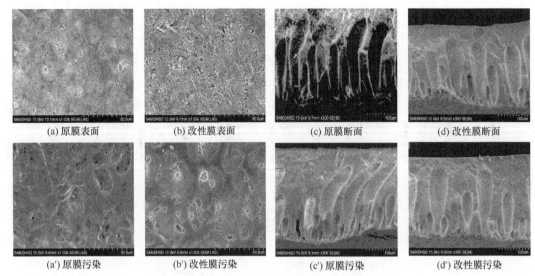

(a) 原膜表面　(b) 改性膜表面　(c) 原膜断面　(d) 改性膜断面

(a') 原膜污染　(b') 改性膜污染　(c') 原膜污染　(d') 改性膜污染

图 3-51　原膜、改性膜吸附 O/W 前后的表面及断面 SEM 照片

从图 3-51（a）和（b）及（c）和（d）可以看出，与原膜相比，改性膜除粗糙度略有增加外，其表面形貌及断面特征并未因纳米颗粒的加入而发生明显变化[83]。图 3-51（a'）、（b'）给出了两种膜吸附 O/W 后的表面形貌图，粗糙多孔的膜表面被一层厚厚的黏稠物质所覆盖，这层物质肯定是油分子组成，同时还可以看出，油分子在原膜表面的覆盖厚度及密实度显得比改性膜要略高一些。此外，从图 3-51（c）、（c'）给出的原膜吸附 O/W 前后的断面形貌，可以看出吸附后膜孔堵塞严重，且孔内明显能看出有油状物质的附着；相反，比较图 3-51（d）、（d'）可以看出，改性膜吸附后的膜孔依然清晰可见，表明尽管粗糙度在一定程度上增加了改性膜的表面能，但由于纳米颗粒的引入，其亲水性提高，使其对疏水性有机物 O/W 的吸附量降低。

（2）超滤膜吸附 O/W 的红外光谱分析

为进一步了解该 O/W-膜吸附体系中两者间的相互作用情况，我们考察了膜片吸附 O/W 前后的 ATR-FTIR 光谱图，结果如图 3-52 所示。

图 3-52 给出了原膜和改性膜在不同 O/W 浓度条件下的 ATR-FTIR 谱图。尽管两种膜片吸附的 O/W 量不少，但由于 O/W 的响应强度不够，红外光谱难以对其官能团进行准确描述。因此，仅能通过比较图中膜片及膜片吸附 O/W 后的红外吸收峰，例如：波数为 615cm^{-1} 是 α 结晶相的振动吸收峰，O/W 吸附后，该峰值明显减弱，甚至消失。间接证明了 O/W 的确已经吸附在了膜的表面，而屏蔽了膜自身的特征峰。此外，通过比较两膜片中峰值的强度，可知改性膜表面吸附的 O/W 量较原膜略低。基于此，说明改性膜对 O/W 的抗污染性能较原膜明显提高。

3.3.3.5　O/W 的吸附污染对膜通量的影响

依据前面所述实验方法考察了膜片于 200mg/L O/W 浸泡前后的纯水通量，采用比较纯水通量的变化对该部分吸附污染进行描述，结果如图 3-53 所示。

从如 3-53 可以看出，原膜及改性膜吸附了 O/W 后，吸附污染引起的膜通量衰减随压力的升高逐渐加大。这一结果表明，跨膜压较低时，膜片对 O/W 颗粒的挤压作用较小，

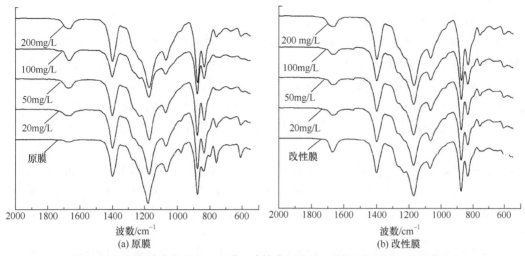

图 3-52　不同浓度条件下，原膜、改性膜吸附 O/W 前后的 ATR-FTIR 谱图

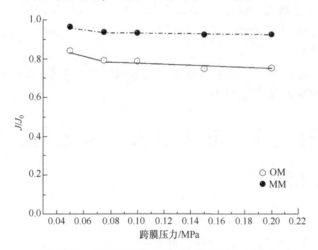

图 3-53　O/W 吸附引起的膜通量随压力的变化

不足以将其压至膜孔内部，因此，膜孔堵塞的概率大大降低，膜通量衰减缓慢；此外，较小的跨膜压力亦不足以使 O/W 在膜片表面压缩成凝胶层，故此时纯水通量较大。随着跨膜压力的升高，O/W 从膜表面向膜孔内迁移，造成膜孔堵塞的可能性大大提高，并在膜表面形成致密的凝胶层。当压力达到一定值时（此处为 0.075MPa），进入膜孔及膜表面的凝胶层厚度均达饱和，因此膜通量并不随着跨膜压力的升高继续衰减。

　　本部分主要针对采出水中两大类不同类型的有机污染物（APAM 和 O/W）与超滤膜间的吸附作用，分别从吸附时间、pH 值、料液浓度和矿化度等方面进行了详细而深入的考察，同时研究了该吸附体系的热力学和动力学特征。所得主要结论如下。

　　① 高分子 APAM 及 O/W 在原膜及改性膜上均有很强的吸附亲和力，两种污染物在膜上的吸附等温线分别属于 Langmuir-Freundlich 型和 Redlich-Peterson 型，表明膜对这两种污染物的吸附均是典型的物理-化学吸附过程。此外，通过对吸附热力学常数求取可知，这两种吸附体系均属于非自发吸附过程；不同的是，APAM-膜体系是以物理吸附为主导的过

程，而 O/W-膜体系为以化学吸附为主导的过程。

② 污染物-膜体系的吸附动力学表明：APAM-膜体系的吸附平衡时间为 4h，而 O/W-膜体系的吸附平衡时间为 8h。APAM 初始浓度为 10mg/L、100mg/L 和 300mg/L，吸附平衡后，在原膜及改性膜上的吸附量分别为 1.01μg/cm²、6.12μg/cm²、7.29μg/cm² 和 1.38μg/cm²、10.53μg/cm²、11.67μg/cm²；APAM 在两膜上的吸附能力随 pH 值的升高而降低，随温度的升高而升高；阳离子对两膜吸附 APAM 的影响较大，吸附作用的相对大小为 $Na^+<K^+<Ca^{2+}$，阴离子作用不显著。O/W 初始浓度为 20mg/L、50mg/L、200mg/L 时，吸附平衡后，吸附量依次为 6.6μg/cm²、12.5μg/cm²、32.8μg/cm²（原膜）和 4.9μg/cm²、10.7μg/cm²、27.8μg/cm²（改性膜）；在 pH2.0～12.0 的范围内，吸附量随 pH 值的升高先升高后降低；随温度的升高而降低；阴、阳离子的加入均促进了两种膜对 O/W 吸附量的增加。

③ 两种膜吸附 APAM（O/W）前后的 SEM 图片及 ATR-FTIR 图谱对比结果表明，改性膜的物理形貌未发生改变，但对 APAM 的吸附能力明显增强，对 O/W 的吸附能力明显减弱，反映出改性膜亲水性能的提升，且验证了膜-APAM（O/W）吸附为物理-化学吸附过程。

④ 改性膜-APAM 静态吸附体系带来的通量衰减较原膜显著，而改性膜-O/W 静态吸附体系引起的通量衰减较原膜明显降低。

3.4 超滤膜处理采油废水膜污染过程的数学模拟与阻力分布

膜污染是膜过程中不可避免的现象，结果必然引起膜通量衰减或跨膜压的升高。本部分以解构-建构的指导思想为主线，首先将超滤过程的污染现象人为分开，分别研究了快速堵孔污染、凝胶形成污染和吸附污染等过程的独立作用引起的膜通量衰减，建立相应的数学模型，并进行模型检验；其次，不同的污染部分其污染机制亦不相同，因此通过对模型参数的求解，了解并掌握不同污染模块的污染贡献，为超滤膜的再生、清洗提供理论依据；最后，模型还可对不同污染物的不同污染机制进行分析，从而为确定最佳运行周期、有效减缓膜污染、延长膜的使用寿命等奠定理论基础。此外，本章通过对油田采出水中主要污染物超滤过程的膜阻力分布进行分析，对进一步理清采出水中不同污染物对膜的污染机制、减缓膜污染、提高膜清洗效率及指导膜的实际应用具有十分重要的意义。

3.4.1 不同运行模式下的超滤污染过程分析

超滤过程中存在的浓差极化、吸附污染、凝胶层及膜孔堵塞等现象，都能在一定程度上引起膜过程的通量衰减。此一系列现象导致的膜通量衰减程度，常常取决于膜的种类、待分离料液性质及操作条件等。基于此，本部分采用数学方法对油田采出水中典型污染物超滤过程所产生的各种现象进行模拟，得出相应的通量衰减规律，为后续阻力模型的构建奠定基础。

此处，为细化各阶段的通量衰减，我们设计了两种不同模式的运行模式。模式Ⅰ：高速搅拌运行，此种运行方式能一定程度地降低甚至阻止浓差极化的形成。模式Ⅱ：无搅拌运行，浓差极化-凝胶形成速率最大化。图 3-54 是在大量实验的基础上得出的不同运行模式下超滤过程的通量衰减曲线示意图。

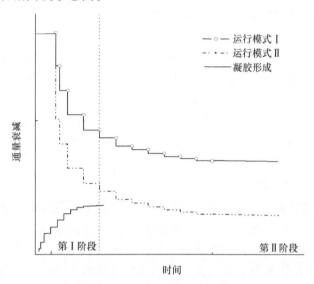

图 3-54　两种不同运行方式下的通量衰减示意

从图 3-54 可以看出，过滤初期，膜通量衰减迅速，我们称之为第Ⅰ阶段；此后通量缓慢的衰减过程称之为第Ⅱ阶段。此外，从图 3-54 可知，膜孔堵塞、凝胶层形成等主要发生在第Ⅰ阶段，而膜-有机物体系的吸附污染，常常于第Ⅱ阶段起着重要的作用，这与很多报道[84]的研究结论相符。本研究根据不同运行模式下膜通量的衰减情况，可通过计算得到堵孔过程、凝胶形成过程和吸附污染对超滤过程通量的衰减贡献情况。其具体计算过程如下。

（1）堵孔过程

根据 Berg 等[85]的研究，膜孔堵塞过程于超滤的初始 5min 内完成。基于此，我们采用高速搅拌运行模式下，并假设浓差极化引起的通量衰减忽略不计，取前 4min 的膜通量衰减作为膜孔堵塞过程进行考察，并通过理论模型予以检验。

（2）凝胶层的形成过程

认为引起两种运行模式下通量衰减速率不同的根本原因是浓差极化-凝胶层的形成过程。因此，这一过程可用两种运行模式下通量衰减之差进行描述。

（3）吸附污染过程

这是一个长期存在的缓慢污染过程，主要与吸附体系的内部作用力有关，但一定程度上可受外部作用力的影响。因此，可根据通量缓慢衰减阶段进行求解，并依据吸附过程的相对稳定性，对超滤前期进行数值反推。

最后，结合 3.3 部分所得吸附动力学方程，进行本过程的数学建模与检验。

3.4.2　主要有机污染物超滤污染过程的数学模拟

根据上述分析，污染物对膜的污染是一个复杂的过程。因此，本节采用"解构"的思想，分别对污染物引起的不同类型污染所致通量衰减进行模拟，进而揭示不同污染物对膜的污染机制。

3.4.2.1　快速堵孔污染过程的模型建立与检验

超滤过程中较小的溶质分子在外界压力的作用下，可被压入膜内而使孔堵塞，导致膜片堵孔现象的产生。此过程十分迅速，常常在几分钟内完成[85]，但所引起的通量衰减却十分显著。众多研究[86]对超滤全过程的模拟已经屡见不鲜，尤其针对过程稳定阶段的模拟已经十分成熟，但对超滤初始阶段的模拟却很难尽如人意。然而，在膜技术的实际工程应用中，能对超滤过程初始阶段的通量变化情况进行合理解释，并提出相应的预处理办法，显得非常必要。因此，本节重点对油田采出水中主要污染物 APAM 和 O/W 引起的堵孔现象进行模拟，并予以量化。

（1）快速堵孔污染模型的建立

通常，在过滤的初期，溶液中的污染物会很快地聚集到膜孔中，或者覆盖于膜表面，此期间，膜孔堵塞对膜阻的增加起着决定性的作用。为此，Ho 和 Zydney[87]提出了流速恒定下的错流过滤复合型孔堵塞和泥饼过滤模型，但该模型复杂，且考虑了凝胶形成的污染过程。因此，该模型仍不能有效针对膜过滤初期发生的堵孔过程进行有效模拟，为此，本节对上述模型进行修正，以期实现快速堵孔过程的准确模拟。

根据 Ho 和 Zydney 提出的错流超滤膜通量衰减模型：

$$Q = Q_{\text{open}} + Q_{\text{block}} \tag{3-22}$$

式中　Q_{open}——未被堵塞孔道的料液通量；

Q_{block}——堵塞孔道的料液通量。

Q_{open}、Q_{block} 的表达式见式（3-23）和式（3-24）：

$$Q_{\text{open}} = Q_0 \exp\left(-\frac{\alpha \Delta P C_{\text{f}}}{\eta R_{\text{m}}} t\right) \tag{3-23}$$

$$Q_{\text{block}} = Q_0 \int_0^t \frac{\alpha \Delta P C_{\text{f}}}{\eta (R_{\text{m}} + R_{\text{p}})} \exp\left(-\frac{\alpha \Delta P C_{\text{f}}}{\eta R_{\text{m}}} t\right) \mathrm{d}t \tag{3-24}$$

式中　Q_0——膜的清水体积流量，m^3/s；

α——孔道堵塞系数，m^2/kg；

ΔP——外加压力，kPa；

C_{f}——料液浓度，kg/m^3；

η——溶液黏度，Pa·s；

R_{m}——膜自身的阻力，m^{-1}；

R_{p}——凝胶极化层引起的阻力，m^{-1}。

认为在短暂的超滤过程中，该过程不发生或即使发生，它对总阻力增加的影响作用亦可忽略。

因此，式（3-24）可简化为式（3-25）：

$$Q_{\text{block}} = Q_0 \int_0^t \frac{\alpha \Delta P C_{\text{f}}}{\eta R_{\text{m}}} \exp\left(-\frac{\alpha \Delta P C_{\text{f}}}{\eta R_{\text{m}}} t\right) \mathrm{d}t \qquad (3\text{-}25)$$

式（3-25）未考虑堵孔过程引起的膜阻增加，此时，引入堵孔阻力 R_{c}，得

$$Q_{\text{block}} = Q_0 \int_0^t \frac{\alpha \Delta P C_{\text{f}}}{\eta (R_{\text{m}} + R_{\text{c}})} \exp\left(-\frac{\alpha \Delta P C_{\text{f}}}{\eta R_{\text{m}}} t\right) \mathrm{d}t \qquad (3\text{-}26)$$

显然，料液湍流程度对堵孔也有着显著的影响：湍流程度越高，细小颗粒越不容易沉积堵孔，通量衰减变缓，因此，我们将转速 ω 引入，得式（3-27）和式（3-28）：

$$Q_{\text{open}} = Q_0 \exp\left(-\frac{\alpha \Delta P C_{\text{f}}}{\eta R_{\text{m}} \omega} t\right) \qquad (3\text{-}27)$$

$$Q_{\text{block}} = Q_0 \int_0^t \frac{\alpha \Delta P C_{\text{f}}}{\eta (R_{\text{m}} + R_{\text{c}}) \omega} \exp\left(-\frac{\alpha \Delta P C_{\text{f}}}{\eta R_{\text{m}} \omega} t\right) \mathrm{d}t \qquad (3\text{-}28)$$

此外，由于过滤时间较短，渗透液量少，可认为料液浓度 C_{f} 维持恒定，故将式（3-28）定积分求解，得式（3-29）：

$$Q_{\text{block}} = Q_0 \frac{R_{\text{m}}}{R_{\text{m}} + R_{\text{c}}} \left[1 - \exp\left(-\frac{\alpha \Delta P C_{\text{f}}}{\eta R_{\text{m}} \omega} t\right)\right] \qquad (3\text{-}29)$$

将式（3-27）和式（3-29）加和即得到堵孔过程的通量 Q：

$$Q = \frac{R_{\text{m}}}{R_{\text{m}} + R_{\text{c}}} Q_0 + Q_0 \frac{R_{\text{c}}}{R_{\text{c}} + R_{\text{m}}} \exp\left(-\frac{\alpha \Delta P C_{\text{f}}}{\eta R_{\text{m}} \omega} t\right) \qquad (3\text{-}30)$$

上式左右两边同乘膜面积 A，即得超滤通量变化式（3-31）：

$$J_{\text{b}} = \frac{R_{\text{m}}}{R_{\text{m}} + R_{\text{c}}} J_0 + \frac{R_{\text{c}}}{R_{\text{c}} + R_{\text{m}}} \exp\left(-\frac{\alpha \Delta P C_{\text{f}}}{\eta R_{\text{m}} \omega} t\right) J_0 \qquad (3\text{-}31)$$

而堵孔阻力 R_{c} 是包含粒径、转速、时间等的函数，可表示为式（3-32）

$$R_{\text{c}} = R_{\text{m}} \sqrt{1 + \frac{2R' \Delta P C_{\text{f}} r}{\eta R_{\text{m}}^2 \omega} t} - R_{\text{m}} \qquad (3\text{-}32)$$

式中　Q——膜孔堵塞过程的体积流量，m^3/s；

R_{c}——堵孔阻力，m^{-1}；

R'——污染物堵孔能力，m/kg；

ω——转子转速，r/s；

r——有效旋转半径（不超过孔径的 2 倍），m；

t——超滤时间，s；

J_{b}——堵孔引起的通量变化，$\text{m}^3/(\text{m}^2 \cdot \text{s})$；

J_0——初始通量，$\text{m}^3/(\text{m}^2 \cdot \text{s})$。

（2）堵孔污染模型的检验

研究了温度 293K 时，不同操作条件下 APAM 溶液、O/W 乳化液的超滤实验超滤过程

中的堵孔过程，用以检验所得模型的合理性与准确性。

① APAM 超滤过程中的快速堵孔过程模拟。图 3-55 和图 3-56 分别给出了不同操作条件下，原膜及改性膜超滤 APAM 溶液过程中堵孔阶段实际值与预测值间的关系曲线。

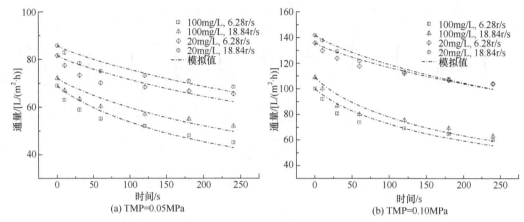

图 3-55 不同条件下 APAM 对原膜堵孔过程的实验值与模拟值的关系

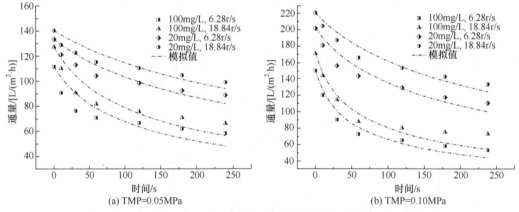

图 3-56 不同条件下 APAM 对改性膜堵孔过程的实验值与模拟值的关系

从图 3-55 和图 3-56 可以看出，随着压力、浓度、转子转速的不同，尽管 APAM 对膜超滤过程中的堵孔趋势基本类似，但堵孔程度明显不同。在最初的 60s，两种膜的堵孔速率非常快，如压力 0.05MPa、浓度 100mg/L、转速 18.84r/s 时，原膜及改性膜的通量分别由 75L/（m²·h）、120L/（m²·h）分别下降至 60L/（m²·h）和 90L/（m²·h）左右；此后的 180s 内，堵孔速率降低，两膜的通量仅分别降至 55L/（m²·h）和 70L/（m²·h）左右。这表明，膜的堵孔过程非常迅速，在最初过滤的 1min 内即可完成大部分。然而，随着浓度的降低，堵孔速率也有所降低。其中，压力 0.05MPa，浓度 20mg/L，转速 18.84r/s 时，经过 60min 的超滤过程，原膜及改性膜的通量仅分别从 85L/（m²·h）、135L/（m²·h）降至 75L/（m²·h）和 115L/（m²·h）；此后的通量衰减速率依旧较为平缓。说明较低的浓度在一定程度上降低了有机分子进入膜孔的概率，使得堵孔速率有所降低。此外，从两图中可以看到，随着搅拌速率的提高，两种膜的堵孔速率均有所减缓，这也可以由分子进入膜孔的概率因溶液湍流程度的提高而降低来解释。

不同条件下，两种膜对 APAM 超滤过程中堵孔过程的模拟曲线与实际点的拟合程度可知该模型能够较为准确地对堵孔过程进行模拟。

② O/W 超滤过程中的快速堵孔过程模拟。从图 3-57 和图 3-58 可知，压力、料液浓度、转子转速等均能对两膜堵孔过程产生较为明显的影响。其中，压力的影响最为显著，随着压力的升高，两种膜的堵孔速率均明显增大，例如，压力从 0.05MPa 升至 0.10MPa 时，浓度 100mg/L，转速 18.84r/s，原膜及改性膜的通量分别衰减了 20L/(m²·h)、40L/(m²·h)、15L/(m²·h) 和 40L/(m²·h) 左右，说明压力的增大能大大增加进入膜孔的有机分子数量。较低浓度时，膜的通量衰减缓慢；同样，液体的湍流程度也对超滤过程的堵孔过程有一定影响。综上可知，油滴分子在较高压力下，压缩变形，进入膜孔道，堵塞膜孔；较高的转速，增大了液体的湍流程度，降低了油滴分子进入膜孔的速度，一定程度上降低了堵孔速率；较高的浓度，提高了微小油滴的比例，增大了油滴分子进入膜孔的概率，堵孔速率提高。

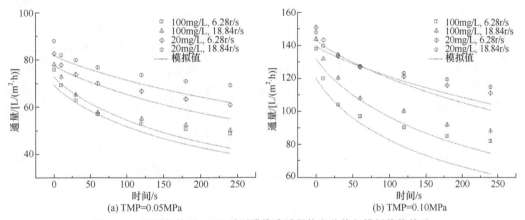

图 3-57　不同条件下 O/W 对原膜堵孔过程的实验值与模拟值的关系

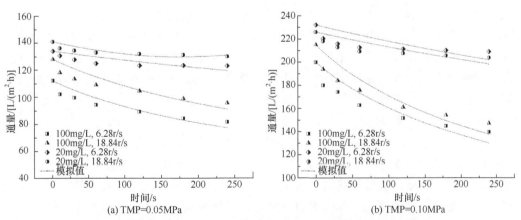

图 3-58　不同条件下 O/W 对改性膜堵孔过程的实验值与模拟值的关系

最后，我们对两种超滤膜在不同条件下超滤 APAM 和 O/W 溶液的过程中，模型中的参数及模型回归系数进行了求解，结果见表 3-19。

表 3-19 超滤实验的堵孔参数

实验项目	压力/MPa	搅拌速率/（r/s）	料液浓度/（mg/L）	堵孔能力 $R'/(10^{11}\text{m/kg})$		孔道堵塞系数 $\alpha/(10^{11}\text{m}^2/\text{kg})$		R^2	
				原膜	改性膜	原膜	改性膜	原膜	改性膜
APAM	0.05	6.28	20	1.21	1.34	1.95	2.91	0.6481	0.8045
	0.05	6.28	100	1.05	1.40	2.77	7.27	0.8853	0.6864
	0.05	18.84	20	3.41	3.00	1.25	1.31	0.8165	0.7860
	0.05	18.84	100	2.20	3.96	12.78	16.61	0.8201	0.8224
	0.10	6.28	20	0.717	1.26	1.49	1.66	0.8962	0.9033
	0.10	6.28	100	0.750	1.74	1.25	1.60	0.8711	0.9533
	0.10	18.84	20	2.56	2.63	4.11	7.83	0.9488	0.9263
	0.10	18.84	100	2.41	4.42	3.36	2.12	0.8834	0.8368
O/W	0.05	6.28	20	1.35	0.168	4.91	0.74	0.8652	0.2261
	0.05	6.28	100	0.528	0.145	2.76	0.601	0.8297	0.7678
	0.05	18.84	20	3.04	0.043	2.05	0.332	0.7595	0.1901
	0.05	18.84	100	1.57	0.383	5.23	0.603	0.8425	0.7374
	0.10	6.28	20	0.693	0.105	4.59	0.170	0.8508	0.2915
	0.10	6.28	100	0.375	0.088	0.79	0.232	0.7387	0.7679
	0.10	18.84	20	1.60	0.293	3.44	0.116	0.8040	0.2071
	0.10	18.84	100	0.872	0.28	1.83	1.05	0.9126	0.7819

从表 3-19 可以看出，不同操作条件下，模型对各组实验点的拟合程度普遍较好，R^2 值通常大于 0.70，说明该堵孔过程能够通过该模型进行较好的预测。这一结果与 Kensuke 等[86]研究的牛血清蛋白错流超滤过程的结果较为相似。只是本研究进一步改进了该模型，使其与操作参数间的关系更为紧密。此外，通过对模型中参数 R' 和 α 的求解可知，APAM 对改性膜的堵孔能力及孔道堵塞系数均略大于原膜，然而，O/W 对改性膜的堵孔能力和孔道堵塞系数明显低于原膜。例如压力 0.05MPa，料液浓度 20mg/L，搅拌速率 6.28r/s 时，APAM 对原膜和改性膜的 R' 和 α 分别为 $1.21 \times 10^{11}\text{m/kg}$ 和 $1.34 \times 10^{11}\text{m/kg}$、$1.95 \times 10^{11}\text{m}^2/\text{kg}$ 和 $2.91 \times 10^{11}\text{m}^2/\text{kg}$；而 O/W 对改性膜的 R' 和 α 系数明显低于原膜，同样条件下二者分别为 $1.35 \times 10^{11}\text{m/kg}$ 和 $0.168 \times 10^{11}\text{m/kg}$、$4.91 \times 10^{11}\text{m}^2/\text{kg}$ 和 $0.74 \times 10^{11}\text{m}^2/\text{kg}$。据此，可采用适当的预处理工艺，减低超滤过程的堵孔污染。此外，针对这种存在于膜孔中的污染，由于其堵塞系数非常大，很难通过单纯的水力清洗消除该类污染，故此，应采取适当的化学清洗方式，降低有机物对膜孔的堵塞系数，实现膜通量的恢复。

3.4.2.2 凝胶形成污染过程的模型建立与检验

Bhattacharjee 等[88]的研究结果表明，并非所有的超滤过程都存在凝胶层的形成过程，因为真正的凝胶形成是膜面溶质浓度超过其在主体溶液中的溶解度时发生的。近年来，有关错流过滤过程凝胶形成的模拟屡见不鲜[89]，但死端超滤有着自身的特点：一方面，连续的膜过滤使得越来越多的溶质被截留、累积在膜表面，导致凝胶层逐渐加厚；另一方面，由于转子的搅拌作用，沉积污染物在水力剪切力的作用下冲下，重新进入料液主体。本节在 Kozeney-Carman 方程的基础上，结合浓差极化模型，建立凝胶形成模型，以期实现在特定操作条件下对某一时间段渗透通量的预测。

（1）凝胶形成模型的建立

死端超滤过程中，常常认为料液的流动形态属于层流流动，因此膜阻与凝胶层厚度成正比；此外，沉积层的形态、孔隙率及沉积颗粒的形状都能对该值产生一定的影响。也就是，这些因素都是引起通量衰减的重要原因。为此，Kozeney-Carman 方程式（3-33）[90]被广泛应用于对通量衰减过程的描述。

$$\frac{\mathrm{d}V}{\mathrm{d}t} = A\left[\frac{\varepsilon^3}{\varepsilon(1-\varepsilon)^2 S^2}\right]\left(\frac{\Delta P}{\mu\delta}\right) = A\Psi\left(\frac{\Delta P_\mathrm{c}}{\mu\delta}\right) \tag{3-33}$$

式中　A ——膜片的有效面积，m^2；

ε ——孔隙率，无量纲；

S ——单位体积沉积物的表面积，m^{-1}；

μ ——黏度，$kg/(m \cdot s)$；

δ ——凝胶层厚度，m；

ΔP_c ——凝胶层分担的压力，kPa；

Ψ ——膜的渗透系数，m^2。

其中，δ 及 Ψ 是待定参数。

根据物料守恒，假设所有被截留的溶质中，只有部分引起了凝胶过渡层浓度的升高，部分则在转子转动带来的水力剪切作用下重新转移至料液主体。此外，再假设反向扩散速率与转子的转动速度、凝胶层浓度成正比。此时，系统的物料守恒方程可写成式（3-34）：

$$V(C_\mathrm{b} - C_\mathrm{p}) = A\delta(C_\mathrm{g} - C_\mathrm{b}) + k_\mathrm{b}C_\mathrm{g}\omega t \tag{3-34}$$

式中　V ——渗透液的累积体积，m^3；

C_b ——料液的主体浓度，kg/m^3；

C_g ——凝胶层浓度，kg/m^3；

C_p ——渗透液浓度，kg/m^3；

k_b ——溶质的反向扩散系数，m^3；

ω ——角速度，r/s。

式中的 δ、C_g 和 k_b 难以通过实验测出，但其中的任何一个都是其他两个的函数，故仅需对其中的两个参数进行求解即可。

首先，根据浓差极化经验模型[式(3-35)]，求取参数 C_g。

$$J = k\ln[(C_\mathrm{g} - C_\mathrm{p})/(C_\mathrm{b} - C_\mathrm{p})] \tag{3-35}$$

两边取以 e 为底的指数，变形后，即可得，

$$C_\mathrm{g} = C_\mathrm{p} + (C_\mathrm{b} - C_\mathrm{p})\mathrm{e}^{J/k} \tag{3-36}$$

此时，式中又引入了新的参数 k，根据前人[91]的研究结果，超滤杯中溶质的迁移系数可表示为式（3-37）。

$$k = 0.0443(D/r)(v/D)^{0.33}(\omega r^2/v)^{0.8} \tag{3-37}$$

式中　　D ——扩散速率，m^2/s；

　　　　r ——膜体半径，m；

　　　　v ——运动黏度，m^2/s。

其中，液体的黏度可测，而扩散系数 D 则可通过高分子聚合物的分子量与其之间的经验关系式求得，如式（3-38）。

$$D = \frac{2.74}{10^9 M^{1/3}} \tag{3-38}$$

式中　　M ——有机物的分子量。

至此，C_g 求解得出。

为了求取过程的反向扩散系数 k_b，我们引入 Darcy 定律，

$$J = \frac{1}{A} \times \frac{dV}{dt} \tag{3-39}$$

结合式（3-33），可得凝胶过程通量的衰减通式（3-40）：

$$J = \frac{1}{A} \times \frac{dV}{dt} = \frac{1}{A} \times A\Psi\left(\frac{\Delta P_c}{\mu\delta}\right) = \frac{\Delta P_c}{\mu(\delta/\Psi)} = \frac{\Delta P}{\mu(R_m + \delta/\Psi)} \tag{3-40}$$

将上式两边取倒数，同时将式（3-34）代入，可得：

$$\frac{1}{J} = \frac{\mu R_m}{\Delta P} + \frac{\mu}{\Psi\Delta P} \times \left[\frac{V}{A} \times \frac{C_b - C_p}{C_g - C_b} - \frac{k_b C_g \omega t}{A(C_g - C_b)}\right] \tag{3-41}$$

此式中，除参数仅 k_b 和 Ψ 外，其余均可通过实验测得或通过前面的公式计算得到。因此，上式可看作 $1/J$ 是随自变量累积体积（V）和时间（t）变化的函数。故，上式可写成：

$$\frac{1}{J} = aV - bt + c \tag{3-42}$$

其中，

$$a = \frac{\mu(C_b - C_p)}{\Psi\Delta PA(C_g - C_b)} \tag{3-43}$$

$$b = \frac{\mu k_b C_g \omega}{\Psi\Delta PA(C_g - C_b)} \tag{3-44}$$

$$c = \frac{\mu R_m}{\Delta P} \tag{3-45}$$

显然，常数项 c 可通过膜的清水通量求取；而对线性曲面方程式（3-42），含有两个未知数 a 和 b，因此，可采用最小二乘法进行无限逼近求解；或采用线性代数中的矩阵对其进行高斯消元求解。当然，采用这种方式所得的参数，会因实验本身或操作条件的不同而

不同，本次实验的约束条件是：恒温、恒压，膜-污染物间的作用力恒定。

求得未知数 a 和 b 后，参数 k_b 和 Ψ 即可求得。

此时，用于模拟有搅拌条件下的死端超滤中的浓差极化过程的模型便可实现：

$$J_{simu} = \frac{\Delta P}{\mu(R_m + R_{simu})} \tag{3-46}$$

其中，凝胶层引起的阻力：

$$R_{simu} = \frac{V}{\Psi A}\left(\frac{C_b - C_p}{C_g - C_b}\right) - \frac{k_b C_g \omega t}{\Psi A(C_g - C_b)} \tag{3-47}$$

渗透产水量可由式（3-46）进行数字积分获得：

$$V = A\int_0^t J_{simu}\mathrm{d}t \tag{3-48}$$

为了便于对上式进行积分处理，可采用等时间间距法进行测定。

（2）模型的检验

为检验模型的合理性与准确性，对 293K 时，不同操作条件下 APAM 溶液、O/W 乳化液的超滤过程中凝胶形成过程造成的通量衰减进行了计算，并采用所建模型进行了模拟。

① APAM 超滤过程中的凝胶形成过程。图 3-59 和图 3-60 分别给出了不同操作条件下，原膜及改性膜超滤 APAM 溶液过程中凝胶形成阶段的实验值与预测值间的关系曲线。

从图 3-59 和图 3-60 可知，凝胶形成过程包含三个不同的阶段，即通量的缓慢衰减、快速衰减和稳定阶段。这是由于：尽管浓差极化现象在过滤的开始即出现，但根据目前的实验条件很难进行检测，只能通过过程模拟进行分析。因此，可认为这是一个仅对过滤初值有影响的固定值，而在此处不予考虑。随着过滤过程的进行，料液逐渐被浓缩，浓差极化速度加快，膜表面开始有污染物析出，但由于污染物层厚度和密度有限，因此，过程的通量衰减相对缓慢；随后，随着过滤时间的延长，表面的污染物层积累得越来越厚而密实，此时膜通量衰减迅速；最后，污染物形成了一定厚度的泥饼层，该泥饼层在转子搅拌引起的水力冲刷作用下，达到一个动态平衡，此时的通量衰减相对平稳。以 0.05MPa 时，原膜不同操作条件下的通量衰减为例进行说明：在最初的 2~3min 内，浓度 100mg/L，转速 18.84r/s 和 6.28r/s 时，其通量分别由 72L/（m²·h）、69L/（m²·h）下降至 69L/（m²·h）和 64L/（m²·h）左右；浓度为 20mg/L，转速为 18.84r/s 和 6.28r/s 时，其通量分别由 86L/（m²·h）、82L/（m²·h）下降至 83L/（m²·h）和 77L/（m²·h）左右。此后，第 3~10 分钟内，浓度 100mg/L，转速 18.84r/s 和 6.28r/s 时，其通量分别由 69L/（m²·h）、64L/（m²·h）下降至 60L/（m²·h）和 53L/（m²·h）左右；浓度 20mg/L，转速 18.84r/s 和 6.28r/s 时，其通量分别由 83L/（m²·h）、77L/（m²·h）下降至 76L/（m²·h）和 70L/（m²·h）左右。最后，超滤至 30min，浓度 100mg/L 和 20mg/L，转速 18.84r/s 和 6.28r/s 时的通量仅衰减至 74L/（m²·h）、67L/（m²·h）和 56L/（m²·h）、50L/（m²·h）左右。这些实验数据都很好地证明了凝胶形成过程的通量衰减特征。此外，根据图 3-59 和图 3-60 可以看出，从不同条件下所得模型对两种膜超滤 APAM 的凝胶形成过程具有较好的模拟适应性，因此该模型能够较为准确地对凝胶形成过程进行模拟。

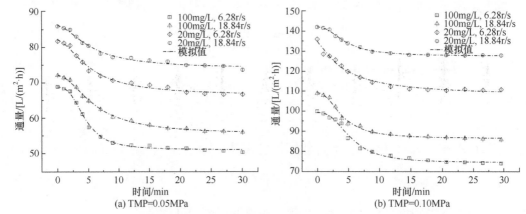

图 3-59　不同条件下 APAM 对原膜凝胶形成过程的实验值与模拟值的关系

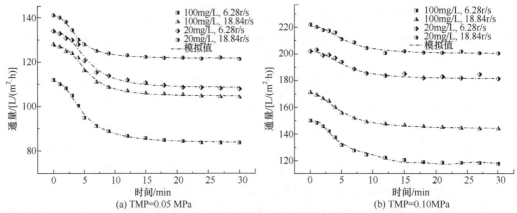

图 3-60　不同条件下 APAM 对改性膜堵孔过程的实验值与模拟值的关系

②　O/W 超滤过程中的凝胶形成过程。图 3-61 和图 3-62 分别给出了不同操作条件下，原膜及改性膜超滤 O/W 溶液过程中凝胶形成阶段的实验值与预测值间关系曲线。

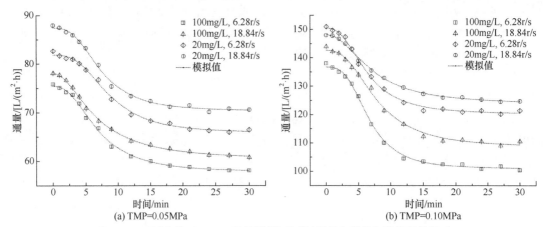

图 3-61　不同条件下 O/W 对原膜凝胶形成过程的实验值与模拟值的关系

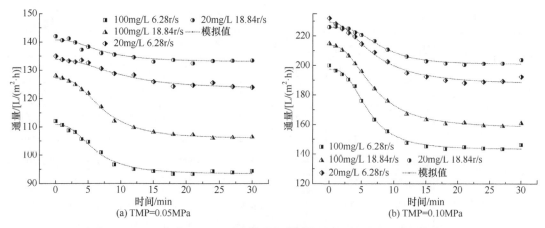

图 3-62　不同条件下 O/W 对改性膜凝胶形成过程的实验值与模拟值关系

从图 3-61 和图 3-62 可以看出，不同条件下两种超滤膜对 O/W 超滤过程中的凝胶形成阶段呈现较为一致的趋势，这一趋势与 APAM 超滤过程的凝胶形成阶段趋势类似。例如，操作压力 0.1MPa、O/W 浓度 100mg/L、转速 6.28r/s 时，原膜及改性膜在过滤的前 3min 内，通量衰减曲线呈现上凸趋势，过程通量分别由 138L/（m²·h）和 200L/（m²·h），衰减至 133L/（m²·h）和 190L/（m²·h），说明此过程的通量衰减速率较为缓慢，主要是污染物在膜面的析出过程和累积阶段；自第 3 分钟过滤至第 10 分钟，通量衰减曲线下凹，通量也分别骤减至 110L/（m²·h）和 150L/（m²·h），这表明，该阶段的通量衰减相对迅速，原因是凝胶层开始出现，并逐渐密实加厚；最后，过滤至第 30 分钟，通量衰减曲线较为平缓，两种膜的通量分别衰减至 100L/（m²·h）和 145L/（m²·h）左右，说明凝胶层带引起的通量衰减达到一个相对稳定的状态。此外，从图中还可以看到，压力的降低、料液浓度的降低及搅拌速率的提高均能有效地缓解过滤过程中凝胶层形成引起的通量衰减，对于这些因素的优化控制，可为缓解膜污染，维持膜系统的长期稳定提供良好的保障。

最后，我们对两种超滤膜不同条件下过滤 APAM 和 O/W 的过程中，模型涉及参数及模型回归系数进行了求解，结果见表 3-20。

表 3-20　超滤实验及结果

实验项目	压力/MPa	搅拌速率/（r/s）	料液浓度/（mg/L）	$k_b/10^{-9}\text{m}^3$		$\Psi/10^{-15}\text{m}^2$		R^2	
				原膜	改性膜	原膜	改性膜	原膜	改性膜
APAM	0.05	6.28	20	7.89	1.37	7.89	1.37	0.9878	0.9673
	0.05	6.28	100	3.35	1.61	3.35	1.61	0.9621	0.9261
	0.05	18.84	20	12.7	5.11	12.7	5.11	0.9432	0.9784
	0.05	18.84	100	7.81	3.79	7.81	3.79	0.9561	0.9613
	0.10	6.28	20	3.80	1.50	3.80	1.50	0.9557	0.9628
	0.10	6.28	100	2.72	0.868	2.72	0.868	0.9772	0.9121
	0.10	18.84	20	10.4	6.16	10.4	6.16	0.9451	0.9451
	0.10	18.84	100	5.97	1.20	5.97	1.20	0.9504	0.9209

实验项目	压力/MPa	搅拌速率/(r/s)	料液浓度/(mg/L)	$k_b/10^{-9}m^3$		$\Psi/10^{-15}m^2$		R^2	
				原膜	改性膜	原膜	改性膜	原膜	改性膜
O/W	0.05	6.28	20	6.20	7.2	6.20	7.2	0.9477	0.9633
	0.05	6.28	100	2.64	6.06	2.64	6.06	0.9546	0.9707
	0.05	18.84	20	8.18	10.01	8.18	10.01	0.9653	0.9462
	0.05	18.84	100	4.96	5.82	4.96	5.82	0.9472	0.9001
	0.10	6.28	20	3.77	6.27	3.77	6.27	0.9464	0.9466
	0.10	6.28	100	1.82	4.40	1.82	4.40	0.9583	0.9516
	0.10	18.84	20	6.41	9.46	6.41	9.46	0.9525	0.9782
	0.10	18.84	100	3.80	5.40	3.80	5.40	0.9584	0.9309

从表 3-20 可以看出，不同操作条件下模型对各组实验点的拟合程度均较好，R^2 值通常大于 0.90。这说明所得模型对因凝胶层过滤引起的通量衰减具有一定的预测能力。这一结果较 Vela 等[92]采用 TiO$_2$/Al$_2$O$_3$ 改性陶瓷管式膜处理大分子超滤过程通量衰减过程的预测更为准确。此外，通过对模型中参数 k_b 和 Ψ 的求解可知，压力越大、浓度越低，膜的渗透系数越大；压力越小、浓度越高，有机分子的反向扩散系数越大。此外，同样条件下 O/W 的反向扩散系数均较 APAM 反向扩散系数略小，说明了 O/W 一旦沉积于膜表面则很难在水力冲刷的作用下进入料液主体，其原因可能与油分子的聚结性相关。在 APAM 超滤时形成凝胶污染的过程中，原膜相对于改性膜的反向扩散系数及渗透系数均较改性膜明显偏高，而 O/W 超滤过程的同一阶段则呈现明显的相反趋势。基于此，应考虑采取适当的处理技术减低过程的凝胶形成过程，并针对这一类型的污染，采用如反冲洗等手段进行清洗，或许不失为一种较好的清洗方式。

3.4.2.3　缓慢吸附污染过程的模型建立与检验

从 3.3 部分了解到，在一个相对较长的时间段内，超滤过程中污染物在膜上的吸附作用始终不变，既可以发生在膜孔内也可以存在于膜的表面。但该章仅停留在静态吸附机理层面上的研究，尚未给出超滤过程中因污染物的吸附引起的通量衰减。因此，本部分内容将以污染物在膜上的吸附理论为基础，对此引起的通量衰减做进一步讨论，以确定膜对有机物吸附的缓慢污染过程，无疑对更为深入地了解膜污染及膜污染防控和清洗奠定理论基础。

（1）吸附污染阶段模型的建立

污染物的吸附常常取决于吸附质和吸附剂的性质，且受各种外部条件的影响亦较为显著。因此，本部分以 3.3 部分污染物-膜的静态吸附为基础，建立了因吸附污染引起的超滤膜通量衰减数学模拟模型，进一步澄清超滤过程中的膜污染问题。

根据 Darcy 定律

$$J = \frac{1}{A} \times \frac{dV}{dt} = \frac{\Delta P}{\mu R_t} \tag{3-49}$$

可知，若仅考虑因吸附引起的通量变化情况，则通量 J_a 可表示为下式：

$$J_a = \frac{1}{A} \times \frac{dV}{dt} = \frac{\Delta P}{\mu(R_m + R_a)}$$ (3-50)

式中　J_a——吸附引起的通量变化，m³/(m²·s)。

由于膜的阻力与吸附量成正比，故得因吸附产生的膜阻力：

$$R_a = \alpha q$$ (3-51)

式中　α——吸附阻力系数，m/g；

q——吸附量，g/m²。

根据 3.3 节所得污染物在膜表面吸附符合准一级动力学，可得污染物在膜上的吸附量，

$$q = a[1-\exp(-bt)]$$ (3-52)

得到由吸附引起的通量变化方程：

$$J_a = \frac{1}{A} \times \frac{dV}{dt} = \frac{\Delta P}{\mu\{R_m + \alpha a[1-\exp(-bt)]\}}$$ (3-53)

(2) 吸附污染阶段模型的检验

根据 3.3 部分静态吸附条件，研究了 293K、303K 和 313K 时，不同浓度的 APAM 溶液、O/W 乳化液的超滤实验中的吸附污染过程，并用所得模型进行模拟，以检验其合理性与准确性。

① APAM 超滤过程中的吸附污染过程模拟。现有的分析检测手段，很难准确对吸附污染引起的通量衰减进行测定，此处，采用吸附污染速率基本恒定这一前提假设进行反向推导计算。图 3-63 和图 3-64 分别给出了不同浓度及温度时，原膜及改性膜超滤 APAM 溶液过程中吸附污染阶段的实验值与预测值间的关系曲线。

从图 3-63 和图 3-64 可以看出，尽管 APAM 浓度、料液温度不同，但 APAM 在膜上吸附引起的通量衰减趋势几乎一致。过滤初期通量衰减的因素（堵孔、浓差极化、凝胶形成）较多，较难对此阶段的吸附作用进行准确评价，因此，我们仅给出了模型预测所得第Ⅰ阶段的通量衰减趋势。

从图 3-63 可以看到，随着浓度的提高，通量的衰减速率略有加快，所得模型对此过程的模拟也较为准确。例如：当 APAM 浓度为 10mg/L 时，该通量的衰减趋势呈直线形式缓慢下降；当浓度升高至 100mg/L 时，通量衰减速率开始时较大，而后变得较为缓慢。从侧面反映出，APAM 在膜上的吸附速率亦随着时间的延长而有所减缓。这一通量衰减趋势，与有些研究[93]认为的吸附作用引起的膜通量衰减为线性衰减相悖。

从图 3-64 可知，不同温度下的吸附通量衰减曲线几乎为一系列的平行曲线，表明：料液温度的升高导致膜通量的增加显著，但由吸附引起的膜通量衰减速率并未显著增加。这一现象似乎与 3.3 部分所得 APAM 在膜上的吸附量随温度的升高而升高相矛盾，分析认为，温度的升高，促进 APAM 分子运动的加剧，增加了其与膜的碰撞，但也导致料液的黏度降低，加之高速搅拌的转子，使其在膜表面的附着力降低；此外，较高的温度也促使膜孔略

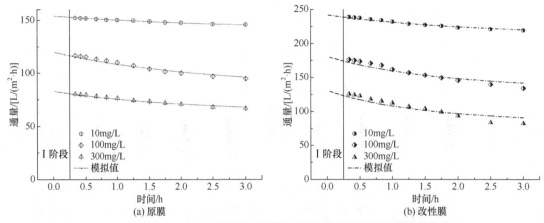

图 3-63　不同 APAM 浓度对原膜及改性膜吸附污染的实验值与模拟值的关系

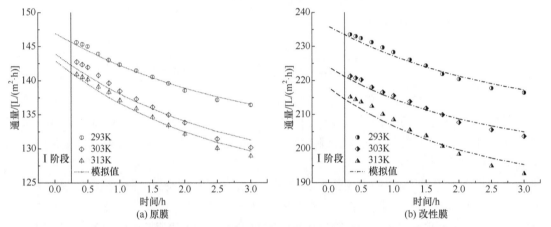

图 3-64　不同温度时 APAM 对原膜及改性膜吸附污染的实验值与模拟值的关系

有增大。最终导致，吸附作用引起的通量衰减并未随着温度的升高而显著增加。

此外，APAM 在改性膜上的吸附通量衰减较原膜明显，如 313K 时，原膜及改性膜的通量分别从最初的 143L/(m²·h) 和 220L/(m²·h) 下降至 130L/(m²·h) 和 200L/(m²·h)。表明改性膜更容易吸附 APAM 分子，也表明改性膜的亲水能力较原膜更强。

② O/W 超滤过程中的吸附污染过程模拟

前面的研究可知，O/W 在膜表面具有较强的吸附能力，势必对通量衰减起到一定的推动作用。图 3-65 和图 3-66 给出了由 O/W 在膜上的吸附引起的超滤过程通量衰减。

从图 3-65 和图 3-66 可以看出，料液浓度对 O/W 在膜上的吸附作用引起的通量衰减并不十分显著。其中，当 O/W 浓度为 20mg/L 和 50mg/L 时，由吸附作用引起的通量衰减较平缓；浓度升高至 200mg/L 时，通量衰减速率较大。此外，改性膜较原膜的通量衰减要明显缓慢，几乎为直线形式，说明了改性膜抗 O/W 分子的吸附能力增强，进而表明改性膜在含油废水的处理中具有明显的抗污染性能。尽管如此，采用此模型对该过程的模拟却略有偏差，其原因是 O/W 在膜上的吸附动力学曲线并非完全遵循准一级动力学。

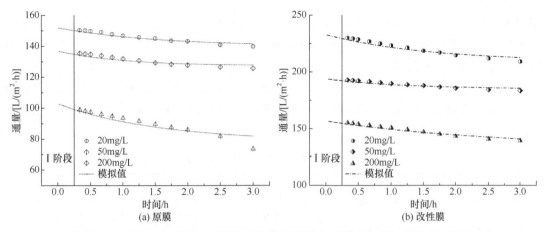

图 3-65　不同 O/W 浓度对原膜及改性膜吸附污染过程的实验值与模拟值的关系

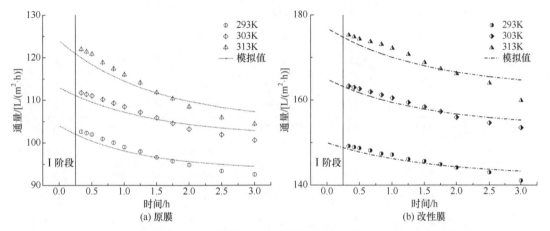

图 3-66　不同温度时 O/W 对原膜及改性膜吸附污染过程的实验值与模拟值的关系

　　从图 3-66 可知，不同温度下，O/W 在膜上的吸附对通量衰减造成的影响与 APAM 的影响不同，即随着温度的升高，膜通量衰减缓慢。这说明：较高温度下，O/W 分子的动能加大，分子间的碰撞加剧，油滴分子变大，导致与膜面的结合力减弱，降低了 O/W 分子在膜上的吸附量，因此通量衰减不明显。这一现象似乎与 3.3 部分所得 O/W 在膜上的吸附量随温度的升高而降低相一致。此外，O/W 在改性膜上的吸附通量衰减明显较原膜不显著，例如：293K 时，原膜及改性膜的通量分别从最初的 105L/（m²·h）和 150L/（m²·h）下降至 95L/（m²·h）和 145L/（m²·h），表明改性膜抗 O/W 污染的能力较原膜明显提高。

　　此外，从图 3-65、图 3-66 可以看出，两种膜对 APAM 和 O/W 超滤过程中吸附过程的模拟曲线与实验测得值间有很好的一致性，表明该模型能够较好地模拟该吸附过程。最后，我们对两种超滤膜不同条件下过滤 APAM 和 O/W 过程中的模型参数及回归系数进行了求解，结果见表 3-21。

　　从表 3-21 可知，不同操作条件下，模型对各组实验点的拟合程度普遍较好，回归系数 R^2 值均大于 0.85。这说明，该吸附模型可以对该超滤过程中因吸附引起的通量衰减进行很好的预测。相对 APAM 的模拟过程，O/W 在膜上的吸附所引起的通量衰减精度较低，其

R^2 值普遍低于 0.95，说明了 O/W 在膜表面的吸附过程并非严格遵守准一级动力学，导致吸附量不能精确计算。此外，通过对模型中吸附阻力系数 α 的求取，可知，O/W 分子的吸附阻力较 APAM 略低，说明因 O/W 分子吸附引起的通量衰减较 APAM 略低。尽管这个值较低，但在通量稳定阶段，该吸附污染起到了对通量衰减的主导作用。因此，通过分析吸附阻力参数及吸附过程可为认识和理解吸附污染过程奠定基础，同时为后续的膜清洗方式研究提高理论支持。

表 3-21　超滤实验的吸附过程参数

实验项目	浓度/(mg/L)	温度/K	吸附阻力系数/(m/g)		回归系数 R^2	
			原膜	改性膜	原膜	改性膜
APAM	10	303	32813	39389	0.9650	0.9811
	100	303	41906	44989	0.9765	0.9216
	300	303	48950	50977	0.9819	0.9085
	20	293	39671	42913	0.9924	0.9791
	20	303	30909	33667	0.9640	0.9802
	20	313	28887	35452	0.9871	0.9571
O/W	20	303	14227	4952.1	0.9471	0.9468
	50	303	10652	4854.6	0.8996	0.8874
	200	303	10362	6803.3	0.8930	0.9552
	100	293	8254.2	5635.7	0.9149	0.8986
	100	303	7686.8	5279.5	0.9091	0.9377
	100	313	8621.8	5190.7	0.9303	0.8728

3.4.2.4　全过程污染模型模拟

上述几节内容，分别对膜的快速堵孔、浓差极化过程以及长时间缓慢污染进行了研究，并得到了较为理想的结论，但缺少对超滤过程通量衰减的整体性把握。本节对前面三节内容进行再建构，利用经典的 Cake 模型对此通量衰减的特点进行重点考察，进而实现一个超滤过程的完整性认识。

（1）Cake 模型

目前，Hermia 等[94]对恒压过滤的非牛顿流体提出的 Cake 模型仍被广泛应用于多种膜系统中，但采用该模型对油田采出水超滤过程的模拟尚不多见。为此，我们采用该模型对采出水中的主要污染物 APAM 和 O/W 的超滤过程进行模拟，考察模型的适应性和准确性。

恒压过滤过程中，由于膜面积、膜阻力均为定值，因此 Cake 模型常包含以下 4 种变式子[95]：

① 完全堵孔模型：

$$\ln(J^{-1}) = \ln\left(J_0^{-1}\right) + K_b t \tag{3-54}$$

② 标准堵孔模型：

$$J^{-0.5} = J_0^{-0.5} + K_s t \tag{3-55}$$

③ 快速堵孔模型：

$$J^{-1} = J_0^{-1} + K_i t \tag{3-56}$$

④ 泥饼过滤模型：

$$J^{-2} - J_0^{-2} + K_c t \tag{3-57}$$

式中　J_0——膜的清水通量，L/(m²·h)；

K_s、K_i、K_c——传质系数，依据模型的不同而不同。

（2）APAM 超滤过程中的衰减过程模拟

图 3-67 和图 3-68 分别给出了压力 0.1MPa、APAM 浓度 100mg/L、293K 时，4 种 Cake 模型对原膜及改性膜超滤 APAM 过程的通量衰减预测随时间变化的情况，其中的模型参数及模型回归系数 R^2 见表 3-22。

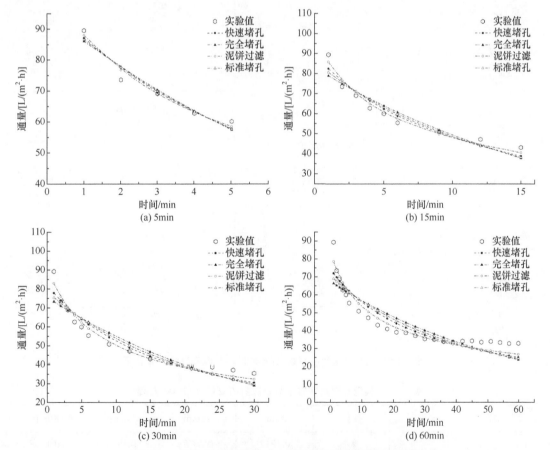

图 3-67　模型对原膜超滤 APAM 过程的模拟随时间的变化

从图 3-67 和图 3-68 可以看出，研究采用的 4 种模型对两种膜过滤初始值的预测存在较明显的偏差，且其预测值均小于实验所得值。主要原因是，过滤一开始超滤膜即发生了明显的堵孔过程，导致这几种模型的预测具有明显的延迟特征。此外，结合表 3-22 可知，4 种模型对实验数据的适应程度（R^2）均随时间的延长逐渐减小，例如：对改性膜最初 5min 的模拟，泥饼过滤、快速堵孔、标准堵孔和完全堵孔的 R^2 值分别为 0.9510、0.8886、0.8461 和 0.7978；30min 时，相应的 R^2 值为 0.9218、0.8146、07602 和 0.7089；超滤至 60min 该值进一步降低。这说明了，此类堵孔模型随着时间的延长对超滤过程的模拟变得越来越不适应。然而，泥饼过滤模型对该超滤过程相对较为准确，60min 后的 R^2 值为 0.8827，这一现象与传统的砂滤过程很相似[96]。究其原因，在超滤的初始阶段，堵孔过程及浓差极化现象对膜通量衰减起着主要作用，此现象也进一步说明最初的 5min 内即可完成膜孔堵塞。

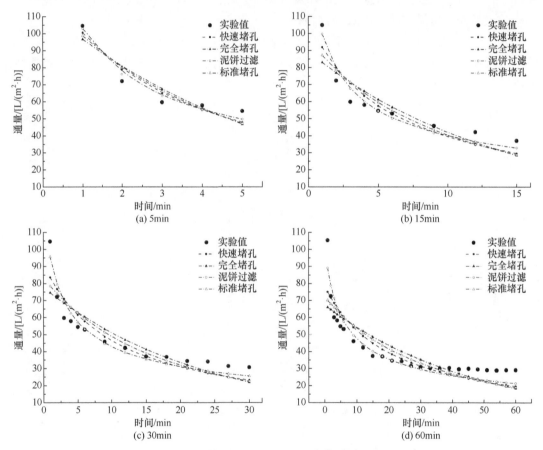

图 3-68　模型对改性膜超滤 APAM 过程的模拟随时间的变化

表 3-22　模型参数及回归系数随时间的变化（APAM 过程）

实验项目	模型	参数	5min	15min	30min	60min
原膜	快速堵孔	K_i	0.3912	0.2627	0.1866	0.1189
		R^2	0.9375	0.9179	0.9086	0.8452
	完全堵孔	K_b	1.0122	0.0526	0.0322	0.0174
		R^2	0.9042	0.8524	0.8401	0.7509

续表

实验项目	模型	参数	5min	15min	30min	60min
原膜	泥饼过滤	K_c	2.9750	2.4469	2.0407	1.5203
		R^2	0.9632	0.9583	0.9401	0.9246
	标准堵孔	K_s	0.0997	0.0592	0.0389	0.0220
		R^2	0.9217	0.8869	0.8748	0.7922
改性膜	快速堵孔	K_i	0.8232	0.4930	0.3230	0.1930
		R^2	0.8886	0.8212	0.8146	0.7646
	完全堵孔	K_b	0.1810	0.0760	0.0420	0.0210
		R^2	0.7978	0.6973	0.7089	0.6477
	泥饼过滤	K_c	7.0370	5.3820	4.4310	3.2380
		R^2	0.9510	0.9251	0.9218	0.8827
	标准堵孔	K_s	0.1940	0.0980	0.0580	0.3270
		R^2	0.8461	0.7587	0.7602	0.7059

此外，通过比较对两种膜随时间的拟合曲线，可以看出，拟合曲线的形状也存在较大的差异。这说明该超滤过程具有典型的阶段性，单独的 Cake 模型很难对其进行很准确的模拟。其原因很可能是，当 APAM（强水溶性物质）分子接触强疏水性的膜表面时，二者之间有较大的排斥作用[97]。因此，分子较难进入膜孔，导致过滤初期即形成一定的泥饼；但随着过滤时间的延长，膜污染引起的缓慢污染对过程起到了重要作用，导致模型失拟严重。

（3）O/W 超滤过程中的衰减过程模拟

图 3-69 和图 3-70 分别给出了压力 0.1MPa、O/W 浓度 100mg/L、293K 时，4 种 Cake 模型对原膜及改性膜超滤 O/W 过程中通量衰减预测随时间变化的情况，所得模型参数及模型回归系数 R^2 见表 3-23。

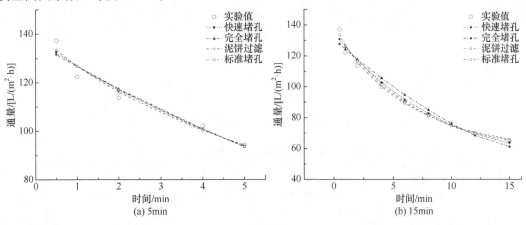

图 3-69

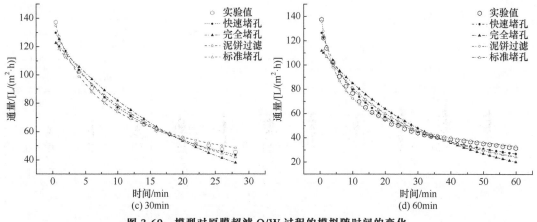

图 3-69　模型对原膜超滤 O/W 过程的模拟随时间的变化

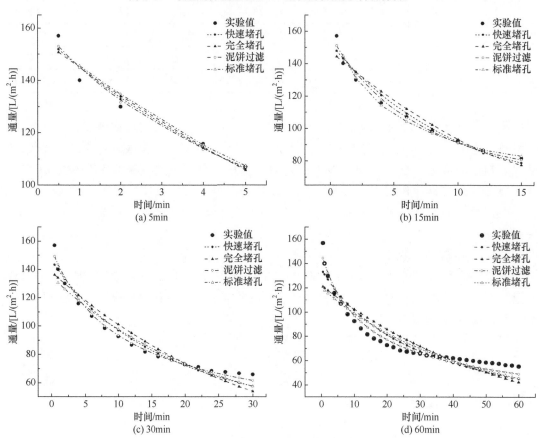

图 3-70　模型对改性膜超滤 O/W 过程的模拟随时间的变化

表 3-23　模型参数及回归系数随时间的变化（O/W 过程）

实验项目	模型	参数	5min	15min	30min	60min
原膜	快速堵孔	K_i	6.90×10^{-4}	5.98×10^{-4}	5.56×10^{-4}	4.90×10^{-4}
		R^2	0.9366	0.9267	0.8986	0.8772

续表

实验项目	模型	参数	5min	15min	30min	60min
原膜	完全堵孔	K_b	0.0760	0.0544	0.0426	0.0287
		R^2	0.9197	0.9289	0.9007	0.8966
	泥饼过滤	K_c	1.26×10^{-5}	1.28×10^{-5}	1.35×10^{-5}	1.43×10^{-5}
		R^2	0.9922	0.9788	0.9613	0.9574
	标准堵孔	K_s	0.0852	0.0046	0.0023	0.0018
		R^2	0.9294	0.9107	0.9137	0.9049
改性膜	快速堵孔	K_i	6.28×10^{-4}	4.36×10^{-4}	3.52×10^{-4}	2.45×10^{-4}
		R^2	0.9460	0.9314	0.9596	0.8953
	完全堵孔	K_b	0.0788	0.0461	0.0314	0.0177
		R^2	0.9298	0.9144	0.9080	0.8096
	泥饼过滤	K_c	9.97×10^{-6}	8.08×10^{-6}	7.39×10^{-6}	6.11×10^{-6}
		R^2	0.9801	0.9547	0.9878	0.9535
	标准堵孔	K_s	0.0032	0.0041	0.0015	0.0091
		R^2	0.9627	0.9419	0.9368	0.8557

　　与模型对 APAM 的超滤过程模拟类似,从图 3-69 和图 3-70 可以看出,所采用的 4 种模型对两种膜过滤初始值的预测亦均小于实验所得值。分析认为,过滤开始阶段,泥饼层尚未在膜表面形成以前,油滴分子便在外压的作用下被挤入膜孔,形成对超滤膜孔的堵塞,因此,此阶段的通量衰减明显,故几种 Cake 模型均很难准确预测该阶段的通量衰减情况。超滤过程的曲线随时间变化,明显呈现不同的阶段,即通量的快速衰减阶段与通量平缓衰减阶段。其原因是:初始阶段膜孔堵塞,浓差极化、凝胶层形成等过程的形成,导致膜孔堵塞、膜有效表面积的减少、膜表层附近的料液浓度升高等一系列现象,引起初始阶段的膜通量衰减显著。如原膜及改性膜对 O/W 过滤最初的 30min 内,通量分别从 140L/（m²·h）、160L/（m²·h）衰减至 40L/（m²·h）、65L/（m²·h）;随后的 30min 内,通量仅分别降至 30L/（m²·h)和 60L/（m²·h）。因此,这一类型的超滤过程给模型模拟带来了很大的困难。

　　此外,结合表 3-23 可知,4 种模型对实验数据的适应程度（R^2）均随时间的延长逐渐减小,如对改性膜最初 5min 的模拟,泥饼过滤、快速堵孔、标准堵孔和完全堵孔的 R^2 值分别为 0.9801、0.9460、0.9627 和 0.9298;60min 时,相应的 R^2 值为 0.9535、0.8953、0.8557 和 0.8096,这说明堵孔模型对超滤过程的模拟随时间的延长而变得不适合。其中,泥饼过滤模型对该超滤过程相对较为准确,60min 后的 R^2 值为 0.9535,尽管这一值很高,能较为理想地模拟长时间的超滤过程,但该模型却缺少对过滤初期的准确模拟。

　　综合以上分析,在几种常见的超滤过程经验模型中仅泥饼过滤模型对该超滤过程具有较好的适应性，但却不能准确地预测过滤初期的通量衰减情况。因此，下文采用新的思维和方法对该过程进行数学模型的建立，以实现超滤过程通量衰减的准确模拟，为膜清洗奠定理论基础。

3.4.3　超滤污染过程的白金汉模型建立与检验

尽管 3.4.1 部分对油田采出水超滤过程各类污染进行了模拟，且得到了较理想的结论，但 Cake 模型对长时间运行超滤过程仍难以获得令人十分满意的结果。如何更加准确有效地对油田采出水超滤过程进行模拟，是膜污染防控及清洗的基础，同时可为实际生产中错流超滤过程的通量衰减预测及反冲周期、药剂清洗周期奠定理论基础。

3.4.3.1　白金汉定理

白金汉定理又称量纲分析方法，它是从控制过程的各因素之间存在关系的本质联系出发，确定影响因素的最大独立无关的无量纲组合作为流动准则[35]。因此，对于确定的超滤过程，可从其过程的物理本质关系而不是仅仅从数学形式上研究其特征。

3.4.3.2　白金汉模型的建立

根据"白金汉"准则，首先找到与本次死端超滤实验的膜通量相关的主要参数（标准物理量），它包括液位高度 h、流动半径 r、切向流速 u、跨膜压差 ΔP、料液密度 ρ、料液动力黏度 η 及操作时间 t。

故，可将超滤过程的通量写成式（3-58）：

$$J = kh^{\alpha} r^{\beta} u^{\gamma} \Delta P^{\delta} \rho^{\theta} \eta^{\lambda} t^{\zeta} \tag{3-58}$$

将各参数的标准量纲代入式（3-58），得

$$L T^{-1} = L^{\alpha} \, L^{\beta} (LT^{-1})^{\gamma} (ML^{-1}T^{-2})^{\delta} (ML^{-3})^{\theta} (ML^{-1}T^{-1})^{\lambda} T^{\zeta} \tag{3-59}$$

将式（3-59）进行量纲计算，得

$$\begin{cases} \alpha = \theta + \delta - \beta - \zeta \\ \gamma = 1 - \delta + \theta + \zeta \\ \lambda = -\theta - \delta \end{cases} \tag{3-60}$$

将式（3-60）代入式（3-58），得

$$J = kh^{(\theta+\delta-\beta-\zeta)} r^{\beta} u^{(1-\delta+\theta+\zeta)} \Delta P^{\delta} \rho^{\theta} \eta^{(-\delta-\theta)} t^{\zeta} \tag{3-61}$$

变形式（3-61），得

$$J = k \left(\frac{r}{h}\right)^{\beta} \left(\frac{hu\rho}{\eta}\right)^{\theta} \left(\frac{h}{u\eta}\right)^{\delta} \left(\frac{ut}{h}\right)^{\zeta} \tag{3-62}$$

两边取对数，得

$$\ln J = \ln k + \beta \ln\left(\frac{r}{h}\right) + \theta \ln\left(\frac{hu\rho}{\eta}\right) + \delta \ln\left(\frac{h}{u\eta}\right) + \zeta \ln\left(\frac{ut}{h}\right) \tag{3-63}$$

根据式(3-63)，通过线性回归，求得各项系数，并代入式（3-58）即得通量与各物理量的关系。

3.4.3.3　白金汉模型的参数求解

在前面研究的基础上，我们知道，三次采出水中主要污染物的超滤通量衰减曲线由两个阶段组成。为此，我们研究了不同超滤阶段、不同料液条件和操作条件下各参数的无因次群组合后的膜通量变化情况，结果如表 3-24 和表 3-25 所列。进而，通过回归分析求得模型中的各参数因子。

表 3-24　不同参数组合下的 APAM 超滤过程的膜通量变化

液位/m	切向流速/(m/s)	压力/kPa	密度/(kg/L)	黏度/(Pa·s)	时间/s	原膜 J/[L/(m²·h)]	改性膜 J/[L/(m²·h)]
0.75	0.56	0.15	1.2	3.92	10	212.6	340.2
0.6	0.37	0.1	1.1	2.51	60	103.4	169.4
0.45	0.19	0.075	1.05	1.82	300	38.9	82.34
0.3	0.1	0.05	1.02	1.56	1200	26.1	70.1
0.3	0.1	0.05	1.02	1.56	3600	24.8	66.5
0.75	0.37	0.1	1.1	2.51	10	104.3	208.8
0.6	0.19	0.075	1.05	1.82	60	70.5	133.7
0.45	0.1	0.05	1.02	1.56	300	28.7	74.4
0.3	0.56	0.15	1.2	3.92	1200	43.2	60.3
0.3	0.56	0.15	1.2	3.92	3600	40.1	57.1
0.75	0.19	0.075	1.05	1.82	10	103.1	163.6
0.6	0.1	0.05	1.02	1.56	60	55.3	88.2
0.45	0.56	0.15	1.2	3.92	300	75.9	80.4
0.3	0.37	0.1	1.1	2.51	1200	57	65.4
0.3	0.37	0.1	1.1	2.51	3600	53.4	60.1
0.75	0.1	0.05	1.02	1.56	10	61.7	111.3
0.6	0.56	0.15	1.2	3.92	60	165.5	221.4
0.45	0.37	0.1	1.1	2.51	300	52.5	91.7
0.3	0.19	0.075	1.05	1.82	1200	60.3	66.3
0.3	0.19	0.075	1.05	1.82	3600	56.9	63.2

（1）APAM 超滤过程的白金汉模型参数求解

按照式（3-63），对表 3-24 中的参数组合后取对数，通过回归分析，计算得到式（3-58）中各项的系数，即得 APAM 超滤过程的白金汉模型。结果如式（3-64）、式（3-65）。

原膜超滤 APAM 过程的白金汉模型：

$$J = 406.86\left(\frac{r}{h}\right)^{-0.216}\left(\frac{hu\rho}{\eta}\right)^{-0.234}\left(\frac{h}{u\eta}\right)^{0.601}\left(\frac{ut}{h}\right)^{0.670} \quad (R^2=0.9148) \qquad (3-64)$$

改性膜超滤 APAM 过程的白金汉模型：

$$J = 100.52 \left(\frac{r}{h}\right)^{-0.107} \left(\frac{hu\rho}{\eta}\right)^{-0.132} \left(\frac{h}{u\eta}\right)^{0.195} \left(\frac{ut}{h}\right)^{-0.420} \quad (R^2 = 0.9045) \qquad (3\text{-}65)$$

式（3-64）和式（3-65）是在实验数据回归分析的基础上得到的 APAM 超滤过程控制模型，尽管原膜及改性膜模型的 R^2 不是特别高，仅分别为 0.9148 和 0.9045，但该模型已不再为单纯的经验模型；此外，该模型相对简单，可满足对实际工程中膜污染的模拟。其适用范围为：操作压力 0.05～0.15MPa；料液的切向流速 0.10～0.56m/s；料液密度 1.02～1.2kg/L；运行时间 0～3600s。

（2）O/W 超滤过程的白金汉模型参数求解

表 3-25　不同参数组合下的 O/W 超滤过程的膜通量变化

液位/m	切向流速 /(m/s)	压力/kPa	密度 /(kg/L)	黏度 /(Pa·s)	时间/s	原膜 J/[L/(m²·h)]	改性膜 J/[L/(m²·h)]
0.75	0.56	0.15	1.2	2.3	10	223.3	333.3
0.6	0.37	0.1	1.1	1.7	60	124.4	208.7
0.45	0.19	0.075	1.05	1.3	300	48.6	140.1
0.3	0.1	0.05	1.02	1.1	1200	40.1	70.5
0.3	0.1	0.05	1.02	2.3	3600	37.2	65.6
0.75	0.37	0.1	1.1	1.7	10	112.5	218.4
0.6	0.19	0.075	1.05	1.3	60	79.2	152.1
0.45	0.1	0.05	1.02	1.1	300	42.6	97.5
0.3	0.56	0.15	1.2	2.3	1200	30.2	100
0.3	0.56	0.15	1.2	1.7	3600	28.9	87.1
0.75	0.19	0.075	1.05	1.3	10	100.6	168
0.6	0.1	0.05	1.02	1.1	60	60.1	121.2
0.45	0.56	0.15	1.2	2.3	300	77.2	155.7
0.3	0.37	0.1	1.1	1.7	1200	36	99.9
0.3	0.37	0.1	1.1	1.3	3600	30.3	90.7
0.75	0.1	0.05	1.02	1.1	10	62.7	141.6
0.6	0.56	0.15	1.2	2.3	60	97.3	300.2
0.45	0.37	0.1	1.1	1.7	300	80.4	157.8
0.3	0.19	0.075	1.05	1.3	1200	74.4	122.3
0.3	0.19	0.075	1.05	1.1	3600	66.1	110.2

同样地，按照式（3-63），对表 3-25 中的参数组合后取对数，通过回归分析，计算

得到式（3-58）中各项的系数，即得 O/W 超滤过程的白金汉模型。结果如式（3-66），式（3-67）。

原膜超滤 O/W 过程的白金汉模型：

$$J=15.27\left(\frac{r}{h}\right)^{-0.082}\left(\frac{hu\rho}{\eta}\right)^{-0.190}\left(\frac{h}{u\eta}\right)^{0.011}\left(\frac{ut}{h}\right)^{-0.757} \quad (R^2=0.9260) \quad (3\text{-}66)$$

改性膜超滤 O/W 过程的白金汉模型：

$$J=37.96\left(\frac{r}{h}\right)^{-0.028}\left(\frac{hu\rho}{\eta}\right)^{-0.161}\left(\frac{h}{u\eta}\right)^{0.156}\left(\frac{ut}{h}\right)^{-0.735} \quad (R^2=0.9183) \quad (3\text{-}67)$$

上述公式的适用范围为：操作压力 0.05～0.15MPa；料液的切向流速 0.10～0.56m/s；料液密度 1.02～1.2kg/L；运行时间 0～3600s。

3.4.3.4 白金汉模型的预测与分析

为了考察模型的准确度和精密度，我们随机抽取上述所得实验值，并和模型计算所得预测值进行了比较，进而得到模型的复测精密度，结果见表 3-26。

表 3-26 白金汉模型的精度检验

目标物质	检验	液位/m	切向流速/(m/s)	压力/kPa	密度/(kg/L)	黏度/(Pa·s)	时间/s	原膜 J/[L/(m²·h)]	原膜预测	改性膜 J/[L/(m²·h)]	改性膜预测
APAM	复测精度	0.75	0.56	0.15	1.2	3.92	10	212.6	202.1	340.2	365.7
		0.6	0.37	0.1	1.1	2.51	60	103.4	100.1	169.4	156.8
		0.45	0.19	0.075	1.05	1.82	300	38.9	42.2	82.34	76.4
		0.3	0.1	0.05	1.02	1.56	1200	26.1	24.6	70.1	64.7
		0.3	0.1	0.05	1.02	1.56	3600	24.8	22.9	66.5	69.3
油	复测精度	0.75	0.56	0.15	1.2	2.3	10	223.3	211.6	333.3	310.7
		0.6	0.37	0.1	1.1	1.7	60	124.4	129.9	208.7	196.3
		0.45	0.19	0.075	1.05	1.3	300	48.6	45.0	140.1	122.7
		0.3	0.1	0.05	1.02	1.1	1200	40.1	43.8	70.5	62.9
		0.3	0.1	0.05	1.02	2.3	3600	37.2	34.6	65.6	70.7

从表 3-26 可以看出，由工艺参数计算所得膜过程的通量与通过实验所得实验值十分接近，经计算最大误差小于±7.0%。据此可知，所得白金汉模型对两种不同超滤膜过滤 APAM 及 O/W 的过程模拟具有较高的精度，能较为准确地预测一定工艺条件下此类废水的超滤通量随时间的衰减情况。故此，所得"白金汉"模型能简单、有效地为该类废水的超滤过程提供准确模拟；同时，为类似超滤过程通量衰减控制提供简单有效的计算方法及思路。

3.4.4　油田三次采出水超滤污染阻力分布

前面几节着重对油田采出水中主要污染物 APAM、O/W 对超滤过程的通量衰减及污染机理进行了阐述。本节则重点对从超滤过程的膜阻力变化上进一步揭示油田采出水超滤过程的膜污染机制，为膜污染防控措施的制定奠定理论基础。

3.4.4.1　污染阻力分布模型

前期实验发现，油田采出水中主要污染物 APAM 和 O/W 溶液的超滤通量衰减曲线均包括快速衰减和缓慢衰减两个阶段。反映出超滤过程的膜阻力也应呈现出两个不同阶段，即：膜阻力的快速增大期和平缓增大期。根据 Darcy 定律[式(3-68)]。

$$J = \frac{\Delta P}{\mu R_t} \tag{3-68}$$

根据前面几节的研究，膜阻力可表示为：

$$R_t = R_m + R_c + R_g + R_a + R_u \tag{3-69}$$

其中，各符号与前期出现一致，R_t 和 R_u 分别指总阻力和用于系数矫正的未知阻力。此外，根据前期的研究，我们得到恒压操作条件下随过滤的进行膜阻力的变化示意图，结果如图 3-71 所示。

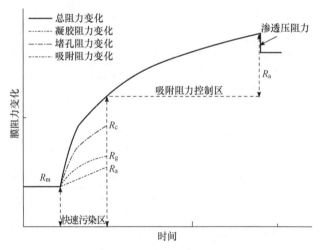

图 3-71　油田采出水超滤过程的阻力分布示意

从图 3-71 可以看出，油田采出水超滤过程的膜污染阻力呈现明显的两个阶段，这与很多的研究结果[98]十分相似。第一个阶段，主要由膜堵孔阻力、凝胶形成阻力构成，虽然在较短的时间内即可完成，但其所占污染阻力的比重较大，通常达 80% 以上；相反，膜阻力在第二阶段增加较为缓慢，且占总阻力的比重较小，但亦对过滤过程的认知起着至关重要的作用，通常可采用此阶段的膜阻力曲线斜率作为吸附污染阻力的变化速率。

3.4.4.2　主要污染物超滤过程的阻力分布

按照前期研究的引起膜通量衰减的多种阻力形式，本节对多种不同运行条件下的膜阻力进行统计分析，并最终定量得到 APAM 及 O/W 对原膜及改性膜污染贡献。

　　图 3-72 和图 3-73 分别给出了压力 0.05～0.10MPa，料液浓度 20～100mg/L，转子搅拌速率 6.28～18.84r/s，APAM 和 O/W 溶液对原膜及改性膜污染过程中各种污染阻力的统计分布情况。此处，根据前期的实验结论，我们认为对膜污染贡献最小的组合方式为最优参数组合（操作压力 0.05MPa，浓度 20mg/L，转速 18.84r/s），反之为最劣组合（操作压力 0.10MPa，浓度 100mg/L，转速 6.28r/s），测定除自身阻力（R_m）外的各部分阻力：堵孔阻力（R_c）、凝胶阻力（R_g）和吸附污染阻力（R_a）。结果如图 3-72 和图 3-73。

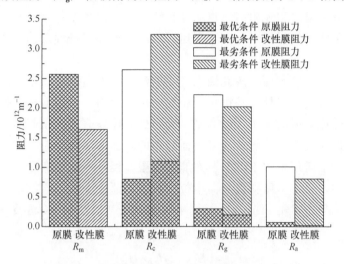

图 3-72　两种膜超滤 APAM 溶液过程的阻力分布

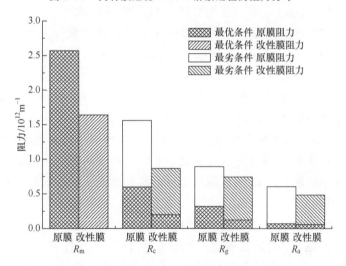

图 3-73　两种膜超滤 O/W 溶液过程的阻力分布

　　从图 3-72 和图 3-73 可以看出，原膜及改性膜对 APAM 和 O/W 两种污染物的超滤过程中膜阻力分布存在较大的差异。首先，在 APAM 的超滤过程中，R_c、R_g、R_a 等均随料液浓度的升高而增加，例如：APAM 浓度从 20mg/L 增至 100mg/L 时，原膜、改性膜对应的 R_c 分别从 0.8mg/L 和 1.1mg/L 提高至 2.7mg/L 和 3.2mg/L。一方面说明了 APAM 对膜孔的堵塞能力较强，同时也表明改性膜更容易受到 APAM 的污染。相反，O/W 对原膜及改性膜造成的堵孔污染，则分别从 0.6mg/L 和 0.2mg/L 提高至 1.5mg/L 和 0.8mg/L，说明了改性膜对 O/W 的抗污染能力显著高于原膜。其次，尽管在 APAM 超滤过程中，两种膜的 R_c、R_g、R_a 的绝对值相差不大，但由于改性膜的 R_m 明显较原膜小，因此，同样条件下，APAM 会对改性膜通量衰减造成更为显著的影响；与此同时，O/W 的改性膜超滤过程中各阻力明显低于原膜，使超滤通量衰减变得缓慢。最后，膜自身阻力 R_m 在膜总阻力中所占的比例较大，其次是 R_c、R_g、R_a，原因是：一方面，这与 PVDF 膜材料的强疏水性有关；另一方面，堵孔阻力、凝胶阻力和吸附阻力也均受料液特性、过滤条件等的影响显著。由于两种膜在完全相同的条件下进行的平行实验测定，所以改性膜自身性质的改变是对膜污染阻力影响的根本因素。

从微观角度来看，膜表面、膜孔道内发生的污染基本与大分子溶质和膜表面、大分子溶质之间的作用力有关。包括：范德华力和双电层作用力，其中双电层作用力是在表面电位的作用下，带相反电荷的离子（反离子）吸附到固体膜表面，引起膜表面附近反离子浓度的升高。这种反离子的浓度随着离开表面距离的增加而降低，直至溶液本体的浓度。尽管理论上认为实验中所用到的 PVDF 膜为非荷电膜，但其表面仍存在一定数量可电离的官能团，这也是前期研究中，所得膜表面电位为负值的原因。

物质间的范德华力可用 Hamaker 比例常数 H 表征。对于膜/水/溶质三元复合体系有如下关系式：

$$H_{213} = \left[H_{11}^{1/2} - (H_{22} \times H_{33})^{1/4} \right]^2 \tag{3-70}$$

式中　H_{11}、H_{22}、H_{33}——水、溶质和膜的 Hamaker 常数。

对疏水性的 PVDF 膜，纳米杂化改性增强了它的亲水性能，对于 H_{33} 值的上升，在其他数值恒定不变的情况下，H_{213} 值下降[99]。因此，膜与溶质间的范德华力降低，进而有效地减轻了膜污染。

本部分针对油田采出水中主要污染物超滤污染过程进行解构分析，建立了超滤过程中不同污染阻力所引起的膜通量衰减模型，进而了解超滤过程的污染机制。主要结论如下。

① 所得超滤孔堵塞模型能够较准确地模拟不同污染物种类及浓度、不同压力、不同搅拌速率时，堵孔作用引起的膜通量衰减情况；该过程持续时间短，通常 4min 即可完成。此外，通过对模型中参数 R' 和 α 的求解可知，不同条件下不同有机分子对膜孔的堵塞系数和堵塞能力也不相同。

② 凝胶层污染，通常包括浓差极化阶段、凝胶层形成阶段及凝胶层稳定阶段三个阶段。文中凝胶形成模型的建立，对该过程的拟合效果非常好，不仅能从机理上给予良好的解释，同时对 APAM 溶液及 O/W 乳液的超滤过程也有很好的适应性。此外，通过对模型中参数 k_b 和 Ψ 的求解可知，压力越大、浓度越低，膜的渗透系数越高；压力越大、浓度越高，有机分子的反向扩散系数越大。

③ 以 3.3 部分污染物-膜的静态吸附为基础，建立的吸附污染超滤膜通量衰减数学模型较好地模拟了超滤过程中吸附污染引起的膜通量衰减情况。相对 APAM 的模拟过程，O/W 在膜上的吸附所引起的通量衰减精度较低，其 R^2 值普遍低于 0.95，说明了 O/W 在膜表面的吸附过程并非严格遵守准一级动力学，导致吸附量不能精确的计算。此外，通过对

模型中吸附阻力系数 α 的求取，可知，O/W 分子的吸附阻力较 APAM 略低。

④ 对上述 3 个污染阻力模型的正确认识，可进一步澄清采出水中主要有机污染物对膜的污染机制，有助于后续清洗方式、方法的选择和优化。

⑤ 针对 APAM 及 O/W 超滤过程的经典"Cake"模型模拟发现，模拟效果随着超滤时间的延长越来越差。其中，泥饼过滤模型对长时间的超滤过程模拟相对较为准确，但缺少对过滤初期的准确模拟及理论基础。

⑥ 从超滤过程的各因素之间存在关系的本质联系出发，建立了超滤过程通量衰减的白金汉定理，所得白金汉模型对两种不同超滤膜过滤 APAM 及 O/W 的过程模拟具有较高的精度。故此，模型能简单、有效地为不同废水的超滤过程提供准确有效的模拟，且模型具备一定的理论基础。

⑦ 原膜及改性膜超滤处理 APAM 和 O/W 两种污染物的过程中，膜阻力分布存在较大差异。通常，膜自身阻力是构成总阻力的主要部分，其次是堵孔阻力、凝胶阻力和吸附阻力。

3.5　超滤膜处理采油废水的膜清洗

目前，我国已有部分油田采用膜工艺对采出水进行深度处理，其出水水质可满足排放、地层回注、锅炉补给、农田灌溉等要求，但严重的膜污染成为限制其广泛应用的技术瓶颈。因此，选择合适的运行条件及操作参数，能有效控制膜污染、延长膜寿命，甚至能在一定程度上提高膜系统的过滤性能。

1995 年，Field 等[100]提出了临界通量的概念，即：在低于某个恒定的通量运行时，操作压力维持不变，膜污染缓慢；高于该通量运行时，操作压力升高迅速，膜污染加剧。此后，国内外学者对 MBR 临界通量条件下的膜污染发展趋势、机理等进行了详尽的研究[101-102]，然而，对常规超滤膜系统的临界通量研究并未深入，尤其鲜有针对超滤膜系统处理油田采出水临界通量的报道。因此，对于长期运行的油田采出水膜系统，若存在临界通量，对于降低膜污染，维持膜系统的长时间稳定运行，显得尤为重要。当然，该临界通量若不能达到一个合理值，则在实际应用中的意义不大[4]。

本节以前期试验所得最优运行条件进行了长期的连续性错流实验，对比分析两种膜超滤处理油田采出水的运行效能；并根据 3.2 部分、3.3 部分中所得显著影响因子研究了油田三次采出水超滤过程的临界通量问题。最后，以 3.4 部分得到的有机污染超滤过程的污染模型为理论基础，针对不同的污染类型提出合理的污染膜清洗步骤，并进行了清洗机理分析。因此，本节研究可为减缓膜污染、增加产水量、降低能耗及维持超滤系统的稳定运行提供理论指导。

3.5.1　超滤处理油田采出水的通量衰减及污染物去除效能

前面章节重点围绕油田采出水超滤过程的污染特征和机理进行了研究，尽管对超滤出水水质进行了简要描述，但缺乏系统性和完整性。因此，本节对不同压力条件下，两种超滤膜错流过滤油田采出水长期运行时的通量衰减情况及出水水质特征进行了研究。

3.5.1.1 超滤处理油田采出水的通量变化

图 3-74 给出了不同压力条件下，出水全回流方式下，两种膜错端超滤油田采出水时的通量衰减情况。

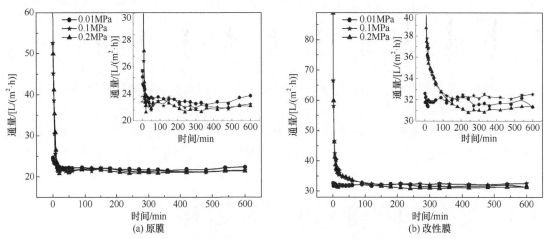

(a) 原膜　　　　　　　　　　　　　(b) 改性膜

图 3-74　恒压过滤时操作压力对原膜、改性膜通量的影响

从图 3-74 可以看出，超滤的开始阶段，两种膜的通量衰减非常迅速。经过 30min 的运行，压力为 0.01MPa 时，原膜和改性膜的膜通量分别由起初的 24.6L/（m²·h）和 32.6L/（m²·h）下降至 22.2L/(m²·h) 和 31.8L/(m²·h)，衰减量分别为 2.4L/(m²·h) 和 0.8L/(m²·h)；压力为 0.1MPa 时，两种膜的通量分别由 52.6L/（m²·h）和 66.6L/（m²·h）衰减至 21.4L/(m²·h) 和 32.8L/(m²·h)；压力为 0.2MPa 时，原膜及改性膜的通量分别由 63.9L/（m²·h）和 88.9L/（m²·h）降至 21.6L/(m²·h) 和 31.1L/(m²·h)。可见，操作压力越大，初始阶段的膜通量也越高，其衰减量也越大。随着过滤时间的延长，两膜的通量衰减速度有所减慢，直至稳定。如：从第 30 分钟至运行稳定，压力由 0.01MPa 升高至 0.2MPa 时，两种膜的通量衰减仅分别衰减至 21.7L/(m²·h)、21.4L/(m²·h)、21.0L/(m²·h) 和 31.5L/(m²·h)、32.5L/（m²·h）、31.1L/（m²·h）。即：通量衰减值随压力的升高而增大，表明膜污染程度随压力的升高而增大。究其原因，跨膜压力越大，初始膜通量越高，单位膜面积的过水量亦越大，导致膜所截留的污染物和颗粒物相对较多，因此，随着过滤时间的延长，污染物在膜孔及膜面的累积量就越高，膜污染较为严重；反之，亦然。

此外，改性膜的初始通量明显较原膜略高，其稳定通量亦较高，说明了改性膜的化学特性有了明显改观，导致其抗污染能力明显提高。

3.5.1.2 超滤处理油田采出水的污染物去除效能

（1）压力对原膜、改性膜出水浊度的影响

采出水经过传统工艺处理后，仍会含有大量的泥土、粉砂、微细有机物、无机物、细菌聚集体以及胶体等，导致水的浊度依然较高，很难达到低渗透地层回注标准[103]。图 3-75 给出了不同压力下，两种超滤膜出水浊度的变化情况。

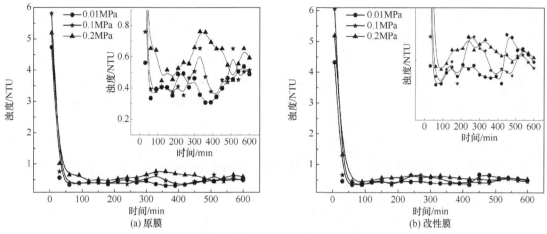

图 3-75　恒压过滤压力时操作压力对原膜、改性膜出水浊度的影响

实验期间,进水浊度始终维持在 84.0～90.0NTU 之间,平均浊度为 84.4NTU。从图 3-75 可以看出,过滤的起初 15min 内,两种膜在不同压力条件下的出水浊度均较高,在 4NTU 以上;至第 30 分钟,出水浊度下降至 1NTU 左右,且呈现出压力越高出水浊度越低的趋势,例如:压力为 0.01MPa、0.1MPa 和 0.2MPa 时,改性膜的出水浊度依次为 1.32NTU、0.66NTU 和 0.46NTU;随着超滤时间的继续延长,浊度略有下降,但 3 种操作压力下的出水浊度最终均稳定在 0.5NTU 左右。可见压力对长期运行的膜出水影响并不明显。引起这一现象的原因是,随着时间的延长,膜孔逐渐被堵塞,造成膜孔通道狭窄;同时,沉积于膜表面的各种无机、有机、胶体类污染物质所凝胶层向泥饼层过渡,在增加膜阻的同时起到了截留污染物的功能。

（2）压力对原膜、改性膜出水 APAM 浓度的影响

APAM 是造成油田采出水膜污染的主要贡献污染物之一。图 3-76 给出了不同压力下,两种超滤膜对采出水中 APAM 的过滤效果。

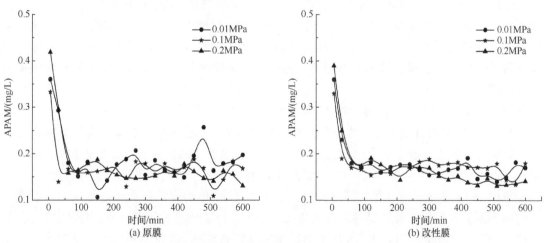

图 3-76　恒压过滤压力时操作压力对原膜、改性膜出水 APAM 的影响

实验中,进水 APAM 浓度在 330～380mg/L 之间。从图 3-76 可以看出,尽管起初过

滤的 30min 内，APAM 的浓度维持在 0.2mg/L 以上，但过滤 60min 后，两种超滤膜的出水聚合物浓度已经很低，去除率几乎达 100%。此外，当压力分别为 0.01MPa、0.1MPa 和 0.2MPa 时，原膜、改性膜出水的 APAM 浓度分别可以稳定在：0.18mg/L、0.17mg/L、0.15mg/L 和 0.16mg/L、0.18mg/L、0.14mg/L。显然，随着压力的升高，两种膜出水 APAM 的浓度略有下降，这与 APAM 的大分子结构及在高压下更易形成密实的凝胶层有关。

(3) 压力对原膜、改性膜出水 O/W 浓度的影响

油类物质是采出水中又一重要的污染物，也是采出水处理的重要目标污染物之一。实验对两种超滤膜不同操作压力下对 O/W 的去除情况如图 3-77 所示。

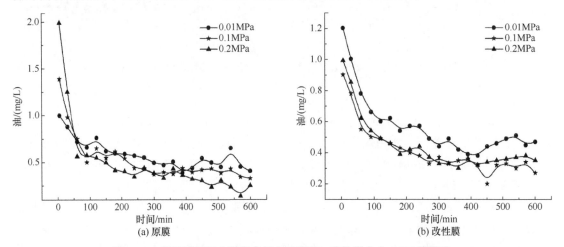

图 3-77 恒压过滤压力时操作压力对原膜、改性膜出水 O/W 的影响

采出水经混凝、气浮、过滤后，所含 O/W 浓度稳定在 15～20mg/L。跨膜压力为 0.01MPa、0.1MPa 和 0.2MPa 的条件下，两种膜出水中所含 O/W 浓度随时间的变化趋势较为一致，且浓度也较为接近，分别稳定在：0.6mg/L、0.5mg/L、0.4mg/L 以及 0.5mg/L、0.4mg/L、0.4mg/L，表明压力越高，O/W 的去除效率亦越高。造成这一现象的原因可能是：初始阶段，进水中的小油滴微粒在跨膜压的作用下，被挤压进入膜孔，并实现穿越进入渗透液侧，故随压力的升高而增大；随后，膜孔的堵塞、凝胶层与泥饼层的形成，使这一过程变得十分困难，因此去除率大幅提高。此外，两种膜的相似去除率也说明了改性膜并未改变原膜的孔径特征。

(4) 压力对原膜、改性膜出水 TOC 浓度的影响

TOC 是以碳的含量来表征水中有机物的综合指标。采出水中所含有机物种类繁多，难以对每种污染物进行准确定量，因此，利用 TOC 评价水质的综合有机污染意义重大。图 3-78 给出了进水 TOC 为 450mg/L 时，两种超滤膜在不同操作压力下对 TOC 的去除情况。

由图 3-78 可知，运行稳定时两种膜出水中的 TOC 值均稳定在 170mg/L 左右。显然，从前面的研究可知，尽管两膜对主要污染物 APAM 和 O/W 的去除率很高，但对 TOC 的去除效果却较差。分析原因认为，大庆油田采用三元复合驱油，采出水中除含有 APAM、O/W 外，还含有大量的表面活性剂，其具有两亲性质，极易溶于水，且分子量较小（多在 200 以内），故很难被超滤膜截留，导致出水 TOC 含量仍较高。

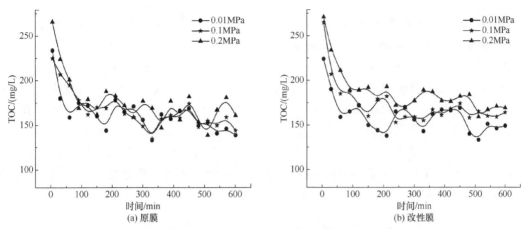

(a) 原膜　　　　　　　　　　　　(b) 改性膜

图 3-78　恒压过滤压力时操作压力对原膜、改性膜出水 TOC 的影响

3.5.2　超滤处理油田三次采出水临界通量的影响因素

3.5.1 部分针对模拟油田采出水中主要污染物于恒压操作条件下的超滤性能进行了研究，结果（图 3-74）发现较低压力运行时通量衰减速度非常缓慢，表明该超滤分离过程中可能存在临界通量。此外，临界通量是表面化学、流体力学、质量传输和过滤理论的有机结合[104]。从前面几节的相关研究结论可知影响超滤过程的因素多而复杂，为此采用逐步升压法[105]，分别从 APAM 浓度、O/W 浓度、pH 值、温度、TDS 等水质条件，TMP、浓缩率、转子转速等操作条件对原膜、改性膜处理油田三次采出水的超滤临界通量进行了考察。

3.5.2.1　水质特征对超滤临界通量的影响

料液浓度是影响浓差极化和凝胶层的主导因素，pH 值则可通过改变料液中有机物的表面电性、形态特征及旋转半径等对超滤过程造成间接影响；此外，温度亦可改变料液中有机物的运动特征，同时影响膜孔开度，而影响分离过程。因此，这些因素的改变势必对超滤过程的临界通量造成一定影响。

（1）APAM 浓度对超滤临界通量的影响

料液中不同 APAM 浓度下，考察了两种膜超滤临界通量、产水量的变化情况，结果如图 3-79 和图 3-80 所示。

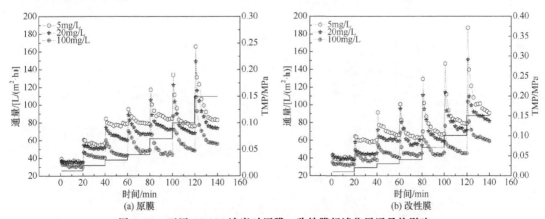

(a) 原膜　　　　　　　　　　　　(b) 改性膜

图 3-79　不同 APAM 浓度对原膜、改性膜超滤临界通量的影响

图 3-79 (a) 给出了 APAM 浓度为 5mg/L、20mg/L 和 100mg/L 时，原膜超滤过程临界通量的变化情况。采用逐步升压法得到的原膜超滤 APAM 溶液时的临界通量依次为 79.6L/(m²·h)、52.4L/(m²·h) 和 41.7L/(m²·h)，对应的临界压力分别为 0.03MPa、0.02MPa 和 0.02MPa。改性膜出现了类似现象，如图 3-79 (b)所示。从图 3-80 可以看出，在未达过滤的临界通量前，产水量与初始通量几乎一致，即随压力的升高，线性升高；超过临界通量，尽管初始通量随压力的升高而增加，但速率明显减慢，而产水量则不会随压力的升高而增加。主要原因是，浓度升高时有机分子之间在过膜时的竞争性增强，使得料液的迁移速率降低[106]，在膜面的沉积能力加大，导致临界通量随浓度的升高而降低。故此，临界通量的确定可为系统的低压长时操作提供理论基础，可在维持产水量较优的条件下，减缓膜污染，降低系统能耗。

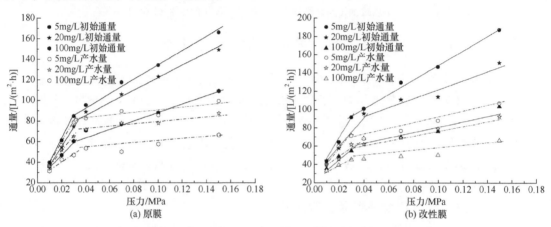

图 3-80 不同 APAM 浓度对原膜、改性膜产水量的影响

(2) O/W 浓度对超滤临界通量的影响

采出水中的另一重要的有机污染物 O/W 对超滤过程亦有着重要的影响，图 3-81 和图 3-82 给出了不同 O/W 浓度下，两种膜超滤过程的临界通量及产水量的变化情况。

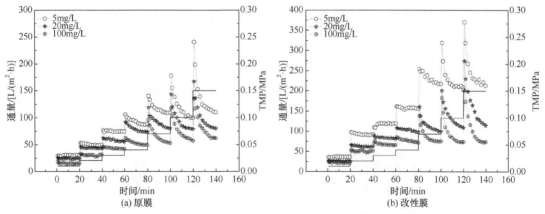

图 3-81 不同 O/W 浓度对原膜、改性膜超滤临界通量的影响

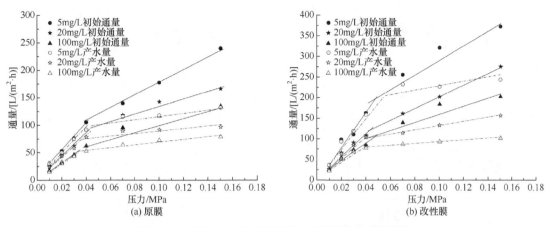

图 3-82　不同 O/W 浓度对原膜、改性膜产水量的影响

从图 3-81(a)可以看出,采用逐步升压法所得 O/W 浓度为 5mg/L、20mg/L 和 100mg/L 时,原膜超滤过程临界通量的变换情况,其临界通量依次为 75.7L/(m²·h)、60.3L/(m²·h) 和 49.5L/(m²·h),此时的操作压力分别为 0.04MPa、0.03MPa 和 0.03MPa。与之相比, 图 3-81(b)中改性膜超滤 O/W 的临界通量有明显提高,依次为:143.6L/(m²·h)、100.0L/ (m²·h)和 73.7L/(m²·h),说明改性膜的抗污染能力及通量均较原膜有了明显的提高,同 时说明选择合适的膜材料对于提高超滤过程的临界通量,减缓膜污染有着重要的作用。此 外,从图 3-82 可以得出与两种膜超滤 APAM 时初始通量与产水量类似的关系。总之,料 液浓度的升高,加剧了浓差极化现象和凝胶层的形成,从而引起临界通量的降低。

(3) pH 值对超滤临界通量的影响

据报道[107],pH 值能通过影响膜的荷电性能进而对多种溶质超滤过程的临界通量造成 巨大的影响。本节通过调节采出水原水的 pH 值,考察了不同 pH 值对两种膜超滤处理油 田三次采出水过程中的临界通量及产水量变化的影响,结果如图 3-83 和图 3-84 所示。

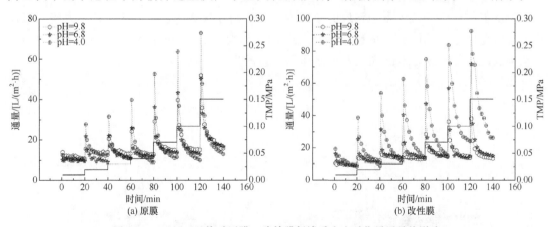

图 3-83　不同 pH 值对原膜、改性膜超滤采出水时临界通量的影响

从图 3-83 和图 3-84 可以看出,随着 pH 值的降低,原膜及改性膜处理三次采出水原 水时的超滤临界通量依次分别为:15.3L/(m²·h)(0.02MPa)、9.9L/(m²·h)(0.01MPa)、 不存在;17.2L/(m²·h)(0.02MPa)、不存在、不存在。这一值远低于仅 APAM 或 O/W

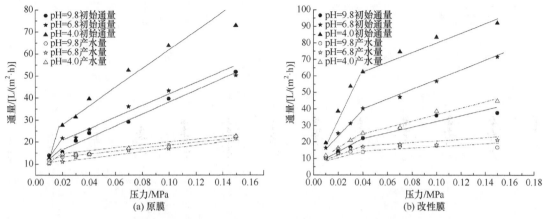

图 3-84　不同 pH 值对原膜、改性膜超滤采出水时产水量的影响

存在的溶液体系的临界通量，从侧面反映出石油采出水的复杂性。究其原因，采出水中除主要有机污染物 APAM 和 O/W 外，还含有大量的无机颗粒、无机盐（TDS）等，这些物质的存在，同样对膜过滤产生了重要的影响。例如：对于 APAM（自身带负电）而言，随着 pH 值的降低，其自身所带电荷被中和，容易发生聚集，形成致密的膜面沉积体，故导致临界通量的降低；相反，当 pH 值升高时，APAM 分子与膜面（膜体带负电）间的排斥力会有所增加，使得通过膜体的 APAM 迁移量大大降低，故临界通量增加。当然，由于采出水中的 TDS 很高，同样可大大降低超滤过程的通量及临界通量，这是由于，高离子强度可引起悬浮液颗粒间的扩散层减薄，促使沉淀层中的颗粒由于距离较近更易形成致密的沉淀层[107]。

此外，尽管 pH 值对两种膜处理采出水的初始通量的影响较为显著，但对临界通量及产水量的影响均较小。改性膜的产水量远高于原膜，其抗酸碱腐蚀性能也较原膜更强。事实上采出水原水的 pH 值在 10 左右，因此在无须调节 pH 值时可选择改性膜直接超滤。

（4）温度对超滤临界通量的影响

温度能在一定程度上影响溶质的布朗运动、横向迁移速率以及剪切、诱导力等，因此可能会对超滤过程的临界通量造成影响。图 3-85 和图 3-86 给出了 pH 值为 6.8、不同温度下两种膜超滤处理采出水的通量及产水量随压力的变化情况。

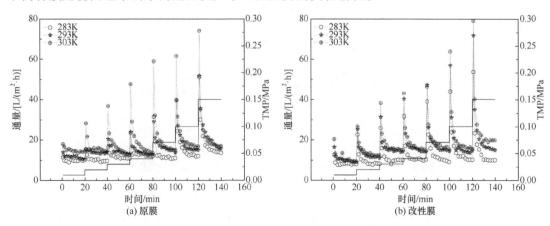

图 3-85　不同温度对原膜、改性膜超滤采出水时临界通量的影响

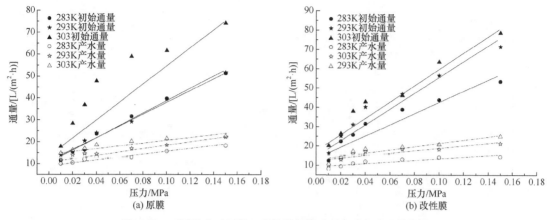

图 3-86　不同温度对原膜、改性膜超滤采出水时产水量的影响

从图 3-85 和图 3-86 可知，当 pH 值为 6.8 时，原膜和改性膜超滤三次采出水原水的过程中并不存在明显的临界通量，主要是由于 pH 值过低而导致的废水体系内出现了复杂的变化。可见试图通过改变温度来控制临界通量是不可行的。但较高的温度对此超滤过程依然起着重要的积极作用，即：两种膜的初始通量及产水量均随着温度的升高而增大。原因如下：一方面，温度的升高，加速了溶液中有机颗粒（分子）的碰撞，使溶质颗粒的尺寸增大，导致大颗粒在膜表面难以形成致密的沉积层，使得膜污染速度缓慢，产水量较高；另一方面，温度的升高还能在一定程度上增加膜孔开度，导致渗透效能提高，产水量上升。

油田采出水在经过油水分离、混凝、气浮、过滤后仍具有较高的温度（＞303K），因此，非常有利于后续的超滤膜深度处理。

3.5.2.2　操作参数对超滤临界通量的影响

除自身水质特点对超滤过程的临界通量有着显著的影响外，操作条件也是另一重要的影响因素。因而，以下的研究主要考察扰动速度及回收率等对两种超滤膜处理三次采出水原水时临界通量的影响效能。

（1）转速对超滤临界通量的影响

较高的错流速率可在膜面形成湍流，提高溶质颗粒的反向传输速率，降低层流内层的厚度，能有效改善浓差极化，减缓凝胶层和泥饼层的形成速率，因此，对超滤过程的临界通量造成一定影响。图 3-87 和图 3-88 给出了 pH 值为 6.8，温度 293K，转子转速分别为 60r/min、120r/min、180r/min 的条件下，原膜与改性膜超滤油田采出水时通量随压力的变化情况。

从图 3-87（a）、（b）可以看出，随着转子转数的提高，原膜及改性膜的临界通量均略有增加。其中较为显著的是，改性膜的临界通量在 180r/min 时，甚至可达 15.50L/（m²·h），较 120r/min 时的 10.71L/（m²·h）提高了 4.79L/（m²·h），且其临界操作压力也增加至 0.02MPa。这表明转子转数的提高增大了料液的湍流程度，有效地降低了膜污染的程度。

此外，在操作压力<0.02MPa 的条件下，随着转子转动速度的提高，两种膜的产水量逐渐降低。其中，操作压力为 0.01MPa 时，转数为 60r/min、120r/min 和 180r/min 的条件下，原膜及改性膜的产水量分别为：9.47L/（m²·h）、9.27L/（m²·h）、7.76L/（m²·h）和 11.80L/（m²·h）、11.12L/（m²·h）、10.05L/（m²·h）。究其原因，水的湍流程度加大，一定

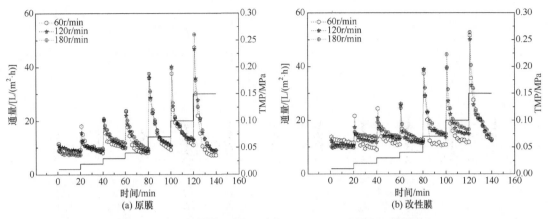

图 3-87　转子转数对原膜、改性膜超滤采出水时临界通量的影响

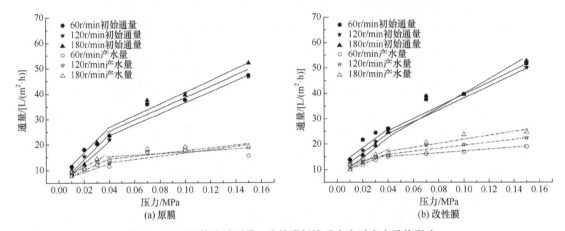

图 3-88　不同转速对原膜、改性膜超滤采出水时产水量的影响

程度上加大了水的切向速率，使外界驱动力的分力加大，进而降低了膜面的法向作用力，故此，随着转数的增大，产水量略有下降。

（2）浓缩率对超滤临界通量的影响

浓缩率是指进出水料液的体积比。该值越大，料液浓度变化越小，料液越趋于初始浓度；反之，料液的浓度升高很明显，浓度明显较初始大。有关料液浓缩率对两种膜过程临界通量及产水量的影响见图 3-89 和图 3-90。

从图 3-89 和图 3-90 可以看出，料液浓缩率对过程的临界通量影响并不显著。原因是，正常条件下（浓缩率 20%）的该超滤过程的初始临界通量已经很小，当浓缩率略有提高或降低时，临界通量并不能明显变化。此外，料液于不同浓缩率时，两种膜各自的产水量及初始通量均几乎保持一致。但改性膜的初始通量及产水量仍明显较原膜更高。这说明改性膜的抗污染能力明显增强。

综合以上研究可知，油田三次采出水在操作压力较低（0.03MPa）的条件下，有可能存在一个临界通量，尽管该临界通量值很低，但其产水量与高压操作时相当。因此，若将此临界通量应用于实际工程中，则能出现出水效果好、膜污染缓慢的良好现象，因此此部分的研究具有明显的经济意义和社会意义。

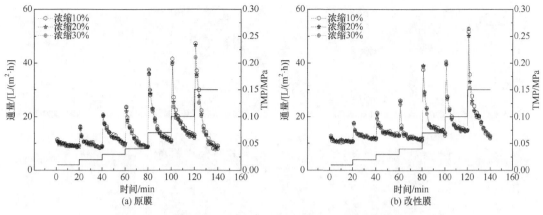

图 3-89　浓缩率对原膜、改性膜超滤采出水时临界通量的影响

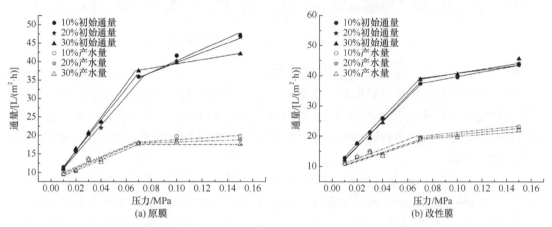

图 3-90　浓缩率对原膜、改性膜超滤采出水时产水量的影响

3.5.3　超滤膜的清洗与通量恢复

进水中的各种污染物随着膜组件运行时间的延长，逐渐在膜孔、膜表面累积，而引起膜通量的逐渐衰减。当通量衰减至一定程度，膜阻力就会变得十分大，超滤操作不再经济；同时，可能出现污染物的穿透，恶化出水水质。此时，必须对膜进行清洗再生操作，以保证超滤过程的顺利进行。

3.3 部分从机理上研究了膜污染产生的原因，本节试图将其进行应用，以探究出适合不同污染过程的合理清洗剂和清洗方法，较好地消除膜污染，恢复膜通量。本节针对油田采出水中的主要污染物质，优化组合了清洗方法。

3.5.3.1　膜面油田采出水污染物的形态分析

图 3-91（书后另见彩图)给出了经 APAM、O/W 和采出水污染前后的膜表面 SEM 图。

由图 3-91（a）和（a′）可见，原膜及改性膜未被污染前，表面有清晰可见的、分布均匀的小孔，其中改性膜由于纳米颗粒的引入而导致沟壑和凸起较原膜更为明显。膜污染后的表面形貌，由于污染物的不同而呈现出很大的差异。

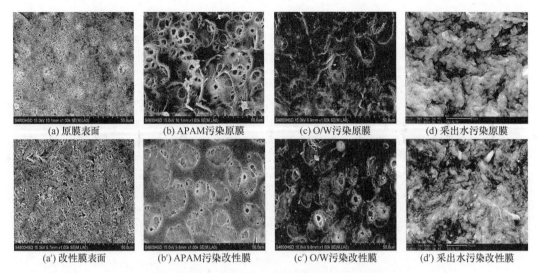

(a) 原膜表面　(b) APAM污染原膜　(c) O/W污染原膜　(d) 采出水污染原膜

(a′) 改性膜表面　(b′) APAM污染改性膜　(c′) O/W污染改性膜　(d′) 采出水污染改性膜

图 3-91　原膜、改性膜受不同污染物污染前后的形貌特征

从两种膜被 APAM 溶液污染后的 SEM 图[图 3-91 (b)、(b′)]可以看出，两种膜的表面都被一层厚厚的黏液状物质所覆盖，这层物质就是以胶体形态存在于料液中的 APAM。对比两种膜的 APAM 污染状态不难看出，改性膜表面的凝胶层污染非常显著，其在改性膜表面的聚集能力及密实程度要远高于原膜，说明改性膜的亲水性增强，增大了料液中的水溶性污染物的污染。

图 3-91 (c)、(c′)分别给出了被 O/W 污染后原膜、改性膜的表面形貌特点。超滤结束后，油污染层将膜面的孔结构完全覆盖。对比发现，原膜表面的油类物质密实而黏稠，且已很难看清膜面的微孔结构；相反，尽管改性膜表面也被油层遮住，但这层物质并未将膜孔全部堵死。表明随着改性膜亲水能力的增强，其抗油类污染的能力大大提高。

图 3-91 (d)、(d′)显示，油田采出水超滤后的膜表面污染形貌十分复杂。首先，在两种膜的表面都覆盖着一层厚厚的以胶团形式存在的泥饼层，包括油类、胶体和微生物等。此外，分析认为，膜面上清洗可见的颗粒状物质，是采出水中的浊度、微小砂粒及无机盐 Ca、Mg、Si 等的结晶析出物。通过对比两图片，发现为改性膜的泥饼层厚度明显小于原膜，表明改性膜对污染物的吸附量明显较原膜低，即改性膜的抗污染性能得到了明显的提高。

此外，芦艳[83]等已经对有关两种膜表面污染物成分的色谱/质谱联机分析与 EDX 能谱扫描分析进行过详细描述，此处不再赘述。

3.5.3.2　不同污染物污染膜的清洗方法

膜的污染会导致生产相同体积的过滤液需要提供更多的能量，同时缩短膜及相关设备的寿命，造成制水成本剧增。因此，对超滤膜的清洗及再生成为维护膜系统长期稳定运行中必要的一环。

本节根据油田采出水中所含主要污染物质的不同，优化组合了针对不同污染物的多种物理-化学清洗方法。

（1）APAM 污染膜的清洗与通量恢复

前期的研究发现，APAM 不是简单地沉积在膜的表面，而是通过化学键的作用与膜表面结合，同时部分 APAM 断链和碎片还能进入膜孔，引起膜孔的堵塞，因此单纯的水力清洗不可能高效地恢复膜通量。为了更加简洁方便地了解各种清洗方法对两种膜通量的恢复情况，我们在大量实验的基础总结出如图 3-92 所示的按时间顺次采用 4 种不同的方法清洗污染膜带来的通量恢复情况。

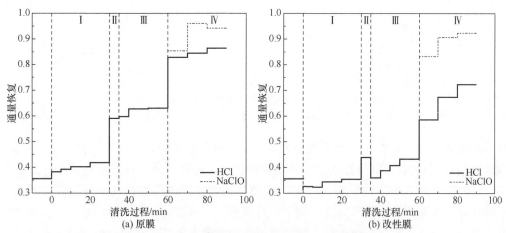

图 3-92　原膜、改性膜通量的恢复率随清洗方法的变化（一）
I—水力冲洗；II—机械刮除；III—反冲洗；IV—药剂清洗

从图 3-92 可以看出，水力冲洗对受 APAM 污染的两种膜的作用不大，其原因是，APAM 具有很高的黏度，且与两膜的结合能力很强，因此很难被水冲刷掉。但通过海绵球的刮除，两膜的通量均得到明显的提高，此时，原膜及改性膜的通量恢复率分别从 0.42 和 0.35 提升至 0.58 和 0.46，这是由于海绵球通过摩擦作用将 APAM 从膜表面刮除下来。此后的水力反冲效果亦不甚明显，还是与 APAM 与膜表面的结合能力相关。最后，分别采用 HCl（2%）溶液和 NaClO（1%）溶液进行浸泡，效果显著。HCl 能有效地降低 APAM 的旋转半径，使其随水从孔道中流出；NaClO 则依靠其强氧化性迫使 APAM 变性、断链，进而通量得以有效的恢复，其作用十分明显，原膜及改性膜的通量分别能恢复至 97% 和 92% 以上。基于此，结合第 3.4 节所得各污染过程模型可知，APAM 对超滤膜的污染，主要作用是由凝胶层和滤饼层引起，大约占衰减量的 80%，其余 10% 可认为是不可逆的缓慢污染所致。

（2）O/W 污染膜的清洗与通量恢复

以乳化废水和溶解油形式存在的 O/W 水溶液，极容易在疏水性有机膜表面吸附、碰撞聚结，因此，水的渗透过程会将 O/W 等杂质截留在膜表面，且呈溶解状态的 O/W 还可以聚结在膜孔内，堵塞膜孔。同时，O/W 与膜表面通过氢键作用进行结合，吸引力较强，单纯的水力冲洗几乎不可能将其清洗干净。因此，本小节针对多种超滤膜清洗方法进行了研究，以确定最佳的清洗方式。类似地，图 3-93 给出了针对 O/W 污染后超滤膜的清洗方法及通量随清洗方法的恢复情况。

通量恢复实验采用 4 步清洗操作，如图 3-93 所示。结果表明，滤饼的机械刮除不但不会使膜通量恢复，反而在一定程度上降低膜通量。分析原因，海绵球的滚动虽然使泥饼

193

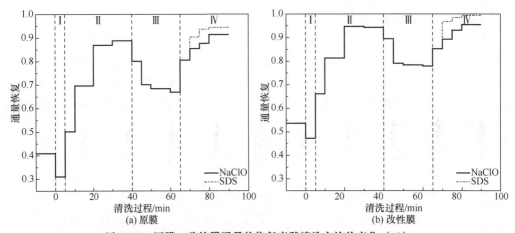

图 3-93　原膜、改性膜通量的恢复率随清洗方法的变化（二）
Ⅰ—机械刮除；Ⅱ—水力冲洗；Ⅲ—反冲洗；Ⅳ—药剂清洗

层的厚度减薄，但可能引起油类物质进入膜孔，造成孔道堵塞；并在膜表面形成一层油膜，极大地增强过滤阻力[108]。随着水力冲洗时间的延长，两膜的通量恢复率均得到一定程度的提高，原膜提高至 0.85，改性膜至 0.92。主要是因为水流的强烈扰动迫使膜表面的油类物质得到溶解。第Ⅲ阶段采用水力反冲洗，却发现通量不升反降，原因可能是，膜片受到与过滤相反的力，非但未能将集结在膜孔的油类物质冲入截留液中，反而导致油类物质的进一步碰撞、聚集，形成更大的颗粒，堵塞孔道。由于 PVDF 在碱性溶液中容易老化，故采用 NaClO 溶液（1%）和十二烷基硫酸钠（SDS）（0.5%）溶液进行浸泡，结果表明，经过 30min 的浸泡，原膜及改性膜的通量均可以得到有效恢复，分别可达 0.90 和 0.95 以上。由此可以得出，O/W 对超滤膜的污染主要是泥饼的形成和浓差极化，堵孔污染或吸附污染所占比例较小。

（3）采出水污染膜的清洗与通量恢复

尽管油田采出水中的 APAM 和 O/W 是膜污染的主要贡献者，但采出水所含的无机盐、细菌及其分泌物等可能会在污染层中起到架桥的作用，导致石油类物质、APAM 等形成复合污染，使膜污染程度大大提高[109]。不同清洗方式对膜通量恢复的结果见图 3-94。

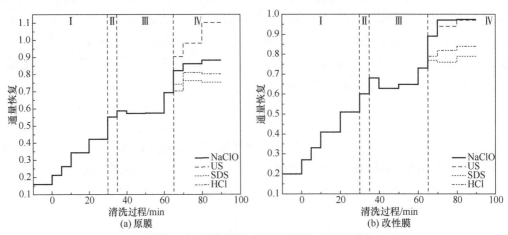

图 3-94　原膜、改性膜通量的恢复率随清洗方法的变化（三）
Ⅰ—水力冲洗；Ⅱ—机械刮除；Ⅲ—反冲洗；Ⅳ—药剂清洗

从图 3-94 可以得出，清水冲洗、机械刮除泥饼和水力反冲洗等物理清洗过程对采出水污染后的原膜及改性膜的通量恢复均具有一定效能。清水冲洗过程原膜、改性膜的通量恢复分别可由 0.16 和 0.20 恢复至 0.40 和 0.50 左右；经过机械刮除过程，通量恢复率可提升至 0.55 和 0.60；此后，是反冲过程，结果是两种膜的通量分别再次略有提升，可达初始通量的 0.67 和 0.72。这说明物理清洗油田采出水污染的超滤膜，可以改善膜的透水性，但膜通量恢复程度有限。原因是，物理清洗仅对松散在膜表面的一些悬浮物去除有效，而与膜体结合牢固的油类物质及 APAM 很难被清除掉。

此后，采用多种不同的药剂对该污染膜的通量恢复进行实验。发现，NaClO 的清洗效果最佳，其次是 HCl 和 SDS，不建议采用超声波（US）清洗。这与前面的研究结论几乎一致，原因是：NaClO 溶液对 APAM 和 O/W 均具有较好的去除效能；HCl 比较适合对 APAM 的清洗，而对油类物质的去除作用有限；同样 SDS 溶液对 APAM 的去除效果亦不明显。此外，研究发现，US 能很大程度地提高膜通量，超声处理 30min 原膜通量甚至超出自身初始通量，改性膜通量恢复亦较明显，约为 0.95。显然，超声波在一定程度上破坏了膜孔结构，使膜孔结构放大，因此，这种清洗方式对膜的破坏作用是很大的，但从侧面也反映出改性膜的机械强度得到提高，具有更强的耐腐蚀性[110]。此外还可以得出，原膜的不可逆污染所占比例很高（约 30%），改性膜则低于 20%，进而说明改性膜在油田采出水超滤处理过程中具有原膜不可比拟的抗污染优势。

3.5.3.3　膜污染的清洗机理

3.5.3.2 部分的研究表明，油田采出水对膜的污染主要包括无机颗粒的膜面累积和有机物的吸附。故此，针对不同的污染物，膜的清洗机理也不相同。图 3-95 是经采出水污染膜的污染层结构示意。

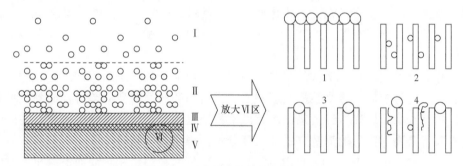

图 3-95　采出水污染膜的污染层示意

Ⅰ—与主体溶液直接接触区；Ⅱ—污染过渡层；Ⅲ—凝胶滤饼层；Ⅳ—油-APAM 膜层；Ⅴ—膜体层；
1—油-APAM 薄膜层；2—小分子有机颗粒进入孔内；3—膜孔的堵塞；4 复合堵孔污染

从图 3-95 可以看到，膜的污染层通常会包括Ⅰ～Ⅴ五个区域。其中：区域Ⅰ、区域Ⅱ和区域Ⅲ属于可逆污染区，此类污染可通过水力冲洗消除；区域Ⅳ和区域Ⅴ的污染通常有着化学键的参与，因此，几乎不能通过水力清洗去除，也就是不可逆污染区。此外，对综合不可逆区Ⅵ进行放大，包括图 3-95 中 1～4。针对上述污染类型，分析膜的清洗机理如下。

（1）水力冲洗

利用清水在膜表面的流速，进而产生高强的剪切力对膜表面的过渡污染层进行冲刷，并使其逐步溶解扩散至冲洗水中，恢复膜通量。但该方法仅对凝胶层上层，尤其是无机颗粒层有较为明显的作用。

（2）机械刮除

其作用对象主要是经长期运行后，累积在膜表面的泥饼层等沉积物，通过机械刮除，能较快速地清除泥饼层，降低因水力冲刷所引起的能耗及二次水污染[111]。但有时候，机械刮除亦可引起膜表面的再污染，增大后续化学清洗的难度。

（3）水力反冲

水力反冲洗是从膜的渗透液一侧通入冲洗水，利用水力作用将膜面的堆积物反洗出去。其作用原理是，以水作为反冲介质，使膜面在与过滤方向相反的方向受到短暂的反向压力，迫使膜孔内的小颗粒物质及膜表面的颗粒物质返回料液中，从而恢复膜通量[112]。本次实验反冲的效果并非很好，原因是在反向流动的过程中可能使原来尚未集结的小颗粒聚集，形成更大的颗粒，堵塞孔道。

（4）化学药剂清洗

采出水对膜的污染主要来源于油滴、APAM 等有机物在膜表面及膜孔内的吸附作用。过滤一旦开始，有机分子会迅速与膜表面结合形成一层薄薄的有机膜层，这层物质不可能通过单纯的水力清洗去除，亦不能减薄其厚度[113]；同样，进入膜孔的小分子有机物，依靠化学键作用与膜牢固地结合在一起。故此，此部分污染贡献较大。在几种化学药剂清洗效果的对比实验中，1%的 NaClO 洗液对表面有机膜层和孔内污染的清洗效果显著，原因是，依靠 NaClO 的氧化作用使有机薄膜分解而溶于洗涤液中；其次，2%的 HCl 洗涤液同样具有一定的清洗效能，这是由于结合于凝胶层或表面层的无机金属离子在酸的作用下溶解，协同残存的凝胶层或有机表面层从膜面洗脱下来；SDS 洗液的效果不甚显著，原因是[114]，采出水自身所含的 SDS 使 O/W 变得更为稳定，超滤过程中，尽管绝大部分 SDS 不能被截留，进入渗透液，但仍有部分 SDS 结合在 O/W 表面而被截留，因此，SDS 溶液的洗涤效能被大大减弱。

本部分以管式膜组件的形式，将改性膜和原膜应用于油田采出水的处理过程中，考察了操作压力对两种超滤膜透水性能的影响及出水水质随时间的变化趋势。此外，参考前面研究所得的几个重要因素，针对采出水超滤临界通量的存在与否进行了研究；同时做了两种膜经不同污染物污染后的清洗方法及机理分析。得出如下结论。

① 通过考察 0.01MPa、0.10MPa 和 0.20MPa 下两种膜错端超滤油田采出水时的通量衰减情况，可以得出高压操作仅对增大膜的初始通量具有较明显的作用，低压操作则可能获得采出水超滤过程的临界通量。改性膜的初始通量明显较原膜高，稳定通量亦较高。

② 两种膜对油田采出水的处理效果差异不大。运行稳定后，两种膜的渗透出水中浊度均低于 0.5NTU；含油量均小于 0.6mg/L；APAM 浓度小于 0.2mg/L；TOC 值小于 170mg/L。

③ 合理的操作条件下存在超滤临界通量。较低的污染物浓度、pH 接近中性（7.0）、较高的温度、较大的扰动速度均能从一定程度上增大膜的临界操作压力，进而增大膜的临界通量。长期运行时，临界通量与非临界通量下的产水量相当，但膜污染缓慢、能耗大大降低。

④ 不同污染物污染后的超滤膜所需的清洗方式不同。三次采出水污染后的超滤膜经清

水冲洗、水力反冲和机械刮除过程，原膜及改性膜的通量可分别恢复至 0.67 和 0.72；再经化学清洗后，膜通量可分别达初始清水通量的 0.90 和 0.95 以上。其中，NaClO（1%）的清洗效果最佳，其次是 HCl（1%）和 SDS（0.5%），不建议采用超声波清洗。

参考文献

[1] Falahati H, Tremblay A Y. Flux dependent oil permeation in the ultrafiltration of highly concentrated and unstable oil-in-water emulsions[J]. Journal of Membrane Science, 2011, 371(1-2): 239-247.

[2] 汪琳, 胡克武, 冯兆敏. 自来水厂超滤膜技术的研究进展[J]. 膜科学与技术, 2011, 31(5): 107-111.

[3] Lobo A, Cambiella Á, Benito J M, et al. Ultrafiltration of oil-in-water emulsions with ceramic membranes: Influence of pH and crossflow velocity[J]. Journal of Membrane Science, 2006, 278(1-2): 328-334.

[4] Belkacem M, Bahlouli M, Mraoui A, et al. Treatment of oil-water emulsion by ultrafiltration: A numerical approach[J]. Desalination, 2007, 206(1-3): 433-439.

[5] 黄维菊, 魏星. 膜分离技术概论[M]. 北京: 国防工业出版社, 2007: 1-13.

[6] 董洁. 基于模拟体系定量构效(QSAR)与传质模型和动力学分析的黄连解毒汤超滤机理研究[D]. 南京: 南京中医药大学, 2009.

[7] Lin C F, Lin A Y, Chandana P S, et al. Effects of mass retention of dissolved organic matter and membrane pore size on membrane fouling and flux decline[J]. Water Research, 2009, 43(2): 389-394.

[8] Meng F, Chae S, Drews A, et al. Recent advances in membrane bioreactors (MBRs): Membrane fouling and membrane material[J]. Water Research, 2009, 43(6): 1489-1512.

[9] Saxena A, Tripathi B P, Kumar M, et al. Membrane-based techniques for the separation and purification of proteins: An overview[J]. Advances in Colloid and Interface Science, 2009, 45(1-2): 1-22.

[10] Iritani E, Katagiri N, Kawabata T, et al. Chiral separation of tryptophan by single-pass affinity inclined ultrafiltration using hollow fiber membrane module[J]. Separation and Purification Technology, 2009, 64(3): 337-344.

[11] Sarkar D, Sarkar A, Chakraborty M, et al. Transient solute adsorption incorporated modeling and simulation of unstirred dead-end ultrafiltration of macromolecules: An approach based on self-consistent field theory[J]. Desalination, 2011, 273(1): 155-167.

[12] Heijman S G J, Vantieghem M, Raktoe S, et al. Blocking of capillaries as fouling mechanism for dead-end Ultrafiltration[J]. Journal of Membrane Science, 2007, 287: 119-125.

[13] Fernández-Sempere J, Ruiz-Beviá F, García-Algado P, et al. Visualization and modelling of the polarization layer and a reversible adsorption process in PEG-10000 dead-end Ultrafiltration[J]. Journal of Membrane Science, 2009, 342: 279-290.

[14] 李辉, 王树立, 赵会军. 水处理工业中超滤膜应用的问题探讨[J]. 过滤与分离, 2007, 2: 35-38.

[15] 刘茉娥. 膜分离技术应用手册[M]. 北京: 化学工业出版社, 2001: 1-8.

[16] Saha N K, Balakrishnan M, Ulbricht M. Polymeric membrane fouling in sugarcane juice ultrafiltration: role of juice polysaccharides[J]. Desalination, 2006, 189: 59-70.

[17] Tiranuntakul M, Schneider P A, Jegatheesan V. Assessments of criticalflux in a pilot-scale membrane bioreactor[J]. Bioresource Technology, 2011, 102(9): 5370-5374.

[18] Bouzid H, Rabiller-Baudry M, Paugam L, et al. Impact of zeta potential and size of caseins as precursors of fouling deposit on limiting and critical fluxes in spiral ultrafiltration of modified skim milks[J]. Journal of Membrane Science, 2008, 314(1-2): 67-75.

[19] 齐鲁, 田家宇, 梁恒, 等. 粉末活性炭/污泥回流工艺强化膜前预处理的研究[J]. 中国给水排水, 2010, 26(7): 50-53.

[20] Mozia S, Tomaszewska M, Morawski A W. Application of an ozonation-adsorption-ultrafiltration system for surface water treatment[J]. Desalination, 2006, 190(1/2/3): 308-314.

[21] Falahati H, Tremblay A Y. Flux dependent oil permeation in the ultrafiltration of highly concentrated and unstable oil-in-water emulsions[J]. Journal of Membrane Science, 2011, 371(1-2): 239-247.

[22] Yi X S, Shi W X, Yu S L, et al. Isotherm and kinetic behavior of adsorption of anion polyacrylamide (APAM) from aqueous solution using two kinds of PVDF UF membranes[J]. Journal of Hazardous Materials, 2011, 189: 495-501.

[23] Sarkar B, De S. Prediction of permeate flux for turbulent flow in cross flow electric field assisted ultrafiltration[J]. Journal of Membrane Science, 2011, 369(1-2): 77-87.

[24] 孙丽华. 以超滤膜为核心的组合工艺处理地表水试验研究[D]. 哈尔滨: 哈尔滨工业大学, 2008.

[25] 吴松, 张翼, 于婷, 等. 钕掺杂 Ti/TiO₂ 电极的制备并用于油田废水的降解实验研究[J]. 材料开发与应用, 2009, 24(5): 52-56.

[26] 徐俊, 于水利, 孙勇, 等. 降低含聚采油废水矿化度的超滤实验研究[J]. 哈尔滨商业大学学报(自然科学版), 2007, 23(1): 36-39.

[27] Chakrabarty B, Ghoshal A K, Purkait M K. Ultrafiltration of stable oil-in-water emulsion by polysulfone membrane[J]. Journal of Membrane Science, 2008, 325: 427-437.

[28] Sen G, Ghosh S, Jha U, et al. Hydrolyzed polyacrylamide grafted carboxymethylstarch (Hyd. CMS-g-PAM): An efficient flocculant for the treatment of textile industry wastewater[J]. Chemical Engineering Journal, 2011, 171(2): 495-501.

[29] Su Y L, Cheng W, Li C, et al. Preparation of antifouling ultrafiltration membranes with poly(ethylene glycol)-graft-polyacrylonitrile copolymers[J]. Journal of Membrane Science, 2009, 329: 246-252.

[30] Mimoune S, Amrani F. Experimental study of metal ions removal from aqueous solutions by complexation -Ultrafiltration[J]. Journal of Membrane Science, 2007, 298: 92-98.

[31] Peter-Varbanets M, Hammes F, Vital M, et al. Stabilization of flux during dead-end ultra-low pressure ultrafiltration[J]. Water Research, 2010, 44(12): 3607-3616.

[32] Popović S, Djurić M, Milanović S, et al. Application of an ultrasound field in chemical cleaning of ceramic tubular membrane fouled with whey proteins[J]. Journal of Food Engineering, 2010, 11(3): 296-302.

[33] 杨静. 玉米秸秆纤维素酶水解研究及响应曲面法优化[D]. 天津: 天津大学, 2007.

[34] Ghafari S, Aziz H A, Isa M H, et al. Application of response surface methodology (RSM) to optimize coagulation-flocculation treatment of leachate using poly-aluminum chloride (PAC) and alum[J]. Journal of Hazardous Materials, 2009, 163(2-3): 650-656.

[35] 陈山, 郭祀远, 李琳, 等. 电超滤溶析结晶过程仿真与控制模型的建立[J]. 广西大学学报(自然科学版), 2005, 30(1): 40-43.

[36] Hermia J. Constant pressure blocking filtration laws-application to power-law non-newtonlan fluids[J]. Transactions of the Institution of Chemical Engineers, 1982, 6(3): 183-187.

[37] Arnot T C, Field R, Koltuniewicz A B. Cross-flow and dead-end microfiltration of oily-water emulsions. Part Ⅱ. Mechanisms and modeling of flux decline[J]. Journal of Membrane Science, 2000, 169(1): 1-15.

[38] Elias H G. An introduction to polymer science[M]. VCH, New York, 1997.

[39] Macosko C W. Rheology: Principles, measurements and applications[M]. New York: Wiley/VCH, Poughkeepsie, 1994.

[40] Tekin N, Dincer A, Demirbas O. Adsorption of cationic polyacrylamide onto sepiolite[J]. Journal of Hazardous Materials, B, 2006, 134: 211-219.

[41] 赵晴. 纳米 Al₂O₃/TiO₂ 改性 PVDF 超滤膜的制备与应用研究[D]. 哈尔滨: 哈尔滨工业大学, 2009.

[42] McCarthy A A, Walsh P K, Foley G. Experimental techniques for quantifying the cake mass, the cake and membrane resistances and the specific cake resistance during crossflow filtration of microbial suspension[J]. Journal of Membrane Science, 2002, 201: 31-45.

[43] Hojo N, Shirai H, Hayashi S. Complex formation between poly(vinyl alcohol) and metallic ions in aqueous solution [C]//Journal of Polymer Science: Polymer Symposia. New York: Wiley Subscription Services, Inc. , A Wiley Company, 1974, 47(1): 299-307.

[44] Mimoune S, Amrani F, Experimental study of metal ions removal from aqueous solutions by complexation-Ultrafiltration[J]. Journal of Membrane Science, 2007, 298: 92-98.

[45] Zeman L J. Adsorption effect in rejection of macromolecules by Ultrafiltration membranes[J]. Journal of Membrane Science, 1983, 15: 213-230.

[46] Abdel-Ghani N T, Hegazy A K, El-Chaghaby G A, et al. Factorial experimental design for biosorption of iron and zinc using Typha domingensis phytomass[J]. Desalination, 2009, 249: 343-347.

[47] Meet Minitab 15 for Windows [M]. USA: Minitab Inc, 2007.

[48] 李建新, 王虹, 杨阳. 膜技术处理印染废水研究进展[J]. 膜科学与技术, 2011, 31(3): 145-148.

[49] Janek M, Lagaly G. Interaction of a cationic surfactant with bentonite: a colloid chemistry study[J]. Colloid and Polymer Science, 2003, 281(4): 293-301.

[50] Sun X H, Kanani D M, Ghosh R. Characterization and theoretical analysis of protein fouling of cellulose acetate membrane during constant flux dead-end micro-filtration[J]. Journal of Membrane Science, 2008, 320: 372-380.

[51] Montgomery D C. Design and analysis of experiments[M]. USA, 6th Edition, 2007.

[52] Rodrigues P M S M, Esteves da Silva J C G, Antunes M C G. Factorial analysis of the trihalomethanes formation in water disinfection using chlorine[J]. Analytica chimica acta, 2007, 595(1-2): 266-274.

[53] Falahati H, Tremblay A Y. Flux dependent oil permeation in the ultrafiltration of highly concentrated and unstable oil-in-water emulsions[J]. Journal of Membrane Science, 2011, 371(1-2): 239-247.

[54] Amin I N H M, Mohammad A W, Markoma M, et al. Effects of palm oil-based fatty acids on fouling of ultrafiltration membranes during the clarification of glycerin-rich solution[J]. Journal of Food Engineering, 2010, 101: 264-272.

[55] 李干佐, 郑利强, 徐桂英. 石油开采中的胶体化学[M]. 北京: 化学工业出版社, 2007: 91-97.

[56] Nikiforidis C V, Karkani O A, Kiosseoglou V, et al. Exploitation of maize germ for the preparation of a stable oil-body nanoemulsion using a combined aqueous extraction-ultrafiltration method[J]. Food Hydrocolloids, 2011, 25(5): 1122-1127.

[57] El-Abbassi A, Khayet M, Hafidi A, et al. Micellar enhanced ultrafiltration process for the treatment of olive mill wastewater[J]. Water Research, 2011, 45(15): 4522-4530.

[58] Xiarchos I, Jaworska A, Zakrzewska-Trznadel G, et al. Response Surface Methodology for the modelling of copper removal from aqueous solutions using micellar-enhanced ultrafiltration[J]. Journal of Membrane Science, 2008, 321: 222-231.

[59] Shin S H, Kim D S. Studies on the interfacial characterization of O/W emulsion for the optimization of its treatment[J]. Environmental Science & Technology, 2001, 35(14): 3040-3047.

[60] Wiacek A E. Effect of ionic strength on electrokinetic properties of O/W emulsions with dipalmitoylphosphatidylcholine[J]. Colloids and Surfaces A: Physicochemical and Engineering Aspects, 2007, 302(1-3): 141-149.

[61] Hesampoura M, Krzyzaniakb A, Nyströma M. The influence of different factors on the stability and ultrafiltration of emulsified oil in water[J]. Journal of Membrane Science, 2008, 325: 199-208.

[62] 何文, 杜俊琪, 刘刚. 微波协同混凝处理油田回注水的研究[J]. 现代化工, 2010, 30(增刊): 110-112.

[63] Cojocaru C, Zakrzewska-Trznadel G, Jaworska A. Removal of cobalt ions from aqueous solutions by polymer assisted ultrafiltration using experimental design approach. part 1: Optimization of complexation conditions[J]. Journal of Hazardous Materials, 2009, 169(1-3): 599-609.

[64] Landaburu-Aguirre J, Pongrácz E, Perämäki P, et al. Micellar-enhanced ultrafiltration for the removal of cadmium and zinc: Use of response surface methodology to improve understanding of process performance and optimization[J]. Journal of Hazardous Materials, 2010, 180: 524-534.

[65] Minitab® Release 14, Design of Experiments[M]. User's Manual, Minitab Inc, 2003.

[66] Chhatre A J, Marathe K V. Dynamic analysis and optimization of surfactant dosage in micellar enhanced ultrafiltration of nickel from aqueous streams[J]. Separation science and technology, 2006, 41(12): 2755-2770.

[67] 谷和平. 陶瓷膜处理含油乳化废水的技术开发及传递模型研究[D]. 南京: 南京工业大学, 2003.

[68] Zhou J, Chang Q, Wang Y, et al. Separation of stable oil-water emulsion by the hydrophilic nano-sized ZrO_2 modified Al_2O_3 microfiltration membrane[J]. Separation and Purification Technology, 2010, 75(3): 243-248.

[69] 李道山. 三元复合驱表面活性剂吸附与碱的作用机理研究[D]. 大庆: 大庆石油学院, 2002.

[70] 陈虹. 石油烃在土壤上的吸附行为及对其他有机污染物吸附的影响[D]. 大连: 大连理工大学, 2009.

[71] Fu Q, Deng Y, Li H, et al. Equilibrium, kinetic and thermodynamic studies on the adsorption of the toxins of Bacillus thuringiensis subsp. kurstaki by clay minerals[J]. Applied Surface Science, 2009, 255: 4551-4557.

[72] Chiem L T, Huynh L, Ralston J, et al. An insitu ATR-FTIR study of polyacrylamide adsorption at the talc surface[J]. Journal of Colloid and Interface Science, 2006, 297(1): 54-61.

[73] Jones K L, O'Melia C R. Protein and humic acid adsorption onto hydrophilic membrane surfaces: effects of pH and ionic strength[J]. Journal of Membrane Science, 2000, 165: 31-46.

[74] Carić M Đ, Milanović S D, Krstić D M, et al. Fouling of inorganic membranes by adsorption of whey proteins[J]. Journal of Membrane Science, 2000, 165(1): 83-88.

[75] Alkan M, Demirbas O, Celikcapa S, et al. Sorption of acid red 57 from aqueous solution onto sepiolite[J]. Journal of Hazardous Materials, 2004, 116: 135-145.

[76] Xue Y G, Houa H B, Zhua S J. Adsorption removal of reactive dyes from aqueous solution by modified basic oxygen furnace slag: Isotherm and kinetic study[J]. Chemical Engineering Journal, 2009, 147: 272-279.

[77] Cooney D O. Adsorption design for wastewater treatment[M]. Boca Raton, FL, USA: Lewis Publishers, 1998.

[78] Wu S H, Dong B Z, Huang Y. Adsorption of bisphenol by polysulphone membrane[J]. Desalination, 2010, 253: 22-29.

[79] Zhang Q, Gao Y, Zhai Y A, et al. Synthesis of sesbania gum supported dithiocarbamate chelating resin and studies on its adsorption performance for metal ions[J]. Carbohydrate Polymers, 2008, 73(2): 359-363.

[80] Mpofu P, Addai-Mensah J, Ralston J. Temperature influence of nonionic polyethylene oxide and anionic polyacrylamide on flocculation and dewatering behavior of kaolinite dispersions[J]. Journal of Colloid and Interface Science, 2004, 271(1): 145-156.

[81] Meadows J, Williams P A, Garvey M J, et al. Characterization of the adsorption- desorption behavior of hydrolyzed polyacrylamide[J]. Journal of Colloid and Interface Science, 1989, 132: 319-328.

[82] 王海芳, 王连军, 周洁, 等. 改性聚偏氟乙烯膜的油吸附性研究[J]. 膜科学与技术, 2007, 27(3): 44-47.

[83] 芦艳. 聚偏氟乙烯超滤膜纳米改性及其应用[D]. 哈尔滨: 哈尔滨工业大学, 2007.

[84] 陆金仁, 王修林, 单宝田, 等. 采油污水生物处理技术[J]. 环境污染治理技术与设备, 2004, 5(11): 65-69.

[85] van den Berg G B, Smolders C A. Flux decline in ultrafiltration processes[J]. Desalination, 1990, 77: 101-133.

[86] Karasu K, Yoshikawa S, Ookawara S, et al. A combined model for the prediction of the permeation flux during the cross-flow ultrafiltration of a whey suspension[J]. Journal of Membrane Science, 2010, 361(1-2): 71-77.

[87] Ho C C, Zydney A L. A combined pore blockage and cake filtration model for protein fouling during microfiltration[J]. Journal of Colloid and Interface Science, 2000, 232(2): 389-399.

[88] Bhattacharjee C, Bhattacharya P K. Flux decline analysis in ultrafiltration of Kraft black liquor[J]. Journal of Membrane Science, 1993, 82: 1-7.

[89] 张军彩, 谷宝累. 膜技术在水处理和污水资源化应用的新进展[J]. 河北建筑工程学院院报, 2011, 29(2): 35-37.

[90] Bhattacharjee C, Datta S. Analysis of polarized layer resistance during ultrafiltration of PEG-6000: an approach based on filtration theory[J]. Separation and Purification Technology, 2003, 33: 115-126.

[91] Nguyen Q T, Aptel P, Neel J. Characterization of ultrafiltration membranes. Part II. Mass Transport measurements for low and high molecular weight synthetic polymers in water solution[J]. Journal of Membrane Science, 1980, 7: 141-147.

[92] Vela M C V, Rodríguez E B, Blanco S Á, et al. Validation of dynamic models to predict flux decline in the ultrafiltration of macromolecules[J]. Desalination, 2007, 204(1-3): 344-350.

[93] Carić M Đ, Milanović S D, Krstić D M, et al. Fouling of inorganic membranes by adsorption of whey proteins[J]. Journal of Membrane Science, 2000, 165(1): 83-88.

[94] Hermia J, Rahier G. Designing a new wort filter underlying theoretical principles[J]. Filtration & separation, 1990, 27(6): 421-424.

[95] Hu B, Scott K. Microfiltration of water in oil emulsions and evaluation of fouling mechanism[J]. Chemical Engineering Journal, 2008, 136: 210-220.

[96] Lee N H, Amy G, Croue J P, et al. Identification and understanding of fouling in low-pressure membrane (MF/UF) filtration by natural organic matter (NOM)[J]. Water Research, 2004, 38(20): 4511-4523.

[97] 王北福, 于水利, 镇祥华, 等. 超滤处理含聚污水过程中通量衰减机理的研究[J]. 环境科学学报, 2007, 27(4): 568-574.

[98] Kanani D M, Ghosh R. A constant flux based mathematical model for predicting permeate flux decline in constant pressure protein ultrafiltration[J]. Journal of Membrane Science, 2007, 290: 207-215.

[99] 郝建英. 膜技术在水处理方面的应用[J]. 科技情报开发与经济, 2003, 13(4): 101-102.

[100] Field R W, Wu D, Howell J A, et al. Critical flux concept for micro-filtration fouling[J]. Journal of Membrane Science, 1995, 100: 259- 272.

[101] Tiranuntakul M, Schneider P A, Jegatheesan V. Assessments of critical flux in a pilot-scale membrane bioreactor[J]. Bioresource Technology, 2011, 102(9): 5370-5374.

[102] Navaratna D, Jegatheesan V. Implications of short and long term critical flux experiments for laboratory-scale MBR operations[J]. Bioresource Technology, 2011, 102(9): 5361-5369.

[103] Zhang Y, Jin Z, Wang Y, et al. Study on phosphorylated Zr-doped hybrid silicas/PSF composite membranes for treatment of wastewater containing oil[J]. Journal of Membrane Science, 2010, 361(1-2): 113-119.

[104] Neal P R, Li H, Fane A G, et al. The effect of filament orientation on critical flux and particle deposition in spacer-filled channels[J]. Journal of Membrane Science, 2003, 214(2): 165-178.

[105] Defrance L, Jaffrin M Y. Comparison between filtrations at fixed trans-membrane pressure and fixed permeate flux: application to a membrane bioreactor used for wastewater treatment[J]. Journal of Membrane Science, 1999, 152(2): 203-210.

[106] Metsämuuronen S, Howell J, Nyström M. Critical flux in ultra-filtration of myoglobin and baker's yeast[J]. Journal of Membrane Science, 2002, 196(1): 13-25.

[107] 姚金苗, 王湛, 梁艳莉, 等. 超、微滤过程中临界通量的研究进展[J]. 膜科学与技术, 2008, 28(2): 69-72.

[108] Zhang Y, Liu Y, Ji R. Dehydration efficiency of high-frequency pulsed DC electrical fields on water-in-oil emulsion[J]. Colloids and Surfaces A: Physicochemical and Engineering Aspects, 2011, 373(1-3): 130-137.

[109] 芦艳, 于水利, 孙鸿. 超滤膜处理油田采出水及污染膜的微观分析[J]. 化工环保, 2009, 29(2): 139-143.

[110] Lamminen M O, Walker H W, Weavers L K. Mechanisms and factors influencing the ultrasonic cleaning of particle-fouled ceramic membranes[J]. Journal of Membrane Science, 2004, 237(1-2): 213-223.

[111] Chen J P, Kim S L, Ting Y P. Optimization of membrane physical and chemical cleaning by a statistically designed approach[J]. Journal of Membrane Science, 2003, 219(1-2): 27-45.

[112] Ang W S, Tiraferri A, Chen K, et al. Fouling and cleaning of RO membranes fouled by mixtures of organic foulants simulating wastewater effluent[J]. Journal of Membrane Science, 2011, 376(1-2): 196-206.

[113] Mi B, Elimelech M. Organic fouling of forward osmosis membranes: Fouling reversibility and cleaning without chemical reagents[J]. Journal of Membrane Science, 2010, 348(1-2): 337-345.

[114] Blanpain-Avet P, Migdal J F, Bénézech T. Chemical cleaning of a tubular ceramic microfiltration membrane fouled with a whey protein concentrate suspension-Characterization of hydraulic and chemical cleanliness[J]. Journal of Membrane Science, 2009, 337(1-2): 153-174.

第4章
采油废水纳滤膜处理
及膜污染控制

4.1　纳滤膜结构与性能

纳滤膜是 20 世纪 80 年代晚期问世的一种新型膜材料，早期的纳滤膜主要致力于水的软化和有机物的去除[1]，而经过了 30 多年的发展，各类商品纳滤膜得以相继开发，如美国陶氏化学的 NF 系列纳滤膜。纳滤膜的应用规模和领域也实现了迅猛拓展，从最初的给水处理扩大到如今的各种废水处理、医药行业、食品加工、石油化工等众多行业[2-5]。

纳滤膜通常荷电，且具有 1nm 左右的孔径，截留分子量在 100～1000 之间，目前广泛应用的复合纳滤膜主要有三层结构，最上层是具有纳滤作用的活性分离功能层，中间通常为超滤支撑层，底层则为提供膜体强度的无纺布。此外还可通过各种手段对表层进行化学接枝、修饰以及表面涂层，用以改善膜面性质，提升膜的透水和抗污染能力。由于复合纳滤膜功能层很薄，通常为几百纳米，因此它的通量大，操作压力低，一般都小于 1.5MPa。与超滤相比，纳滤具有脱盐功能，对二价及高价离子的截留率达 90%以上，对单价离子的截留率也可达 40%～85%，且能够去除病毒、农药、内分泌干扰物、制药活性成分、消毒副产物等多种具有潜在危害作用的小分子有机物；与反渗透相比，纳滤的投资、运行及操作成本都相对较低，特别在仅有部分脱盐要求时，更加体现着纳滤的优势。

尽管纳滤的技术优势明显，应用前景广阔，但作为一个膜分离过程，膜污染是一个不可避免的且必须妥善解决的问题。面对日益严重的水资源短缺和环境污染问题，未来的纳滤膜应用价值将更多地体现在污水的深度处理与回用中[6]，而这一过程中的膜污染问题将更加严重，能否在明确膜污染机理的基础上进行有效的膜污染控制对纳滤技术的实际应用起着举足轻重的作用。基于这一问题，国内外众多科研工作者已经针对多种不同应用情况下的纳滤膜污染问题进行了大量研究，这些研究成果在纳滤应用中具有重要的借鉴价值，但是由于进水水质、处理目的、膜体材料以及操作条件等多方面的差异，具体某一纳滤工程必须针对自身的特定条件进行深入的研究工作，并以此作为大规模实际应用的理论基础和技术指导。

4.1.1　纳滤过程的分离机理

纳滤同微滤、超滤、反渗透过程一样，都是在膜两侧的压力差作用下实现的膜分离过程。纳滤膜的结构特征决定了它的分离机理，一方面纳滤膜具有纳米级孔径，另一方面则由于膜材料表面官能团在溶液介质中的电离或溶液中带电物质在膜上的吸附而导致膜带电[7-8]，因此，纳滤膜的分离机理既有空间位阻也有静电排斥，分离电解质和非电解质时有着不同的机理。对电解质（如可溶性无机盐、带电大分子）而言，其分离作用既有孔径筛分又有静电排斥；对非电解质（如中性有机物糖类）而言，孔径筛分则是主要的分离原因。

目前的研究中，纳滤过程的传质模型主要有溶解-扩散模型、不完全溶解-扩散模型、空间位阻-孔道模型和扩散-细孔流模型等[9]。与 UF、RO 过程相似，纳滤过程中的通量可由以下经验公式描述：

$$J_w = \frac{\Delta P - \Delta \pi}{\mu R} \tag{4-1}$$

式中　　J_w——渗透液通量；

ΔP——操作压力；

$\Delta \pi$——膜两侧溶液渗透压差；

μ——溶液运动黏度；

R——阻力。

式（4-1）中的阻力 R 包括膜自身的阻力、膜孔堵塞阻力及凝胶层阻力等。单看式（4-1）可知，提高操作压力可以增加膜通量，但在实际中，压力升高后一方面会导致膜体压实、膜自身阻力变大，另一方面又会加速膜污染，引起污染层阻力的上升，因此最终的结果不一定能够保证通量的增加。溶液中的颗粒物和有机分子能够产生的渗透有限，它们所造成的渗透压差通常可以忽略，但是当采用纳滤膜进行脱盐时，由于膜两侧溶液中盐浓度的差异，导致渗透压差 $\Delta \pi$ 这一项可能会很大，抵消部分操作压力。此外，当浓差极化现象比较严重时，不仅会造成溶质截留率的降低，还会通过增加渗透压差 $\Delta \pi$ 来降低膜通量。

4.1.2 纳滤膜的污染

对任何一个膜分离过程而言，膜污染都是一个不可忽视的问题，而纳滤过程中的污染发生在纳米级别，这就使得纳滤膜的污染更加复杂难解。膜污染的危害包括增加清洗频率、降低水回收率、恶化出水水质以及缩短膜体寿命等。因此明确纳滤膜污染机理，并在此基础上对其进行有效控制就显得尤为重要。

纳滤过程中可能造成膜污染的成分包括有机溶质、胶体、无机溶质以及生物等[10]，各种污染成分的污染机理包括膜面吸附、浓差极化和粒子沉积，由于纳滤膜通常荷电的特性，因此还要考虑到静电效应对膜污染产生的影响。各类污染组分的膜污染分析如下。

（1）有机溶质污染

有机溶质对纳滤膜的污染通常归结于有机溶质和膜材料之间的吸附作用，这种吸附作用涉及污染组分和膜材料的各种物理化学性质。从污染组分的角度来看，有机溶质的辛醇-水分配系数、偶极矩、水溶性以及带电特性等[11]均可影响到该吸附过程；从膜材料的角度来看，主要涉及膜面的亲疏水性质和带电情况，通常而言亲水性越好，抗污染能力越强，荷电膜体与带电有机溶质间的静电作用力也会对污染情况造成很大影响。

（2）胶体污染

胶体污染通常与膜面粗糙度密切相关[12]，胶体颗粒更加倾向于在膜面凹陷处聚集，膜的疏水性及渗透性也会对胶体污染造成影响。另一方面，胶体颗粒的尺寸大小、荷电情况以及浓度都会对污染情况产生影响。此外，M. Elimelech 等[13]提出一种新的浓差极化现象——"滤饼层强化的浓差极化"，这种浓差极化现象正是胶体污染所致，膜面附近胶体污染层的出现阻碍了溶质向主体溶液的返扩散，从而加剧了浓差极化并导致了后续的各种不良后果。

（3）无机溶质污染

无机溶质污染主要是指无机垢质在膜面或膜孔内的沉积。由于纳滤膜能够截留离子，特别是容易产生沉淀的二价及高价阳离子，如 Ca^{2+}、Mg^{2+}、Fe^{3+}等，被截留后的离子在膜面附近累积并超过沉淀物的溶度积后就会形成沉淀，常见的沉淀物主要有碳酸盐类、硫酸盐类以及硅酸盐类。

（4）生物污染

膜的生物污染是一个附着生长的动态过程，与此相关的微生物主要是细菌和真菌，生物污染不仅能降低膜通量，还可能对膜体进行降解而破坏膜结构。也有研究表明生物污染造成的膜通量衰减主要归结于胞外聚合物（EPS）在膜上的聚集[14]。

4.1.3　纳滤膜污染的控制

虽然纳滤膜在实际应用中的污染问题不可避免，但采取适当的应对措施对膜污染进行控制仍然是可行且十分必要的。纳滤膜的污染是各种因素的综合结果，涉及料液性质、膜材料性质、操作条件以及清洗方式等许多方面，因此膜污染的控制也需要从多个角度进行考虑。

（1）进料液的预处理

① 采用微滤、超滤、活性炭吸附、絮凝沉淀、化学预氧化等其他方式对料液中的污染组分进行去除；

② 在进行纳滤之前，通过向进料液中投加其他化学药剂（如络合剂、pH 调节剂）改变其物理化学性质，以求减轻膜污染问题。

（2）膜材料的改性

① 通过对已有的纳滤膜进行表面涂层、化学接枝、离子束辐射等提高其亲水性，从而减轻有机污染；

② 寻求新的界面聚合单体，或是在制膜时共混其他各类性质不同的有机或无机纳米粒子，制备新型复合纳滤膜，从根本上改善膜的孔径分布、亲水性、抗生物污染性以及荷电性能等。

（3）操作条件的改变

① 正确选择纳滤时的操作压力，使得运行时的通量低于临界通量（也可称为可持续通量，是指保持膜污染为可逆污染时的最大通量）；

② 通过优化膜组件结构，增加料液对膜面的剪切，从而减轻浓差极化、胶体聚集和有机物吸附等能够加剧膜污染的现象。

（4）受污染纳滤膜的清洗

① 采用水力冲刷、机械刮除、曝气、振动以及超声等措施对受污染纳滤膜进行物理清洗，但在应用以上各种方法时要注意避免对膜体的机械损伤；

② 采用酸、碱、表面活性剂、络合剂、酶清洗试剂等各种化学药剂对污染严重的纳滤膜进行化学清洗，该过程涉及水解、皂化、溶解、弥散、螯合、溶胶化等多种机理[15]。

许多膜生产厂家开发了多种具有专利的复合膜清洗试剂，也推荐了一些清洗步骤。但是必须注意到，一种清洗剂和清洗步骤的清洗效果在很大程度上受到特定料液组成和膜材料的影响。因此，在选择清洗方法时一定要结合自身的实际情况，选择或者开发适合某一特定行业的清洗技术。

4.2　纳滤膜处理采油废水的效能

基于超滤处理聚驱采油废水的出水状况与回用配聚的水质要求，纳滤过程的主要目标为降低废水的矿化度,同时进一步去除水中残留的 APAM 和原油。然而实际的纳滤处理效能会受到多方面因素的影响,如进水中不同组分间的相互作用、浓差极化、膜污染、操作条件等。因此,明确这些因素对纳滤处理效能的具体影响作用,对于指导实际生产和保证处理达标具有重要意义。

本节以盐分、APAM、原油这三类物质作为模拟聚驱采油废水中的目标组分,通过单因素及三者之间的不同组合因素实验,研究了纳滤截留过程中该三种组分间的相互影响作用,并在此基础上进一步研究了处理效能与操作压力和进水温度的关系。

4.2.1 纳滤实验

4.2.1.1 膜材料

选用的纳滤膜为美国 FilmTec 膜公司生产的 NF90。NF90 是一种未进行表面涂层的具有全芳香结构的聚酰胺复合纳滤膜[16],它具有三层结构,表层为具有纳滤功能的全芳香聚酰胺皮层(由间苯二胺与均苯三甲酰氯的界面聚合反应生成),中间以聚砜超滤膜作为多孔支撑层,底层则为提高膜体强度的聚酯纤维无纺布。相对于其他类型的纳滤膜而言,NF90 的聚酰胺皮层更加厚实紧密,膜孔更小,对单价盐和各类小分子有机物的截留能力更强。表 4-1 为 NF90 的详细性能参数。

表 4-1 NF90 的性能表征

项目名称	参数值
截留分子量	$100 \sim 200$
NaCl 截留率/%	$85 \sim 95$
纯水通量/[L/($m^2 \cdot h \cdot bar$)]	$5.2 \sim 8.1$
接触角/(°)	$54.5 \sim 63.1$
最高进水温度/℃	45
连续运行 pH 范围	$3 \sim 10$
短时清洗 pH 范围(30min)	$1 \sim 12$
最高运行压力/bar	41
Zeta 电位(pH=7)/mV	-24.9
平均膜孔孔径/nm	0.64 ± 0.01
游离氯容忍量/ppm	< 0.1

注:1 bar = 0.1MPa;1 ppm=10^{-6}。

4.2.1.2 实验用水的配制

本研究以经过超滤预处理的聚驱采油废水作为处理目标,因此在配制各类纳滤进水时,各种溶质的加入均以前期关于超滤处理聚驱采油废水效能的研究结论为依据,结合实验室条件确定各种配水方案如下。

(1)模拟盐水

在每升超纯水中准确加入 1.58g NaCl、0.1g K_2SO_4、0.02g $CaCl_2$、0.6408g $MgCl_2 \cdot 6H_2O$

和 3g NaHCO₃,搅拌溶解后则获得矿化度为 5000mg/L 的模拟盐水,溶液离子构成见表 4-2。

表 4-2　模拟盐水离子构成

离子类型	Na⁺	K⁺	Ca²⁺	Mg²⁺	Cl⁻	HCO₃⁻	SO₄²⁻	TDS
浓度/（mg/L）	1442.63	44.83	7.21	75.76	1195.71	2178.57	55.17	5000

（2）含聚模拟盐水

首先根据（1）中的配方配制所需体积的模拟盐水，然后根据模拟盐水的体积和待配的 APAM 溶液浓度，计算得到所需 APAM 的质量，对 APAM 粉末进行干燥冷却后准确称重并加入模拟盐水中，采用电动增力搅拌器充分搅拌 24h，即获得含聚模拟盐水。

（3）含油母液

由于原油的非极性特征，直接称取原油加入水中配制一定浓度的含油水是不可行的，因为加入水中的原油一部分会吸附在容器壁和搅拌桨上，一部分会上浮到水面处，只有很小部分能够溶于水中。针对该问题，本实验中采用超声-电动增力搅拌联合的方式，强制原油溶入水中，装置如图 4-1 所示。具体步骤为：

① 将装有超纯水的三角瓶放入超声清洗器中，同时采用电动增力搅拌器对水进行搅拌，搅拌的同时向水中加入过量事先已经在 60℃下熔化的液态原油，开启超声清洗器，使超声分散溶解和电动搅拌同时进行并持续 1h；

② 上步结束后，取出三角瓶，撇去表面多余的浮油，然后采用抽滤装置和定性滤纸对瓶内溶液过滤两次，去除大颗粒分散油，最终获得含油母液备用。

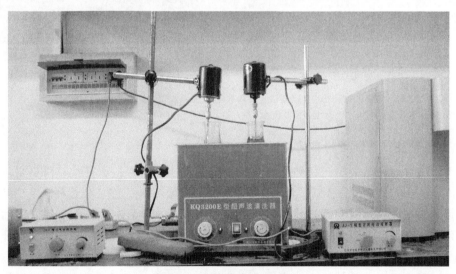

图 4-1　原油溶解辅助装置

（4）含油模拟盐水

首先采用石油醚萃法在分光光度计上准确测定已经获得的含油母液的含油量，然后根据测定结果和所要配制的含油水体积及浓度计算出所需含油母液的体积，以量筒准确量取该体积的含油母液后，用超纯水稀释至目标浓度。最后根据（1）中的模拟盐水配方，准确计算并称量各类无机盐并加入已经获得的含油水中，充分搅拌溶解后即获得一定含油量的模拟盐水。

（5）模拟聚驱采油废水

首先按照（4）中步骤配制一定体积所需含油量的模拟盐水，然后计算出目标聚驱采油废水中所含的 APAM 质量，对 APAM 粉末进行烘干、冷却并准确称量后加入含油模拟盐水中，采用电动增力搅拌器充分搅拌 24h 后即获得模拟聚驱采油废水。

4.2.1.3 连续流纳滤实验装置

实验室自行设计制造了一套连续流纳滤实验装置（见图 4-2），该装置主要由变频器、柱塞泵、温控贮液槽、纳滤膜室（有效膜面积 0.0025 m^2）、电子天平、计算机以及各类传感器组成，具有以下特点：

① 能够提供不高于 1.5MPa 的稳定压力（压力波动小于 0.01MPa）；

② 能够对进水温度进行有效控制，温度误差不大于 0.1℃；

③ 能够实现重量、压力和温度数据的计算机自动采集；

④ 能够通过回流阀门的开度来控制膜面流速。

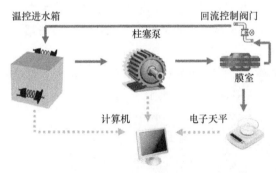

(a) 连续流纳滤装置示意图　　　　　　　　　(b) 连续流纳滤装置实际图

图 4-2　连续流纳滤实验装置

图（a）中实线箭头代表水流方向，虚线箭头代表数据传递方向

4.2.1.4 连续流纳滤装置操作方法

采用图 4-2 所示的装置进行纳滤处理模拟聚驱采油废水。每次实验前首先要对新膜片进行预压，预压方式为 1.0MPa 下用新膜过滤 30℃的超纯水直至纯水通量稳定。将温控进水箱和管路系统中的水排空后，向其中加入 30L 目标配水，待水温升至目标温度后开启柱塞泵，保持回流阀门全开，使料液在管路系统中循环稳定 5min，然后将进水压力升至目标值，并通过控制回流阀门的开度调整回流量，进而固定膜面流速，此时纳滤过程正式开始。

纳滤过程中透过膜片的渗透液流入电子天平上的烧杯内，而浓缩液则回流至温控进水箱内，由于每次实验所取的渗透液累积体积不超过 300mL，而进水箱中的料液体积达 30L，前者不足后者的 1%，因此由此产生的浓缩效应可以忽略不计。

每一周期的纳滤实验结束后要对温控进水箱和管路系统进行彻底清洗，防止残留的污染组分对下一周期的实验造成干扰。清洗方式为先用 40℃的自来水循环冲刷 3 个轮次，每个轮次持续 20min，再用 40℃的超纯水循环冲刷，直至冲洗液的电导率低于 5μS/cm 为止，最后排空进水箱和管路系统中的存水。

4.2.1.5　膜清洗前的造污染方法

首先按照 4.2.1.2 部分中所述方式配制含有较高浓度有机污染组分的模拟盐水 30L（提高有机组分浓度是为了加速膜污染进程，具体浓度及构成见 4.4 部分相关内容），然后采用连续流纳滤装置对已经经过超纯水预压（1.0MPa 下预压至纯水通量稳定）的新纳滤膜片进行污染，通量值为 3min 时间间隔内的平均值，当膜通量衰减至初始通量的 70%时停止操作，造污染过程中的膜室水温为（30±0.1）℃，操作压力为（0.8±0.01）MPa，回流量为（3.5±0.05）mL/s。

4.2.1.6　膜清洗方法

为了避免各类膜清洗液可能对管路系统和柱塞泵造成腐蚀破坏，对受污染纳滤膜进行清洗研究时采用异位清洗。首先关闭柱塞泵并缓慢泄压，待压力降至零后打开膜室取出膜片，将膜片放入装有 800mL 不同清洗液（温度为 30℃±0.1℃）的烧杯中，然后放入 30℃的空气浴恒温振荡器中振荡清洗，振荡速度为 120r/min，清洗时间为 30min，最后从烧杯中取出膜片用清水从侧面冲洗 1min。

4.2.1.7　膜通量恢复情况评价方法

将清洗后的膜片再次放入连续流纳滤装置的膜室中，在与 4.2.1.5 部分相同的条件下过滤同样的料液，通量值则为 3min 时间间隔内的平均值，并以该过程的初始通量作为清洗后的膜通量。然后通过计算并比较通量恢复率（FR）来评价清洗效果，FR 的计算方法如下所示：

$$通量恢复率(FR) = \frac{清洗后通量 - 污染后通量}{初始通量 - 污染后通量} \times 100\% \qquad (4\text{-}2)$$

4.2.2　纳滤对不同配水的处理效能

王北福等[17-21]关于超滤处理聚驱采油废水的研究结果表明，经过超滤预处理的采油废水中 APAM 含量低于 30mg/L，含油量低于 1.0mg/L，水温在 30℃左右，离子构成与 4.2.1 部分中所述的模拟盐水类似。

根据以上情况确定本研究中各类配水的组分浓度范围，此外，由于该种模拟盐水中含有大量 HCO_3^-，酸碱缓冲能力很强，pH 值能够较为稳定地保持在 8.5～8.8 范围内，因此实验中不再对进水 pH 值进行调控。本节中的其他实验条件则固定为：膜室水温 30℃ ±0.1℃，进水压力 0.8MPa±0.01MPa，回流量 3.5mL/s±0.05mL/s。

4.2.2.1　纳滤对单组分配水的处理效能

（1）纳滤对超纯水所配 APAM 溶液的处理效能

采用超纯水分别配制 APAM 浓度为 10mg/L、30mg/L 和 50mg/L 的纳滤进水各 30L，利用连续流纳滤装置分别对该三种配水纳滤处理 6h，每隔 1h 取一次水样进行水质分析，而通量值则为 3min 时间间隔内的平均值。通量变化过程与 APAM 截留情况如图 4-3 所示。

由图 4-3 可知：

① 水中 APAM 浓度越高，通量衰减速度越快，纳滤处理 APAM 浓度为 10mg/L 的配

水时，通量衰减至初始值的 80%需要约 200min，当 APAM 浓度为 30mg/L 时，这一时间则缩短至约 84min，APAM 浓度继续升高至 50mg/L 时，时间则进一步缩短为 30min 左右；

② 水中 APAM 浓度越高，最终的稳定通量越低，过滤 6h 后，APAM 浓度为 10mg/L 的情况下通量衰减至初始值的 76%，APAM 浓度为 30mg/L 时为 71%，APAM 浓度为 50mg/L 时则进一步降至 68%，但降幅已经缩小；

③ 纳滤对 APAM 的截留率不随进水中浓度的变化而变化，三种情况下均达到 100%。

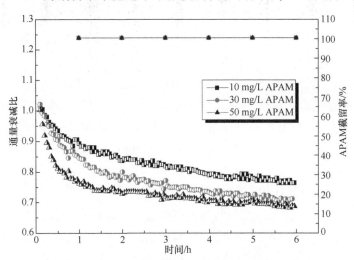

图 4-3   纳滤对不同浓度 APAM 进水的处理效能
图中实心符号代表截留率，半空心符号代表通量衰减比

以上现象①和②的出现一方面是因为水中的 APAM 浓度越高，单位时间内由溶液向膜面上的 APAM 迁移量越高（包括对流传质和扩散传质），这就导致高浓度的 APAM 溶液能在相同的时间内在纳滤膜表面形成更加厚实的 APAM 黏性污染层；另一方面则是由于线性有机高分子 APAM 能够提高溶液黏度，浓度越高，溶液黏度越大，被纳滤膜截留下来的 APAM 又进一步提高了进水侧溶液的黏度，从描述纳滤通量的经验公式（4-1）可以看出，污染层阻力的增加与溶液黏度的提高均能导致纳滤通量的降低。但是由于膜面的吸附点位有限和回流液对膜面的冲刷，能够聚集在膜面的 APAM 是有限的，这就使得 APAM 浓度为 30mg/L 和 50mg/L 的最终通量差异已经缩小并趋于一致（相对于 APAM 浓度为 10mg/L 和 30mg/L 的最终通量差）。现象③的出现毋庸置疑，实验中所用纳滤膜 NF90 的截留分子量低达 100～200（见表 4-1），而 APAM 的分子量高达 500 万，因此能够实现对其的完全截留。

（2）纳滤对超纯水所配含油溶液的处理效能

按照 4.2.1.2 部分所述的方法采用超纯水分别配制含油量为 0.5mg/L、1.5mg/L 和 3.0mg/L 的纳滤进水各 30L，利用连续流纳滤装置分别对该三种配水纳滤处理 6h，每隔 1h 取一次水样进行水质分析，而通量值则为 3min 时间间隔内的平均值。通量变化过程与原油去除情况如图 4-4 所示。

由图 4-4 可知：

① 纳滤进水的含油量越高，通量衰减速度越快，这与 3.2.1.1 部分中 APAM 的情况类似；

② 原油造成的通量衰减在实验进行的 6h 内一直在稳步持续下降，且通量衰减曲线的下降斜率没有明显减小，换言之，该过程中膜污染并没有缓和的趋势，这一点与纳滤处理 APAM 超纯水中通量衰减的情况不同，因为后者膜通量衰减曲线的下降斜率在 1.5h 左右发生了明显减小（见图 4-3）；

③ 对于同一含油量的纳滤进水而言，原油去除率随着过滤时间的增长而提高；

④ 对于不同含油量的纳滤进水而言，进水含油量越高，原油去除率也越高。

纳滤进水中的原油能够吸附在膜面或膜孔内壁上，原油污染层的出现不仅能够增加过滤阻力，而且可以降低纳滤膜的亲水性，而膜孔内壁上吸附的原油还会造成膜孔堵塞，这些结果都能导致膜通量的下降，进水含油量越高，这种效应越明显。与 APAM 不同的是，分子量很小的各类原油组分可以在已经形成的油污染层上继续覆盖累积，且由于它们之间的非极性作用很强，膜面附近的错流扰动难以对该污染层起到剥离作用，因此就表现出了通量持续快速下降的特征。纳滤膜上原油污染对膜孔的堵塞强化了纳滤膜对原油组分的筛分效应，这种作用可以提高原油去除率，而另一方面有机溶质在膜面吸附聚集后加剧了原油组分的浓差极化，提高了其透过膜孔的推动力，也就是说这种作用会降低原油去除率。原油污染在实际过程中对原油去除率的最终影响作用正是这两种作用的综合结果。国外的许多研究中既有膜的有机污染提高有机溶质截留率的实例，也有相反的情况。如 Agenson 等[22]在研究有机污染对 NF/RO 的效能影响时发现分子量较高的有机溶质截留率随着有机污染的产生出现了降低，而分子量较低的有机溶质截留率则随着膜污染的出现得到了提升。而本实验中的有机溶质为溶于水中的原油成分，这些能够溶于水的原油组分分子量通常都比较低，因此它们造成的有机污染更多地强化了纳滤膜的截留能力，使得原油去除率随着膜污染的出现而得以提高。

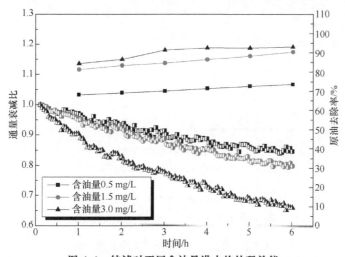

图 4-4　纳滤对不同含油量进水的处理效能
图中实心符号代表原油去除率，半空心符号代表通量衰减比

（3）纳滤对模拟盐水的处理效能

采用 NF90 对 30L 模拟盐水（不含 APAM 与原油）进行脱盐处理 6h，模拟盐水的离子构成情况见 4.2.1.2 部分。实验中每隔 1h 取一次水样进行水质分析，而通量值则为 3min 时间间隔内的平均值。通量变化过程与脱盐情况如图 4-5 和表 4-3 所示。

由图 4-5 与表 4-3 可知：

① NF90 对不含其他有机污染成分的模拟盐水进行处理时通量同样出现了下降的趋势，但是下降缓慢，经过约 4.5h 的缓慢下降后稳定在初始通量的 93%左右；

② 四种阳离子的截留率随着纳滤时间的增长出现了逐渐上升的趋势，这与通量变化的趋势正好相反；

③ 阳离子截留率顺序为 $Mg^{2+} > Ca^{2+} > Na^+ > K^+$，且二价阳离子的平均截留率均高于95%，单价阳离子的平均截留率均高于 85%；

④ 纳滤出水中阳离子总含量不足 160mg/L，与配聚用水指标要求的矿化度不高于1000mg/L 相差甚远，即使加上阴离子（主要为 HCO_3^-）的含量也不会超出这一标准。

由 4.2.1 部分中介绍的模拟盐水离子构成情况可知该模拟盐水含有 Ca^{2+}、Mg^{2+}、HCO_3^-、SO_4^{2-}，这些离子在主体溶液中的浓度没有达到相应沉淀的溶度积，故不会产生沉淀，但是在纳滤膜的截留作用下，膜面附近的离子浓度要远远高于主体溶液，此时就有可能超过相应沉淀物的溶度积，产生碳酸盐或硫酸盐沉淀（也可称之为结垢），这些沉淀物既能直接在膜面结晶形成，也能先在附近的溶液中形成，然后随着渗透液而迁移到膜面，在膜面形成无机沉淀污染层，减小有效膜面积或阻塞膜孔，从而引起纳滤通量的降低。与此同时，错流溶液对膜面的水力冲刷又能对膜上的沉淀物产生剥离作用，当沉积作用与剥离作用达到平衡时，通量即达到稳定状态。

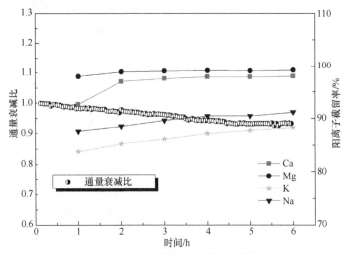

图 4-5 纳滤对模拟盐水的处理效能

图中实心符号代表离子截留率，半空心符号代表通量衰减比

表 4-3 纳滤对水中阳离子平均截留情况

类别	纳滤出水平均含量/（mg/L）	纳滤平均去除率/%
Mg^{2+}	0.9658	98.34
Ca^{2+}	0.2408	96.75
Na^+	150.9311	89.56
K^+	5.8480	86.33
合计	157.9858	—

纳滤膜对带电溶质的截留机理既有孔径大小差异引起的物理筛分，也有荷电效应引起的静电排斥。由于 pH=7 时 NF90 的表面电位就已经为负值（–24.9mV），而模拟盐水的 pH 值高于 8，此时的电负性更强，与溶液中的阴离子之间产生静电排斥，为了保持水溶液的电中性，阳离子与阴离子一同被截留在了进水侧溶液中，由此实现了纳滤的脱盐过程。但是不同的阳离子在水中有着不同的水合半径（见表 4-4），水合半径越大的离子在水中的迁移能力越差，被纳滤膜截留下来的可能性也就越高，因此图 4-5 和表 4-3 中四种阳离子的截留率与表 4-4 中不同离子的水合半径表现出了相同的大小顺序。

表 4-4　水溶液中离子的水合半径[23-24]

离子类别	水合半径/nm
Mg^{2+}	0.345
Ca^{2+}	0.307
Na^+	0.183
K^+	0.124

随着无机盐沉淀的形成，本身只有 0.64nm 左右的 NF90 膜孔可能被无机盐沉淀覆盖或阻塞，导致纳滤膜的有效孔径与水合离子半径的差距缩小，甚至接近并小于某些离子的水合半径，此时物理筛分这一截留机理得到强化，因此在实验中出现了离子截留率随着纳滤时间的增长而升高的现象。

4.2.2.2　纳滤对双组分配水的处理效能

（1）纳滤对含聚模拟盐水的处理效能

采用 30L 模拟盐水代替超纯水配制 APAM 浓度分别为 10mg/L、30mg/L 和 50mg/L 的含聚模拟盐水。利用连续流纳滤装置分别对该三种配水纳滤处理 6h，每隔 1h 取一次水样进行 APAM 含量测定，通量值为 3min 时间间隔内的平均值。通量变化过程与 APAM 截留情况如图 4-6 所示，脱盐情况如图 4-7 所示。

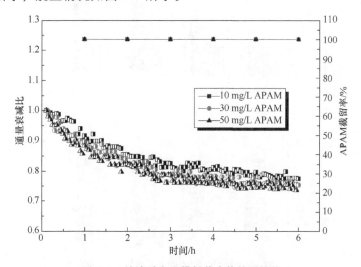

图 4-6　纳滤对含聚模拟盐水的处理效能

图中实心符号代表 APAM 截留率，半空心符号代表通量衰减比

由图 4-6 可知：

① 与 4.2.2.1 部分中过滤模拟盐水相比，APAM 的加入提高了膜通量衰减速度，且随着模拟盐水中 APAM 浓度的升高，通量衰减速度有所提高，稳定通量值有所降低，但与 4.2.2.1 部分过滤含聚超纯水的情况相比，通量衰减速度出现了减缓，3 种 APAM 浓度下的通量衰减速度差异也不再明显；

② 盐分的出现并没有对 APAM 的截留造成影响，3 种 APAM 浓度条件下各个时段的 APAM 去除率仍可达到 100%。

含聚模拟盐水的纳滤过程与模拟盐水（不含 APAM）的纳滤过程相比，不仅有无机盐沉淀造成的结垢问题，而且增加了 APAM 引起的有机污染，进一步增大了过滤阻力，且溶液黏度也随着 APAM 的加入得到一定的提高，这两种因素都会造成加剧膜通量的衰减。

含聚模拟盐水的纳滤过程与含聚超纯水（不含盐）相比，溶液中的盐离子在纳滤膜两侧产生了很大的渗透压差 ($\Delta \pi$)，严重降低了有效纳滤压力 ($\Delta P - \Delta \pi$)，使得含聚盐水的绝对初始通量值[约 30L/ (m²·h)，30℃，0.8MPa]远远低于含聚超纯水的绝对初始通量值[约 70L/ (m²·h)，30℃，0.8MPa]，相同时间内前者的渗透液累积体积就会远远小于后者的渗透液累积体积，因此前一过程中污染物组分向膜面的对流传质也就远远低于后一过程，由此造成的膜污染程度也就低于后者。另一方面，溶液中的阳离子，特别是二价阳离子的存在会严重降低 APAM 溶液的黏度，本实验中的含聚模拟盐水矿化度高达 5000mg/L，且含有大量钙镁离子，这就使得三种含聚模拟盐水的黏度差异缩小，并远远低于相同 APAM 浓度的含聚超纯水，而低的溶液黏度有利于纳滤通量的提高。总之，含聚模拟盐水中大量盐离子的渗透压效应和对 APAM 溶液的黏度降低效应共同导致了图 4-6 中的通量衰减特征。

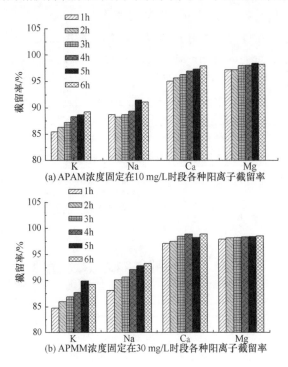

(a) APAM浓度固定在10 mg/L时段各种阳离子截留率

(b) APMM浓度固定在30 mg/L时段各种阳离子截留率

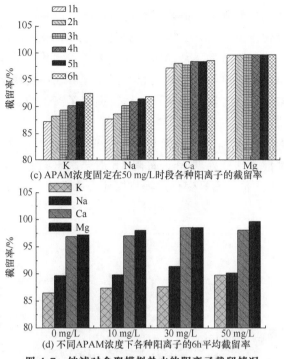

(c) APAM浓度固定在50 mg/L时段各种阳离子的截留率

(d) 不同APAM浓度下各种阳离子的6h平均截留率

图 4-7　纳滤对含聚模拟盐水的阳离子截留情况

如图 4-7 所示：

① 在 3 种 APAM 浓度（10 mg/L、30 mg/L、50 mg/L）的条件下，阳离子截留率的大小顺序均为 $Mg^{2+} > Ca^{2+} > Na^+ > K^+$，这与 4.2.2.1 部分中处理模拟盐水的情况类似；

② 在各种 APAM 浓度（10 mg/L、30 mg/L、50 mg/L）的条件下，单价阳离子的截留率均不低于 85%，二价阳离子的截留率均不低于 90%，且各种阳离子的截留率随着纳滤时间的增长表现出了上升的趋势，特别是单价阳离子的这一上升趋势更加明显；

③ 阳离子的 6h 平均截留率随着纳滤进水中 APAM 浓度的升高同样表现出了微弱的上升趋势。

上述各种现象从不同角度均说明了 APAM 形成的有机污染层提高了纳滤过程对各种阳离子的截留能力，这与王亮等[25]在研究纳滤处理 MBR 出水时发现水中有机物对纳滤膜的污染将初始时 94%的脱盐率提高至运行 36h 后的 97.5%～98%的结论一致。出现该现象的可能原因：a. 同 4.2.2.1 部分中类似，无机盐沉淀对膜孔的覆盖或阻塞能够提高离子截留率；b. 阴离子型聚丙烯酰胺 APAM 溶于水后产生的羧基（COO^-）既有电负性又有配位型，容易与溶液中的阳离子结合，因此增加了这些容易与之结合的离子透过 APAM 污染层的阻力，从而提高离子截留；c. Hoek 与 Elimelech[26]在研究 NF/RO 的胶体污染时提出了一种称为"污染层强化浓差极化"（Cake-enhanced concentration polarization，CECP）的概念，即胶体污染层的出现加剧了盐离子的浓差极化，促进了离子的扩散传质，进而降低离子截留率。Kim 等[27]在研究胶体颗粒（120nm）、天然有机物（NOM）和海藻酸钠（SA）对 RO 处理海水的影响时发现胶体颗粒形成的污染层加剧了离子的浓差极化，降低了脱盐率，而 NOM 与 SA 形成的有机污染层则提高了脱盐率。这是由于胶体颗粒形成的污染层疏松多孔，不能对离子的对流传质起到阻碍作用，反而能够通过阻碍膜面附近离子向主体溶液的返扩散而加剧浓差极化，这与 Hoek 的研究结果类似。而 NOM 与 SA 形成的污染层则相对密实，能够降低离子的对流传质，从而提高脱盐率。本实验中的有机污染组分为线型高分子 APAM，其增黏作用相对于海藻酸钠更强，因此能够在纳滤膜面上形成更加密实的黏性有机污染层，该污染层降低了离子的对流传质，提高了离子截留率。

（2）纳滤对含油模拟盐水的处理效能

分别配制含油量为 0.5mg/L、1.5mg/L 和 3.0mg/L 的含油模拟盐水各 30L，利用连续流纳滤装置分别对该三种配水纳滤处理 6h，每隔 1h 取一次水样进行水质分析，而通量值则为 3min 时间间隔内的平均值。通量变化过程与原油去除情况如图 4-8、图 4-9 所示，脱盐情况如图 4-8 所示。

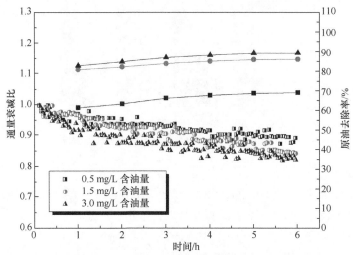

图 4-8 纳滤对不同含油量模拟盐水的处理效能

图中实心符号代表原油去除率，半空心符号代表通量衰减比

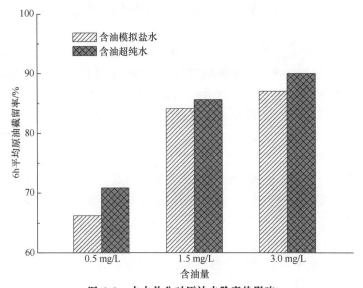

图 4-9 水中盐分对原油去除率的影响

由图 4-8 可知：

①　与 4.2.2.1 部分中过滤模拟盐水相比，原油的加入提高了膜通量衰减速度，且随着模拟盐水中含油量的升高，通量衰减速度有所提高，稳定通量值有所降低，但与 4.2.2.1 部分过滤含油超纯水时通量持续快速下降的情况相比，通量衰减速度出现了减缓；

②　对于同一含油量的纳滤进水而言，原油去除率随着过滤时间的增长而提高，对于不同含油量的纳滤进水而言，进水含油量越高，原油去除率也越高。这一现象与 4.2.2.1 部分中处理含油超纯水的情况类似。

含油模拟盐水的纳滤过程与模拟盐水（不含原油）的纳滤过程相比，既有无机盐结垢造成的膜孔覆盖或阻塞，又有 4.2.2.1 部分中所述的原油在膜面或膜孔内壁上的吸附，虽然增加过滤阻力的因素更多了，但是纳滤处理含油模拟盐水同 4.2.2.2 部分中阐述的关于含聚模拟盐水与含聚超纯水的纳滤过程类似，均由于盐离子产生的渗透压大幅降低了膜通量，进而降低了污染物向膜面的对流传质，也就是说减缓了膜污染的进程，从而表现出更加缓慢的通量衰减特征（与纳滤处理含油超纯水相比）。现象②说明原油造成的有机污染提高了纳滤过程对原油的去除能力，对此的解释同 4.2.2.1 部分中纳滤处理含油超纯水的情况类似，此处不再赘述。

由图 4-9 可知，纳滤进水中大量盐分的存在降低了原油截留率，三种含油量进水的条件下都出现了这一状况。其他许多研究者同样发现盐离子的出现能够降低有机溶质的截留率。Escoda 等[28]在采用聚酰胺复合纳滤膜研究盐分对聚乙二醇（PEG）的截留率影响时发现 PEG 在混合盐溶液中（KCl、LiCl、MgCl$_2$、K$_2$SO$_4$）的截留率出现了严重的下降；Bouranene 等[29]采用陶瓷纳滤膜过滤聚 PEG 与不同离子的混合液时发现盐离子在溶液中的出现降低了 PEG 的截留率，且不同离子对 PEG 截留的降低能力排序为 Mg^{2+} > Li$^+$ > K$^+$；Nilsson 等[30]发现在 pH=9 时葡萄糖的截留率随着溶液中氯化钾浓度的升高而降低，而在 pH 为 5 或 7 时这一现象并不明显。

本实验中原油截留率随着盐分出现而降低可能是由于：

①　溶于水中的原油组分在水中是以水合分子的形式存在的，由于水分子更加倾向于溶解盐离子，故其周围出现盐离子时，有机溶质的水合分子就会部分脱水，使其有效分子尺寸降低，从而更容易透过膜孔，这一效应通常称为"盐析效应"（salting-out）；

②　实验中采用的 NF90 为聚酰胺复合纳滤膜，相对于陶瓷膜而言，它具有一定的柔韧性，当纳滤进水中含有大量盐分时，与膜面电荷相反的离子会由于静电吸引而大量聚集在膜孔通道的表面，这些离子之间由于电荷相同而产生的静电排斥作用导致了"膜孔膨胀"（pore swelling），此外，由于所用的模拟盐水中含有大量 HCO$_3^-$，溶液 pH=8.5～8.8，碱性条件下的 NF90 电负性更强，能够吸引更多的阳离子，进一步加剧了"膜孔膨胀"，膨胀扩大的膜孔必然允许更多的原油组分透过。

如图 4-10 所示：

①　三种含油量（0.5mg/L、1.5mg/L、3.0mg/L）进水条件下阳离子截留率的大小顺序

均为 $Mg^{2+} > Ca^{2+} > Na^+ > K^+$，这与 4.2.2.1 部分中处理模拟盐水以及 4.2.2.2 部分中处理含聚模拟盐水的情况类似；

② 在各种含油量（0.5mg/L、1.5mg/L、3.0mg/L）的条件下，单价阳离子的截留率均不低于 86%，二价阳离子的截留率均不低于 96%，且各种阳离子的截留率随着纳滤时间的增长表现出了上升的趋势；

③ 阳离子的 6h 平均截留率随着纳滤进水含油量的增加同样表现出了上升的趋势。

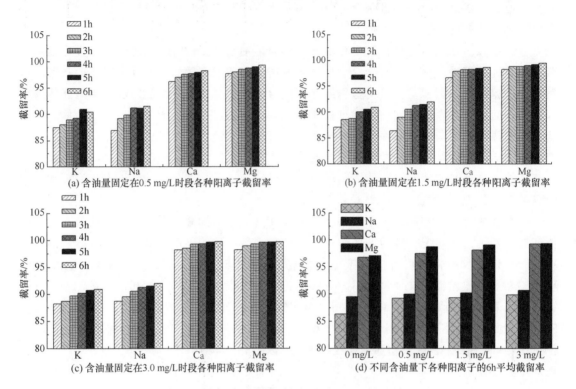

图 4-10　纳滤对含油模拟盐水的阳离子截留情况

上述各种现象从不同角度均说明了原油形成的有机污染层提高了纳滤过程对各种阳离子的截留能力，这与前面 APAM 有机污染层提高离子截留率的现象类似，但是两种情况下出现这一效应的机理有所差异。纳滤处理含油模拟盐水时原油污染层提高脱盐率的可能原因是：

① 同 4.2.2.1 部分中类似，无机盐沉淀对膜孔的覆盖或阻塞能够提高离子截留率；

② 低分子量的原油组分进入纳滤膜膜孔后吸附在膜孔内壁上，进一步减小了纳滤膜的有效孔径，强化了纳滤膜对离子的空间位阻作用，由此提高对离子的截留能力；

③ 原油中的各种组分为非极性或弱极性物质，而模拟盐水中的各种盐为强电解质，也就是说它们的极性很强，根据相似相溶的原理可知，这些强极性的电解质不溶或者难溶于原油，因此当膜面上形成原油污染层后，能够对离子形成较强的阻挡作用，污染层越密实，这种阻挡作用就越强，从而提高了离子截留率。

（3）纳滤对超纯水所配含油含聚溶液的处理效能

配制含油量为 1.5mg/L，APAM 浓度为 30mg/L 的含油含聚溶液（不含盐）30L。利用连续流纳滤装置纳滤处理该种配水 6h，每隔 1h 取一次水样进行水质分析，而通量值则为 3min 时间间隔内的平均值。通量变化过程、原油去除率以及 APAM 截留率如图 4-11所示。

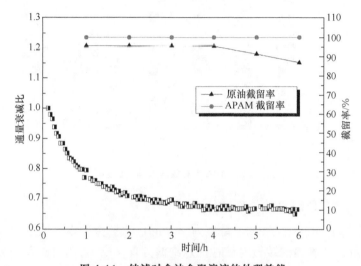

图 4-11　纳滤对含油含聚溶液的处理效能

图中实心符号代表溶质截留率，半空心符号代表通量衰减比

如图 4-11 所示：

① 纳滤连续处理含聚含油溶液 6h 时通量衰减至初始值的 65%，而纳滤处理超纯水所配含油溶液（含油量为 1.5mg/L）6h 通量衰减至初始值的 80%，纳滤处理超纯水所配含聚溶液（APAM 浓度为 30mg/L）6h 通量则衰减至初始值的 70%，换言之，原油与 APAM 的同时存在进一步加剧了膜通量的衰减；

② APAM 的截留率未受到原油存在的影响，仍然实现完全去除；

③ 原油截留率随着纳滤时间的增长呈现出了降低的趋势。

如前文所述，纳滤进水中的原油能够堵塞膜孔或在膜面形成污染层，降低膜面亲水性，而进水中的 APAM 不仅能在膜面形成高分子有机污染层，还能提高溶液黏度，这些结果都将导致膜通量的降低，因此就不难理解原油与 APAM 同时存在于进水中时膜通量衰减速度更快的现象。

NF90 的接触角为 54.5°～63.1°，说明该种纳滤膜的亲水性较好，而 APAM 为亲水性高分子聚合物，因此当纳滤进水中同时出现亲水性的 APAM 与疏水性的原油组分时，APAM 能够率先吸附在纳滤膜面上，这层亲水性的黏性物质能够阻碍原油组分向膜面的迁移，从而提高了原油的截留率（见图 4-12），但是随着过滤时间的增长，膜面附近累积的 APAM 与原油组分不断增加，原油组分的浓差极化现象不断加剧，最终致使其截留率出现下降趋势。

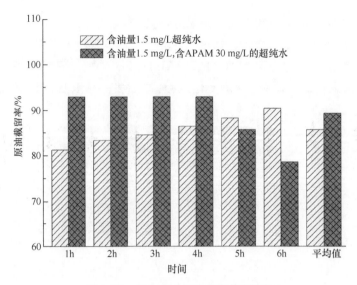

图 4-12 APAM 对原油去除率的影响

4.2.2.3 纳滤对三组分配水的处理效能

配制含油量为 1.5mg/L，APAM 浓度为 30mg/L 的模拟聚驱采油废水（含油含聚模拟盐水）30L。利用连续流纳滤装置对该种配水纳滤处理 6h，每隔 1h 取一次水样进行水质分析，而通量值则为 3min 时间间隔内的平均值。通量变化过程、原油去除率以及 APAM 截留率如图 4-13 所示，脱盐情况如图 4-14 所示。

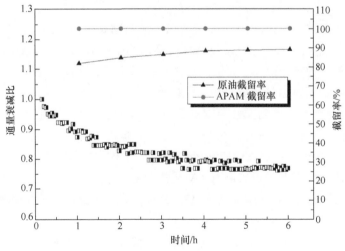

图 4-13 纳滤对模拟聚驱采油废水的处理效能

图中实心符号代表溶质截留率，半空心符号代表通量衰减比

由图 4-13 可知：

① 纳滤处理该模拟聚驱采油废水经过约 3.5h 通量达到了稳定状态，且稳定在初始通量值的 76%；

② APAM 的截留率仍然保持在 100%；

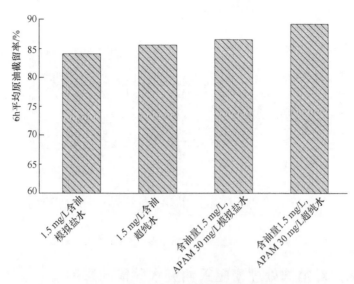

图 4-14　不同含油进水的原油去除率

③ 原油截留率随着纳滤时间的增长而得到了提高，这是由于 APAM 污染层随着纳滤时间的增长变得更加密实，进一步提高了对原油对流传质的阻碍作用。

图 4-14 给出了纳滤处理四种含油量均为 1.5mg/L 的不同进水时原油的 6h 平均截留率，可以看出盐离子在水中的出现不利于原油的截留，而 APAM 的出现则有利于原油的去除，这两类成分对原油纳滤截留效果的影响机理前文已经有过解释，此处不再赘述。当水中同时出现盐离子与 APAM 时，在二者的综合作用下原油截留率既有可能提高，也有可能降低，但在本实验条件下 APAM 的作用更加明显，因此使得纳滤处理含油量 1.5mg/L、APAM 含量 30mg/L 的模拟盐水时，原油截留率高于纳滤处理含油量为 1.5mg/L 的超纯水。

4.2.2.2 部分中已经说明 APAM 和原油组分对纳滤膜造成的污染均能提高纳滤过程对各种阳离子的截留率。由图 4-15 可见，当进水中同时存在 APAM 与原油时，各类阳离子的截留率也得到了提高（相对于纳滤处理模拟盐水而言），但此时的离子截留率并不一定比水中只含 APAM 或原油时高（如图 4-15 中 K^+、Na^+ 与 Ca^{2+} 的截留情况）。换言之，APAM 与原油同时存在时二者并没对提高离子截留率起到 "协同" 作用，反而有一定的负面作用。

APAM 为亲水性高分子有机物，而原油为疏水性混合物，二者具有很大的性质差异，当其中一种单独存在于纳滤进水中时，能够在膜面上形成均一密实的有机污染层，这将有利于降低离子的对流传质，而当二者同时存在于进水中时，由于它们的性质差异，导致此时形成的复合有机污染层不如单组分有机污染层密实，因此离子截留率也就不如进水中只含 APAM 或原油时高。

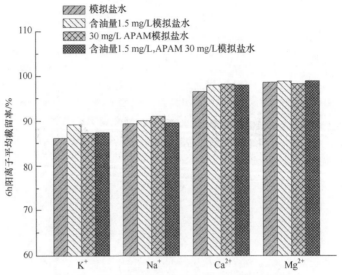

图 4-15　不同模拟盐水的阳离子 6h 平均去除率

4.2.3　操作条件对纳滤处理聚驱采油废水效能的影响

操作条件对纳滤过程中的通量大小、溶质截留率高低以及膜污染进程都有着重要的影响作用，选定合适的实际运行操作条件对于充分发挥纳滤效能具有重要意义。因此，本节在前一节研究内容的基础上进一步考察了操作压力和温度对纳滤处理效能的影响。

4.2.3.1　压力对聚驱采油废水的纳滤处理效能影响

选定纳滤进水类型为含油量 1.5mg/L，APAM 浓度 30mg/L 的模拟盐水，膜室水温控制在（30±0.1）℃，浓缩液回流量控制在（3.5±0.05）mL/s，进而固定膜面流速。然后采用 6 片经过预压的纳滤膜分别在进水压力为 0.6MPa、0.7MPa、0.8MPa、0.9MPa、1.0MPa 下各运行 1h，记录该过程中的通量变化情况，并对累积渗透液进行水质分析，由此得出压力对纳滤处理模拟聚驱采油废水的效能影响，结果如图 4-16 所示。

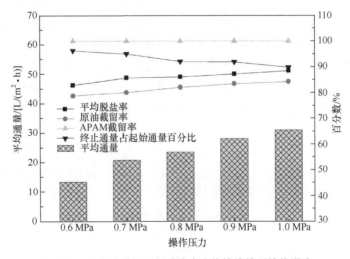

图 4-16　压力对模拟聚驱采油废水的纳滤处理效能影响

由 4-16 图可知：

① 1h 内的平均通量随着操作压力的升高逐渐升高，但是这一增长趋势并不是线性的，压力较高时出现了一定的缓和；

② 平均脱盐率与原油截留率随着压力的升高同样表现出了上升的趋势；

③ 在整个压力操作范围内，APAM 的截留率始终为 100%；

④ 终止通量与起始通量的百分比随着压力的升高出现了降低，由此说明压力的升高加剧了 1h 内的膜污染程度。

从式（4-1）可以看出，操作压力 ΔP 的升高能够提高纳滤通量，但是 ΔP 的增长不仅提高了透水通量，而且加剧了溶液中污染组分向膜面的对流传质，导致单位时间内形成的污染层更加厚实，由此出现终止通量与起始通量百分比随着操作压力提高而变大的现象。厚实的污染层还进一步提高了纳滤过程对进水中原油组分与无机盐的截留能力，此外，操作压力升高后增加了水的通量，相同时间内更多的清水透过纳滤膜片能够对溶质起到稀释作用，污染层对溶质截留能力的提高和更高操作压力下的稀释效应都能够提高原油和盐离子的表观截留率。

因此在实际应用中，操作压力的选择需要慎重，太低的操作压力不仅会降低单位时间内的产水量，而且还会降低纳滤出水水质，太高的操作压力又会加剧膜污染，提高过滤阻力，最终也难以获得更高的产水效率。Field 等[31]最早于 1995 年针对恒通量微滤过程提出了"临界通量（critical flux）"这个概念，认为当实际运行通量不超过临界通量时，跨膜压差能够保持稳定，长时间不增长或者增长极其缓慢，而当运行通量高于临界通量时则会出现膜污染发展迅速，跨膜压差快速增长的结果。本实验为恒压操作的纳滤过程，如果也借用这一原理来进行描述，则对应于临界通量的概念可以称之为临界操作压力，当进水压力高于该临界值时，无法通过进一步提高操作压力来有效提高纳滤通量，因为随之而来的膜污染加剧、跨膜阻力变大能够抵消压力的升高值。临界操作压力由进水水质、膜组件形式、膜材料等多种因素决定，故每一个工程案例有着不同的临界操作压力值，需要通过具体的实验对其进行确定，并以此来指导实际工作。

4.2.3.2　温度对聚驱采油废水的纳滤处理效能影响

选定纳滤进水类型为含油量 1.5mg/L，APAM 浓度 30mg/L 的模拟盐水，浓缩液回流量控制在（3.5±0.05）mL/s，进而固定膜面流速，进水压力控制在（0.8±0.01）MPa。然后采用 6 片经过预压的纳滤膜分别在进水温度为 20℃、25℃、30℃、35℃、40℃时各运行 1h，记录该过程中的通量变化情况，并对累积渗透液进行水质分析，由此得出温度对纳滤处理模拟聚驱采油废水的效能影响，结果如图 4-17 所示。

由图 4-17 可知：

① 纳滤通量随着进水温度的升高得以提高，且线性关系良好，对其进行线性回归得回归方程[如（式 4-3）所示]，由回归方程可知温度每升高 10℃通量升高约 10.4L/（m²·h）；

$$y = 0.637x + 4.051, R^2 = 0.9943 \tag{4-3}$$

式中　x——温度，℃；

　　　y——通量，L/（m²·h）。

② 原油截留率随着温度的升高出现了明显的下降趋势；

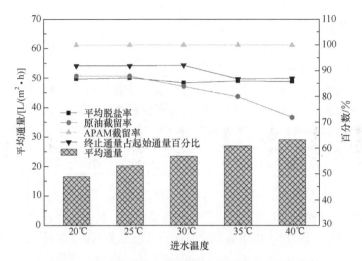

图 4-17　温度对模拟聚驱采油废水的纳滤处理效能影响

③ 综合脱盐率较为稳定地保持在 86%左右;

④ APAM 截留率未受到温度变化的影响,始终高达 100%;

⑤ 终止通量与起始通量的百分比随着温度的升高出现了降低,换言之,高温条件下的膜污染进程更快。

进水温度发生变化既会对纳滤膜本身产生影响,又会对溶质、溶剂的物化特性产生影响,还能对膜污染产生影响。从纳滤膜的角度来看,由于 NF90 为有机材料,温度升高能够增加其柔韧性,这就使得碱性条件下由水中盐离子引起的"膜孔膨胀现象"在高温时表现得更加明显,而温度对纳滤膜的荷电特性不会产生明显影响[32-33],因此膨胀后的膜孔将在单位时间内允许更多的中性溶质和溶液透过,但不会对带电离子的截留产生明显影响,在本实验中则表现为通量的升高,原油截留率降低,离子截留率基本不变。从溶液物化特性角度来看,高温条件下的传质系数更大,溶液和溶质的传质速率都将加快,这一点符合阿伦尼乌斯公式,但是 Amar 等[34]在研究温度对水与各种中性有机溶质(甘油、葡萄糖、蔗糖等)透过纳滤膜的传质影响时发现温度升高时中性溶质传质速率的增长幅度要大于水的增长幅度,宏观表现为水通量的升高和中性溶质截留率的降低,这一结论与本实验中原油截留率降低的现象相符。此外,离子截留率的基本不变,说明温度对离子传质速率的提高作用基本等于对水的影响。从膜污染的角度来看,高温条件下更高的通量向膜面带来了更多的污染组分,而高温时传质速率的提高又能加速这些污染组分向主体溶液的返扩散,膜污染的加剧与否是这两种效应的权衡结果,本实验中随着温度的升高,终止通量与起始通量的百分比出现了降低,说明膜污染加剧了。膜污染的加剧虽然可能提高对原油和盐离子的截留作用,但这一效应在高温条件下相对于溶质传质速率的提升并不明显。

本部分以阴离子型聚丙烯酰胺(APAM)、原油和盐分这三类物质作为聚驱采油废水的目标组分,分别进行了不同组分的配水实验,全面分析了三者之间的相互影响作用,评价了纳滤对模拟聚驱采油废水的处理效能,并在此基础上进一步研究了操作压力与温度对该纳滤过程的影响。研究结果如下:

① 在本实验研究的条件范围内,矿化度为 5000mg/L 的含聚模拟采油废水经过纳滤膜

NF90 的处理后，综合脱盐率高于 85%（出水矿化度低于 750mg/L），二价阳离子去除率高于 95%（出水总硬度低于 20mg/L），原油去除率高于 70%（出水含油量低于 1mg/L），APAM 则完全截留，出水能够满足配聚用水水质指标对 TDS、硬度以及含油量的要求。

② 模拟盐水经纳滤处理时能够在膜上形成无机盐沉淀（结垢），这种无机垢质能够降低膜通量，但与此同时也强化了纳滤膜的空间位阻效应，提高了该过程的脱盐率；纳滤进水中的 APAM 能够在膜上形成黏性有机污染层，该污染层的出现一方面降低了单位时间内的产水量，另一方面则强化了对盐离子和水中原油的截留作用，有助于提高纳滤出水水质；纳滤进水中的原油组分能在膜面上形成弱极性有机污染层，该污染层的出现一方面降低了膜通量，另一方面则强化了对原油组分本身与盐离子的截留作用，同样有助于提高纳滤出水水质。

③ 纳滤进水中的大量盐离子在膜两侧形成的渗透压差 $\Delta\pi$ 严重降低了有效进水压力，表现为纯水膜通量[约 70L/($m^2 \cdot h$)，30℃，0.8MPa]与盐水膜通量[约 30L/($m^2 \cdot h$)，30℃，0.8MPa]的巨大差异；大量盐离子的存在降低了纳滤过程对原油的截留率，这主要归结于纳滤膜的"膜孔膨胀"和有机溶质的"盐析效应"。

④ 提高操作压力能够在短时间内提高膜通量和溶质截留，但却会加剧的膜通量衰减，而膜污染的加剧又会降低膜通量，还可能通过加剧浓差极化的方式降低出水水质。因此从长远角度看，提高操作压力并不一定能够达到预期效果，必须考虑到临界操作压力的概念，确定临界操作压力并在该值以下运行纳滤装置。

⑤ 提高进水温度能够增加膜通量，且二者在本实验条件的范围内呈现线性关系，温度提高后盐离子的截留率基本不受影响，而原油的截留率出现了明显的降低（降幅高于 15%），膜通量衰减也有所加速。因此在评价温度对纳滤处理效能的影响时，要综合考虑它对膜通量、溶质截留率以及膜污染这三个方面的作用，只有在出水水质和膜污染速率满足要求的情况下，才能考虑通过提高进水温度的方式增加膜通量。

4.3　纳滤膜处理采油废水的膜污染机理

前一节已经对模拟聚驱采油废水的纳滤处理效能进行了系统的分析，实验结果表明 NF90 能够保证出水水质满足配聚要求。但是要想纳滤技术在聚驱采油废水的处理中得到推广应用，不仅需要保证出水水质，而且必须明确该过程中的膜污染机理，识别不同污染组分在膜污染中的主次关系和相互影响作用，并以此为指导，采取适当的措施对膜污染进行有效控制。

4.3.1　不同污染组分造成的膜通量衰减特征对比

本节分别以盐离子、APAM 以及原油作为存在与否的变量，考察各种条件下的膜通量衰减特征，并对不同的通量衰减曲线进行对比分析。实验中模拟盐水的离子构成如 4.2.1.2 部分所述，水中的 APAM 浓度固定为 30mg/L，含油量固定为 1.5mg/L，膜室水温为 (30±0.1) ℃，进水压力为 (0.8±0.01) MPa，回流量为 (3.5±0.05) mL/s。

由于溶液渗透压、膜片性能等差异的影响，相同时间内透过纳滤膜的渗透液累积量是不同的，由此导致的污染物对流传质总量就不同。为了避免对流传质的差异对膜污染的影响，本节实验的通量衰减曲线以渗透液累积体积作为横坐标，每种进水条件下的纳滤过程均以渗透液累积体积达到 300mL 为止。

4.3.1.1　盐离子与原油对膜通量衰减特征的影响

分别配制模拟盐水（不含 APAM 与原油）、含油量为 1.5mg/L 的超纯水以及含油量为 1.5mg/L 的模拟盐水各 30L，采用连续流纳滤装置分别对其处理，每一运行周期以渗透液累积体积达到 300mL 为止。通量为 3min 时间间隔内的平均值，通量变化情况如图 4-18 所示。

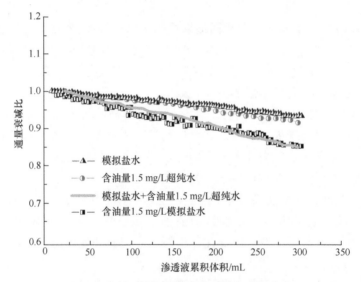

图 4-18　盐离子与原油对膜通量衰减的影响

如 4.2 部分内容所述，纳滤处理模拟盐水时，水中的部分阴阳离子能够形成无机盐沉淀，从而对纳滤膜造成无机污染；纳滤处理含油超纯水时，水中的原油组分能够对纳滤膜造成有机污染，不仅增加过滤阻力，而且降低膜面亲水性。结垢造成的无机污染与原油造成的有机污染都能降低膜通量。图 4-18 中实线为纳滤分别处理模拟盐水和含油量 1.5mg/L 超纯水时通量衰减比的累加和，而纳滤处理 1.5mg/L 含油量模拟盐水时的通量衰减曲线与这一累加实线基本一致。由此说明盐离子与原油同时存在于纳滤进水中时，二者之间并没有出现明显的协同作用或是削弱作用。此外，还可发现无机污染造成的通量衰减曲线、原油有机污染造成的通量衰减曲线以及二者同时污染造成的通量衰减曲线在整个运行周期内一直表现出稳步的下降趋势，运行终止时三者的通量衰减比分别约为 0.92、0.94、0.85，通量衰减曲线的下降斜率没有出现明显的变化，其形状更像是一条斜率为负的直线，说明膜污染速率在整个运行周期内并没有降低。

4.3.1.2　盐离子与 APAM 对膜通量衰减特征的影响

采用超纯水配制 APAM 浓度为 30mg/L 的溶液 30L 和配制模拟盐水 30L，利用连续流纳滤装置分别对其处理，每一运行周期以渗透液累积体积达到 300mL 为止。通量为 3min

时间间隔内的平均值，通量变化情况如图 4-19 所示。

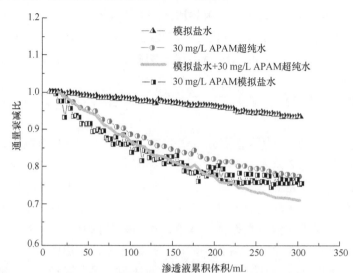

图 4-19　盐离子与 APAM 对膜通量衰减的影响

由图 4-19 可以明显地看出，与纳滤处理模拟盐水相比，模拟盐水中加入 APAM 后，膜通量出现了严重的下降，运行终止时的通量衰减比降低至 0.75，比纳滤处理模拟盐水时进一步降低了约 18.5%，但此时的通量已经达到了较为稳定的状态，不再有明显的下降趋势。而纳滤处理 1.5mg/L 含油模拟盐水的终止通量衰减比约为 0.85，与处理模拟盐水时相比降低了 7.6%，但此时的通量衰减并没有缓和的趋势（见图 4-18），随着纳滤时间的增长，膜通量可能进一步降低。从曲线形状的角度看，与纳滤处理含油模拟盐水时相比，APAM 的出现使得通量衰减曲线发生了弯曲，不再像是一条直线，曲线的斜率随着运行时间的增长出现了降低，换言之，膜污染速率有所减缓。由此说明 APAM 对纳滤膜污染速度更快，但能在相对较短的时间内达到平衡状态，而原油造成的膜污染速度虽然较慢，但能够在较长的时间内持续加剧。

与 4.3.1.1 部分类似，图 4-19 中的实线代表纳滤处理模拟盐水与 30mg/L APAM 超纯水的通量衰减曲线累加和，将纳滤处理 30mg/L APAM 模拟盐水的通量衰减曲线与之比较可以发现，盐离子的出现在纳滤初期加剧了通量衰减（30mg/L APAM 模拟盐水的通量衰减曲线位于实线以下），而到了后期，则减缓了通量衰减（30mg/L APAM 模拟盐水的通量衰减曲线位于实线以上）。盐离子出现在 APAM 溶液中可以产生以下几种作用：

① NF90 与 APAM 分子在溶液中电离后均带有负电，因此它们之间存在的静电排斥作用能够减缓 APAM 对纳滤膜的有机污染，但是当纳滤进水中出现大量阳离子（特别是二价阳离子）后，它们能够对膜面与 APAM 的电负性产生静电屏蔽作用，降低甚至消除二者间的排斥力，从而加剧 APAM 造成的膜污染。

② Li 和 Elimelech 在研究腐殖酸对聚酰胺纳滤膜 NF270 时发现 Ca^{2+} 能够在腐殖酸的羧基和 NF270 的羧基之间产生架桥作用，加剧该种天然有机物对纳滤膜的污染[35]。NF90

同样为聚酰胺纳滤膜，制备膜材料时所用到的均苯三甲酰氯中酰氯基团遇水后能够水解产生羧基，而本实验中用到的阴离子型聚丙烯酰胺中也有部分羧基，因此当水中出现 Ca^{2+} 时 Ca^{2+} 能够在纳滤膜面与 APAM 分子的羧基之间，以及不同 APAM 分子的羧基之间通过络合反应产生架桥连接的作用，强化 APAM 污染层与纳滤膜之间的结合力，以及 APAM 污染层的密实度。

③ 二价阳离子与 APAM 分子中羧基产生络合反应后，能够降低无机盐沉淀的生成势，减缓结垢对纳滤膜的无机污染。

④ 阴离子型聚丙烯酰胺为线型高分子聚合物，分子链上带负电的羧基使得溶于水的 APAM 在溶液中伸展，众多伸展的 APAM 线型分子就形成了网状结构，从而能够大大提高溶液的黏度。当水中出现大量阳离子特别是高价阳离子时，能够对 APAM 的电负性形成静电屏蔽，降低甚至消除分子链之间的排斥作用，导致线型分子发生收缩卷曲，宏观表现为溶液黏度大幅降低。对于纳滤过程而言，溶液黏度的降低则有利于通量的提高。实际的运行中盐离子对纳滤处理含聚水时膜通量的影响正是以上多种作用的综合结果。运行前期，上述作用①、②更加明显，因此表现出通量衰减的加剧，而在运行后期，作用③和④则占主导地位，从而表现出膜通量衰减减缓的趋势。

4.3.1.3 原油与 APAM 对膜通量衰减特征的影响

配制含油量为 1.5mg/L，APAM 浓度为 30mg/L 的模拟盐水 30L，采用连续流纳滤装置对其处理，运行周期以渗透液累积体积达到 300mL 为止。通量为 3min 时间间隔内的平均值，通量变化情况如图 4-20 所示。

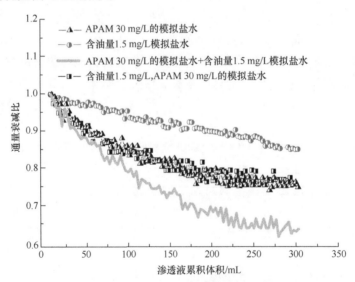

图 4-20　原油与 APAM 对膜通量衰减的影响

纳滤处理含油量为 1.5mg/L、APAM 浓度为 30mg/L 的模拟盐水时通量衰减比在周期终止时降低至 0.77，且已达到较为稳定的状态，与含油量 1.5mg/L 模拟盐水的情况（周期终止时通量衰减比降至 0.85）相比，降幅明显，再次说明 APAM 的加入能够快速加剧膜污染，但在较短时间内即可达到平衡状态。

纳滤处理 1.5mg/L 含油量、30mg/L APAM 模拟盐水时的通量衰减曲线与实线（30mg/L APAM 模拟盐水通量衰减曲线与 1.5mg/L 含油量模拟盐水通量衰减曲线的累加和）相比，前者位于后者之上，且二者的相差较大，由此说明原油与 APAM 同时存在于纳滤进水中时造成的膜污染并非二者单独作用结果的简单累加。比较纳滤处理 1.5mg/L 含油量、30mg/L APAM 模拟盐水时的通量衰减曲线与处理 30mg/L APAM 模拟盐水时的通量衰减曲线可以进一步发现：APAM 的出现对原油造成的纳滤膜有机污染产生了"屏蔽"作用，导致模拟盐水中同时存在原油与 APAM 时的通量衰减曲线与只含有 APAM 时的通量衰减曲线基本重合，换言之，二者同时存在时只表现出了 APAM 对纳滤膜的污染特征，原油的出现甚至对 APAM 的污染产生一定的减轻作用，因为纳滤处理只含 APAM 的模拟盐水时通量衰减比在周期终止时约为 0.75，低于同时含有 APAM 与原油时的 0.77。

阴离子型聚丙烯酰胺（APAM）能够对原油造成的膜污染起到屏蔽作用是由于 APAM 为水溶性高分子有机物，它的分子链条上含有众多极性很强的酰胺基，能够与水分子形成氢键，同时还含有部分羧基，4.2.2 部分中已经说明不同的羧基能够在 Ca^{2+} 的架桥连接作用下相互结合，而纳滤膜 NF90 同样含有大量的酰胺基与羧基，亲水性良好，因此 APAM 出现在模拟盐水中时，能够迅速地通过亲水作用以及 Ca^{2+} 的络合架桥作用与纳滤膜紧密结合，这一结合过程本身是对纳滤膜的一种有机污染，但它同时阻碍了水中原油组分（非极性、疏水性）向纳滤膜面的迁移和吸附，从而在宏观上表现出对原油有机污染的"屏蔽"效应。从另一方面来看，由于原油组分与 APAM 的性质差异，使得混杂在水中的原油组分对形成均匀致密的 APAM 污染层具有一定的不良影响，因此出现了原油对 APAM 污染的微弱减轻效应，这与 4.2.2.1 部分所述的 APAM 与原油复合污染时阳离子截留率反而有所降低（与二者单独污染时相比）的情况相符。

4.3.2　不同进水条件下受污染纳滤膜的微观表征

膜污染宏观表现为膜通量的下降和溶质截留率的变化，微观层面上则体现为膜面形态、性质以及物质构成的变化，膜的微观结构对其整体性能起着决定性的作用。采用多种技术手段对污染前后的纳滤膜片进行表征，并与宏观现象联系，能够更加深入、准确地对纳滤过程中的某些现象进行解释说明，为膜污染的机理揭示进一步提供依据。本节分别采用原子力显微镜（AFM）、扫描电镜-能谱分析（SEM-EDS）、接触角分析仪以及傅里叶转换红外光谱仪（ATR-FTIR）对污染前后的纳滤膜进行表征。

4.3.2.1　原子力显微镜分析

采用原子力显微镜（AFM）分别对新膜及不同条件下的受污染纳滤膜（每种受污染纳滤膜都是在相应进水条件下连续运行 6h 所得，除进水构成的差异外，其他外部条件均相同）进行表面形貌观测，探针工作模式为轻敲模式，选定观测范围为 5μm×5μm，所得 3D 图像结果如图 4-21 所示（书后另见彩图）。

从图 4-21 中可以发现 NF90 新膜表面分布着较为圆润的凸起结构，且这类凸起物的分布相对均匀。而含油量为 1.5mg/L 的模拟盐水污染的纳滤膜则表现出了较为尖锐的齿状凸起，这是由于进水中分子量较低的原油组分吸附到新膜的凸起结构上后，起到了局部修饰作用，使得本身圆润的凸起表现为齿状结构。当进水中的污染组分换成 APAM 后，受污染的 NF90 表面呈现出了体积较大的瘤状结构，这与原油污染的情况差异明显。这是因为 APAM 为有机线型高分子聚合物，实验中采用的 APAM 分子量高达 500 万，当这种高聚物与膜面结合后，能够对新膜本身具有的凸起结构形成覆盖包裹，同时还可能将无机盐形成的沉淀物质一并包裹于其中，从而表现出了这样的形貌特征。当原油与 APAM 同时存在于纳滤进水中后，受污染纳滤膜表面也出现了体积较大的瘤状结构，其形貌类似于图 4-21（c）中模拟盐水只含 APAM 的情况，而与图 4-21（b）中模拟盐水只含原油的污染情况相比差异很大。

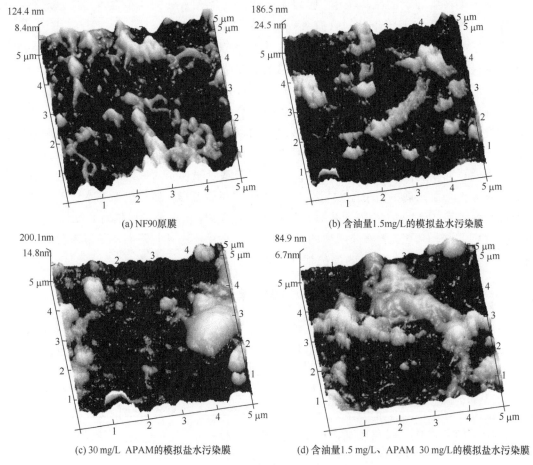

(a) NF90原膜

(b) 含油量1.5mg/L的模拟盐水污染膜

(c) 30 mg/L APAM的模拟盐水污染膜

(d) 含油量1.5 mg/L、APAM 30 mg/L的模拟盐水污染膜

图 4-21　不同纳滤膜的 AFM 图像

因此，通过比较不同情况下受污染纳滤膜的 AFM 三维形貌特征可知，APAM 与原油同时存在于模拟盐水中时，受污染纳滤膜主要表现出了 APAM 的污染特征，而没有明显地体现出原油的污染特征，也就是说纳滤膜的有机污染主要来自于 APAM 对膜面的结合覆盖，这与 4.2.3 部分中所得的结论一致。

4.3.2.2　扫描电子显微镜分析

采用扫描电子显微镜分析对新膜和三种不同进水条件下的受污染纳滤膜（每种受污染

纳滤膜都是在相应进水条件下连续运行 6h 所得，除进水构成的差异外，其他外部条件均相同）进行膜面形态观察和元素构成分析，SEM 放大倍数为 5000 倍。扫描电镜结果如图 4-22 所示（书后另见彩图）。

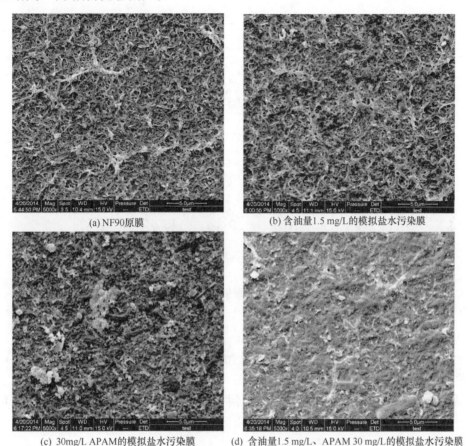

(a) NF90原膜　　　　　　　　　　(b) 含油量1.5 mg/L的模拟盐水污染膜

(c) 30mg/L APAM的模拟盐水污染膜　　(d) 含油量1.5 mg/L、APAM 30 mg/L的模拟盐水污染膜

图 4-22　不同纳滤膜的扫描电镜图

由图 4-22（a）可以发现，新的 NF90 纳滤膜表面呈现出丝状多孔结构，但要注意这类丝状孔隙并非纳滤膜的膜孔，因为 NF90 的计算膜孔小于 1nm，而从 SEM 图上看到的这些孔隙结构足有几百纳米。从图 4-22（b）中可以看到，当纳滤膜被原油污染后，虽然依旧可以看到类似于 NF90 原膜的丝状结构，但大部分孔隙已经被堵塞，这正是前文中所述膜通量下降和溶质截留率提高的原因。当模拟盐水中有机组分变为 APAM 后，受污染纳滤膜则表现出了图 4-22（c）中较为密实的形貌特征，纳滤膜本身具有的丝状多孔结构已经全部被掩盖，表面上附着的白色颗粒可能为无机盐沉淀物质。此时的有机污染层更加密实也正是 APAM 污染时膜通量下降更加严重的原因所在。图 4-22（d）中所表现出的污染特征与图 4-22（c）中 APAM 的污染结果类似，这也进一步说明了 APAM 与原油同时存在时APAM 的污染作用占主导地位。

4.3.2.3　静态接触角分析

对不同进水条件下的受污染纳滤膜（每种受污染纳滤膜都是在相应进水条件下连续运

行 6h 所得，除进水构成的差异外，其他外部条件均相同）进行了接触角测定，测定前的膜片需在室温下自然干燥 72h，结果如图 4-23 所示。

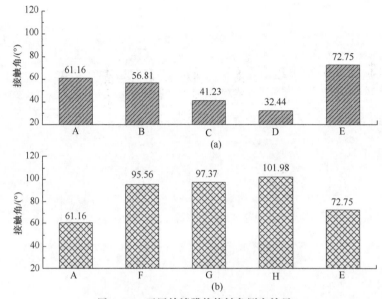

图 4-23　不同纳滤膜的接触角测定结果

A—NF90 原膜；B、C、D—APAM 浓度为 10mg/L、30mg/L、50mg/L 的模拟盐水污染膜；E—同时含 1.5mg/L 原油和 30mg/L APAM 的模拟盐水复合污染膜；F、G、H—含油量为 0.5mg/L、1.5mg/L、3mg/L 的模拟盐水污染膜

对比图 4-23 中的（a）和（b）可以发现 APAM 与原油对纳滤膜的亲/疏水性造成了截然相反的影响：

① 从图 4-23（a）中可以看到，模拟盐水中只含 APAM 时受污染纳滤膜的接触角出现了降低的趋势，也就是说 APAM 污染提高了膜面的亲水性，且纳滤进水中 APAM 的浓度越高，受污染纳滤膜的亲水性越好；

② 由图 4-23（b）可知，模拟盐水中含有原油时受污染纳滤膜的接触角出现了升高的趋势，也就是说原油污染层降低了膜面的亲水性，且纳滤进水中原油浓度越高，受污染纳滤膜的亲水性越差；

③ 当模拟盐水中同时含有 1.5mg/L 原油和 30mg/L APAM 时，受污染纳滤膜的接触角为 72.75°，高于 NF90 原膜的 61.16°和 30mg/L APAM 模拟盐水污染膜的 41.23°，但是低于 1.5mg/L 原油模拟盐水污染膜的 97.37°。

阴离子型聚丙烯酰胺（APAM）为亲水性高分子物质，原油组分为弱极性或非极性的疏水性物质，而纳滤膜 NF90 表面则是较为亲水的聚酰胺材料，因此受到 APAM 污染的纳滤膜亲水性得到了提高，而受到原油污染的纳滤膜亲水性出现了降低。当二者同时存在于纳滤进水中时，APAM 率先与纳滤膜面结合，原油组分则混杂在 APAM 污染层上，这些混杂的原油没能进一步降低膜通量（4.3.1.3 部分所述），但在测定接触角时落下的超纯水水滴首先接触到的是混杂着原油组分的 APAM 污染层，这就使得接触角的测定结果表现出了③中所述的现象。4.3.2.2 部分能谱分析结果表明当原油与 APAM 同时存在于纳滤进水中时，受污染纳滤膜的碳元素含量有所升高（与只含 APAM 的模拟盐水相比），这同样说明此时的有机污染层中混杂了部分由烃类化合物组成的原油。

4.3.2.4　红外光谱分析

为了从化学键的角度对膜上污染物构成进行分析，采用衰减全反射傅里叶转换红外光谱仪对 NF90 原膜和不同进水条件下的受污染纳滤膜（每种受污染纳滤膜都是在相应进水条件下连续运行 6h 所得，除进水构成的差异外，其他外部条件均相同）进行了分析，结果如图 4-24 所示。

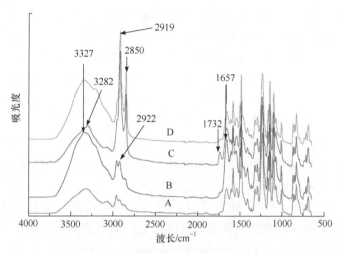

图 4-24　不同纳滤膜的红外光谱测定结果

A—NF90 原膜；B—纳滤进水为 APAM 含量 30mg/L 的模拟盐水时受污染膜片；C—纳滤进水为含油量为 1.5mg/L 的模拟盐水时受污染膜片；D—纳滤进水同时含有 30mg/L APAM 与 1.5mg/L 原油的模拟盐水时受污染膜片

由图 4-24 可见，A、B、C、D 四种纳滤膜的红外吸收曲线在 3327cm^{-1} 处均有着明显的吸收峰（3327cm^{-1} 为酰胺中的 N—H 键特征吸收峰），这是由于实验中采用的 NF90 为聚酰胺纳滤膜，含有大量 N—H 键。但 B 和 D 在该处的吸收峰更加突出，这是由于污染组分 APAM 为聚丙烯酰胺，其分子链上同样含有许多 N—H 键。此外，B 曲线还在 2922cm^{-1} 和 1657cm^{-1} 处分别出现了吸收峰，前者为聚丙烯酰胺中的亚甲基反对称伸缩振动峰，后者则为酰胺 I 带 C=O 吸收峰，这两处吸收峰都进一步证明了 APAM 在膜上的存在。

由曲线 C 可以看到，当模拟盐水中只含原油时，污染后的膜片分别在 3282cm^{-1}、2919cm^{-1}、2850cm^{-1} 和 1732cm^{-1} 处出现了明显的吸收峰，其中 3282cm^{-1} 为酚类化合物的红外吸收峰，1732cm^{-1} 为醛和酮的 C=O 特征吸收峰，而烷烃中的 C—H 键伸缩振动产生光谱范围为 2800～3000cm^{-1}。烷烃、酚类、醛类以及酮类均为原油组分中的物质，因此，这 4 个明显的吸收峰进一步说明了受污染纳滤膜表面上原油组分的存在。由曲线 D 可以发现，当模拟盐水中同时含有 APAM 和原油时，受污染膜片的红外吸收曲线中同时出现了 APAM 和原油的特征吸收峰，但前者的吸收峰更加宽厚，后者的吸收峰更加尖锐，进一步说明了复合污染时，APAM 污染层中混杂着一定量的原油组分，印证了前文所述的通量衰减结果，AFM、SEM-EDS 以及接触角分析结果。

本部分首先从通量衰减特征的角度对膜污染中不同组分的主次关系和可能存在的相互作用进行了识别分析，在此基础上进一步对不同进水条件下的受污染纳滤膜加以微观形貌分析、亲/疏水性分析以及污染物成分分析，然后将宏观的通量衰减情况和微观的仪器分析结果加以联系，互相辅助印证，得出如下结论：

① 模拟聚驱采油废水中的各种成分均对膜污染有所贡献，但阴离子型聚丙烯酰胺（APAM）是造成膜通量衰减最主要的污染成分；其次为纳滤进水中溶解的原油组分；最次为盐离子产生的无机盐沉淀；

② 盐离子与原油同时存在于纳滤进水中时，对于膜污染的进程而言，二者之间没有出现明显的协同或是削弱作用，此时的膜通量衰减值约为二者单独作用时的通量衰减值之和；

③ 盐分与 APAM 同时存在纳滤进水中时会发生多种效应：a. 阳离子（特别是二价阳离子）能对纳滤膜和 APAM 所带的负电荷产生静电屏蔽作用，从而降低甚至消除二者之间的排斥力；b. Ca^{2+} 能够在纳滤膜面与 APAM 分子以及不同 APAM 分子的羧基之间通过络合反应而产生架桥连接作用；c. 阳离子能够与带负电的 APAM 分子结合，降低分子链之间的排斥作用，引起 APAM 分子链发生卷曲缠绕，从而降低溶液黏度；d. APAM 分子与 Ca^{2+}、Mg^{2+} 通过络合作用结合后，降低了无机盐沉淀的生成势。前两个方面的作用能够加剧膜污染，而后两个方面作用则能有助于提高膜通量，减缓膜污染。因此实际运行中表现出的效果即为以上多种作用的博弈结果；

④ APAM 与原油同时存在于纳滤进水中时，由于 NF90 本身是较为亲水的聚酰胺纳滤膜，故亲水性的 APAM 分子能够在氢键作用以及 Ca^{2+} 的络合架桥作用下率先附着在纳滤膜上，形成较为密实的 APAM 有机污染层，这一污染层的出现一方面导致了膜通量的快速下降，另一方面则对原油组分对纳滤膜的污染产生了"屏蔽"作用，使原油组分难以接近并吸附在纳滤膜面上，而只能混杂在 APAM 污染层中。因此二者同时存在时的通量衰减曲线与 APAM 单独存在时通量衰减曲线基本重合；

⑤ APAM 造成的有机污染能够提高膜面的亲水性，而原油造成的有机污染则能降低膜面的亲水性，因此，二者同时存在时产生的混杂着原油组分的 APAM 有机污染层表现出的亲/疏水性质介于单独作用的结果之间。

4.4 纳滤膜处理采油废水的膜清洗

膜污染是限制纳滤膜推广应用的一个主要障碍，尽管采取多种控制措施（如对料液进行预处理、优化操作条件、提高膜材料抗污染性能等）可以减轻膜污染，但无论何种方法都不能完全避免膜污染的发生，当膜通量下降到一定程度或跨膜压差升高到一定程度，抑或出水水质恶化不能满足要求时，都需要对受污染的纳滤膜进行清洗[36-37]。清洗方法可以分为物理清洗和化学清洗，物理清洗即是通过水流、气体等物理作用的扰动而强制地将污染物剥离膜体，但在面对较为顽固的污染层时，物理清洗通常难以取得令人满意的清洗效果，此时就需要进行化学清洗。化学清洗是通过清洗剂与污染物之间的化学反应来破坏污染层结构，降低污染物与纳滤膜的结合力，使污染物在自身扩散作用与水流扰动作用下迁移离开膜体，从而恢复膜通量，保证出水水质，实现受污染纳滤膜的"再生"。

4.3 部分已经阐明，纳滤处理模拟聚驱采油废水时，阴离子型聚丙烯酰胺（APAM）是造成膜通量衰减的最主要污染成分，其次为纳滤进水中溶解的原油组分，最次为盐离子产生的无机盐沉淀。这些污染物通过各种物理化学作用与纳滤膜较为紧密地结合在一起，很难通过物理清洗实现膜性能的完全恢复，而是需要合适的化学清洗来实现这一目标。然而单一的化学清洗试剂往往只对某一种污染组分具有较好的清洗效果，而实际应用中的受污染纳滤膜通常为多种不同组分的复合污染，为了取得满意的清洗效果，就需要采用多种清洗试剂进行多步清洗，步骤繁琐，耗时耗力，而一些商用的复合清洗剂不仅价格昂贵，而且对特定污染情况不具有针对性。因此，本节致力于研究纳滤处理模拟聚驱采油废水时受污染纳滤膜的化学清洗，以求获得一种优化清洗方案。首先通过单因素实验选择针对不同污染组分的清洗试剂，然后通过正交实验确定优化清洗方案，以此为基础，进一步更加全面地考察了所选清洗方案对纳滤膜其他性能（脱盐能力、膜面形态、亲/疏水性、膜体化学键）的影响作用，以确保在化学清洗时未对膜本身造成破坏。

4.4.1　不同清洗剂对单一有机污染物的清洗效果研究

纳滤膜的化学清洗剂包括酸、碱、表面活性剂、金属螯合剂、氧化剂以及不同公司生产的专利复合清洗剂。酸洗的目标污染物通常为无机盐沉淀，常用的酸洗试剂主要有盐酸、草酸以及柠檬酸。其他化学清洗剂的目标污染物则为各类有机物，碱洗试剂主要为 NaOH、KOH，表面活性剂包括阴离子型表面活性剂和阳离子型表面活性剂，金属螯合剂主要包括 EDTA 和各类磷酸盐，氧化剂主要为次氯酸钠，而商用的复合清洗剂（如 MC11、MC3、PC98 等）则为专利配方。由于清洗机理和污染机理的不同，故不同清洗试剂对同一污染成分具有不同的清洗效果。

前已述及，原油和 APAM 造成的有机污染为纳滤处理模拟聚驱采油废水时通量下降的主要原因，故本节实验暂且不考虑用于去除无机盐沉淀的酸洗试剂；此外，耐氯性差是芳香聚酰胺纳滤膜的一个主要缺点，游离氯对聚酰胺分子的攻击会导致纳滤膜性能的急剧下降[38]，所以在选定化学清洗剂时也不再考虑 NaClO 清洗。根据原油和 APAM 对纳滤膜的污染机理，以及不同化学试剂的清洗机理，选择酸洗和氧化清洗之外的其他化学清洗试剂分别对含油模拟盐水和含聚模拟盐水污染的纳滤膜进行清洗效果研究，以求选定针对原油和 APAM 的有效清洗试剂，为后续正交实验确定复合配方奠定基础。

4.4.1.1　不同清洗剂对原油污染的清洗效果研究

根据 4.3 部分所述内容可知，原油对纳滤膜的污染主要为原油组分在膜面或膜孔中的吸附所致，而原油组分包括烷烃、芳香烃、酯类苯系物以及少量酚、醛、酮等[39]，可见多数为疏水性成分。根据这一情况选定三种可能具有较好清洗效果的化学试剂，三种清洗试剂分别为 NaOH 溶液（pH=11）、0.1%的焦磷酸钠溶液和 0.1%的十二烷基磺酸钠（SDS）溶液，并以超纯水清洗作为对比。按照 4.2.1.2 部分所述方法配制含油量为 6mg/L 左右的模拟盐水 30L，然后分别对 4 片经过预压的纳滤膜进行造污染、清洗和评价清洗效果，不同清洗条件下的通量恢复情况如图 4-25 所示。

由图 4-25 可知：

① 超纯水对原油污染的清洗效果最差，清洗后通量恢复率只能达到 21.15%，进一步说明单纯的水力清洗不能有效地恢复膜性能；

② 焦磷酸钠和 NaOH 的清洗效果一般，清洗后的通量恢复率分别为 48.92%和 34.88%，SDS 的清洗效果最好，通量恢复率高达 87.28%。

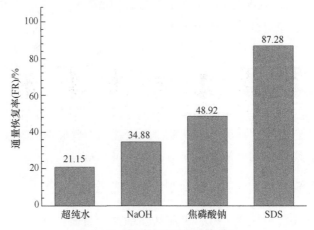

图 4-25　不同清洗剂的清洗效果

超纯水清洗的低通量恢复率是由于水分子难以破坏原油组分与纳滤膜之间的疏水结合力，而被有机污染层包裹的无机盐沉淀也难以被水流带走。pH=11 的 NaOH 溶液能够通过溶解某些附着于纳滤膜上的原油组分而实现膜通量的恢复，但由于模拟盐水中含有 Ca^{2+}、Mg^{2+} 以及大量 HCO_3^-，高 pH 值条件将会导致 HCO_3^- 转化为 CO_3^{2-}，进而形成更多无机盐沉淀，这一作用将加剧膜污染，因此 NaOH 的清洗效果只达到了 34.88%。焦磷酸钠具有多种效能，可以作为乳化剂、pH 缓冲剂、螯合剂、表面活性剂等，但在该清洗过程中并没有表现出较强的清洗效能，可能是由于选定的焦磷酸钠浓度过低。SDS 的疏水端能够与原油组分结合，而亲水端则伸展于水溶液中，因此水流流动时两亲性的 SDS 分子能够将膜上的原油组分剥离膜体。此外，残留在膜上的 SDS 分子由于疏水端与膜面结合，而亲水端伸向主体溶液，所以还能提高纳滤膜的亲水性。以上两种作用都能提高膜通量，但是 SDS 不能对无机盐沉淀产生破坏作用，因此 SDS 清洗后的通量恢复率虽然较高，但仍低于 90%。

4.4.1.2　不同清洗剂对 APAM 污染的清洗效果研究

由上一节所述内容可知，阴离子型聚丙烯酰胺（APAM）在模拟盐水中阳离子的强化作用下与纳滤膜结合在一起时，这种强化作用既有阳离子对 APAM 和纳滤膜所带负电荷的静电屏蔽（从而降低斥力，加剧污染），又有 Ca^{2+} 在不同羧基之间的络合架桥作用（从而强化污染物与纳滤膜，以及污染物之间的结合力，加剧膜污染）。根据这一污染机理选定 4 种可能具有较好清洗效果的化学试剂，4 种清洗试剂分别为 0.1%的 EDTA（用 NaOH 将 pH 值调至 11）、NaOH 溶液（pH=11）、0.1%的焦磷酸钠溶液和 0.1%的十二烷基磺酸钠（SDS）溶液，并以超纯水清洗作为对比。按照 4.2.1 部分所述方法配制 APAM 浓度为 60mg/L 左右的模拟盐水 30L，然后分别对 5 片经过预压的纳滤膜进行造污染、清洗和评价清洗效果，不同清洗条件下的通量恢复情况如图 4-26 所示。

由图 4-26 可知：

① 超纯水清洗的通量恢复率达到了 63.78%，远远高于图 4-25 中有机污染物为原油

时的情况（仅为 21.15%）；

② NaOH 溶液的清洗效果最差，通量恢复率仅为 57.91%，甚至低于超纯水的清洗效果；

③ EDTA 与焦磷酸钠的清洗效果较好，通量恢复率分别达到了 74.29% 和 76.02%，均比超纯水清洗时高出了 10% 以上，SDS 的清洗效果最好，通量恢复率达到了 82.62%。

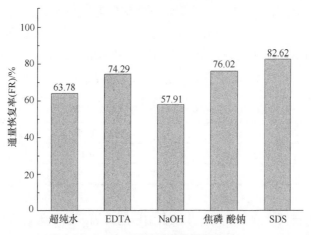

图 4-26　不同清洗剂的清洗效果

采用不含其他成分的超纯水清洗时通量恢复率达到了 63.78%，说明 APAM 虽然能够造成更加严重的通量下降（如 4.3 部分所述），但是它形成的污染层更容易清洗（与原油污染相比），然而单纯的水力清洗难以有效破坏 Ca^{2+} 络合强化作用下 APAM 分子与纳滤膜之间的结合力。采用 pH=11 的 NaOH 进行碱洗时，虽然能够增加纳滤膜与 APAM 分子的电负性，进而提高二者间的静电排斥力，但这种强化排斥作用对于黏性很强的 APAM 线型高分子造成的膜污染影响并不大，与此同时却能导致更多无机盐沉淀（如 $CaCO_3$）产生，所以在碱洗时的通量恢复率反而低于超纯水清洗时的效果。EDTA 是一种重要的金属螯合剂，但其络合作用需要在碱性条件下才能充分发挥，因此在清洗时先用 NaOH 将其 pH 值调节至 11，采用该溶液清洗时，EDTA 分子中的羧基由于具有更强的络合能力，能够取代 APAM 和纳滤膜中的羧基与 Ca^{2+} 发生螯合，从而破坏其架桥连接作用，削弱 APAM 与纳滤膜间的结合力，但由于所用的 EDTA 溶液 pH=11，这一碱性条件能够促进无机盐沉淀的形成，阻碍膜通量的完全恢复。这两种作用综合使得 EDTA 清洗时的通量恢复率为 74.29%，这一较好的清洗效果反过来又从另一方面证实了 Ca^{2+} 确实通过络合架桥作用加剧了膜污染。SDS 作为一种性能优异的阴离子表面活性剂，其疏水端能够与 APAM 分子中的碳氢链结合，亲水端伸入主体溶液中，因此溶液流动时 SDS 对 APAM 产生的拖拽作用能够克服 APAM 分子与纳滤膜间的结合力，从而达到了 82.62% 的通量恢复率。具有多种功能的焦磷酸钠由于浓度较低，故作为螯合剂时络合能力不够强，而作为表面活性剂时性能又不如 SDS，因此它清洗后的通量恢复率介于 EDTA 与 SDS 之间，效果较好，但并不突出。

4.4.2　原油与 APAM 复合污染时的清洗剂配方优化

由上一节的单因素实验结果可知 SDS 对原油和 APAM 造成的有机污染都具有较好的清

洗效果，碱性条件下的 EDTA 对 APAM 造成的有机污染有着较好的清洗效果，焦磷酸钠虽然对两种有机污染物的清洗效果一般，但它具有多种功效，可以作为表面活性剂与螯合剂，也可作为 pH 缓冲试剂，因此可以将其作为 SDS 和 EDTA 的补充成分，同时发挥其 pH 缓冲作用，保证清洗过程中清洗液始终为碱性。

根据以上分析选定 SDS、EDTA 以及焦磷酸钠作为正交实验的三个因素，每个因素的三种水平均定为 0.05%、0.1%、0.2%，且不考虑不同因素间的交互作用，从而设计得到 3×3 正交实验表（见表 4-5），共需进行 9 次不同的清洗效能研究。

表 4-5　正交实验因素水平表

水平	EDTA 质量分数/%	焦磷酸钠质量分数/%	SDS 质量分数/%
1	0.05	0.05	0.05
2	0.1	0.1	0.1
3	0.2	0.2	0.2

将正交实验的安排列于表 4-6 中，并按表中所列的因素水平组合方案配制 9 种复合清洗剂，每种清洗剂的 pH 值均用 NaOH 调至 11。4.4.1 部分中的实验结果已经表明只用碱性溶液清洗受污染纳滤膜时无法有效去除无机污染物，反而由于模拟盐水中大量 HCO_3^-、Ca^{2+}、Mg^{2+} 的存在，清洗时的碱性条件促进了无机盐沉淀的进一步形成。此外，许多研究结果发现 [40-41]，碱性溶液的清洗能够导致聚酰胺纳滤膜的有效膜孔变大，此时虽然通量升高了，但溶质截留率却会降低，而酸洗则具有相反的效应，能够使膜孔收缩，降低纳滤膜的渗透能力，提高溶质截留率。因此先碱洗后酸洗不仅可以去除无机污染物，还能避免膜孔的过度膨胀或收缩，最大限度地恢复纳滤膜的固有性能，故在本节的清洗实验中采取先清洗有机污染物，再清洗无机污染物的两步清洗方案，并以两步清洗后的通量恢复率作为复合清洗剂的效能评价指标，其中前一清洗步骤采用表 4-6 中所列的复合清洗剂，后一清洗步骤采用 pH=2 的 HCl 溶液，清洗方法均如 4.2.1.6 部分所述。每次清洗研究前首先按照 4.2.1 部分所述方法配制 APAM 浓度为 60mg/L、含油量为 3mg/L 的模拟聚驱采油废水 30L，并用该水对经过预压的纳滤膜进行造污染，然后再进行清洗和清洗效果评价，所得实验结果如表 4-6 所示。

表 4-6　正交实验结果

序号	EDTA 质量分数/%	焦磷酸钠质量分数/%	SDS 质量分数/%	通量恢复率/%
1	0.05	0.05	0.05	45.59
2	0.05	0.1	0.1	90.21
3	0.05	0.2	0.2	102.35
4	0.1	0.05	0.1	60.38
5	0.1	0.1	0.2	65.54
6	0.1	0.2	0.05	92.02
7	0.2	0.05	0.2	96.64
8	0.2	0.1	0.05	60.75
9	0.2	0.2	0.1	90.83

序号	EDTA 质量分数/%	焦磷酸钠质量分数/%	SDS 质量分数/%	通量恢复率/%
K_1	238.15	202.61	198.36	—
K_2	217.94	216.5	241.42	—
K_3	248.22	285.2	264.53	—
k_1	79.38	67.54	66.12	—
k_2	72.65	72.17	80.47	—
k_3	82.74	96.07	88.18	—
R	10.09	27.53	22.06	—

由表 4-6 中的实验结果可知，各因素的显著性顺序为：焦磷酸钠 > SDS > EDTA；最佳复合清洗剂配方为：0.05%的 EDTA，0.2%的焦磷酸钠，0.2%的 SDS。采取先用该复合清洗剂清洗，再用 HCl 溶液（pH=2）清洗的清洗方案，清洗后通量恢复率达到了 102.35%，清洗后通量之所以高于初始通量可能是由于残留在膜上的表面活性剂提高了纳滤膜的亲水性[35]。

4.4.3　优化清洗方案对膜性能的影响

理想的清洗过程既要能够彻底有效地去除污染物，又要尽可能避免对膜体造成破坏，许多研究表明[42-44]，不适当的化学清洗会降低纳滤膜的截留性能，缩短纳滤膜的使用寿命。Simon等[45]在研究 3 种商用复合清洗剂（MC11、PC98、MC3）对纳滤膜的性能影响时发现清洗剂对NF270 的性能影响显著，其中 MC11 和 PC98 明显提高了 NF270 的膜通量，降低了其脱盐率和对微量有机物的截留率，MC3 却导致了 NF270 膜通量的下降。由此说明仅考察通量的恢复情况不能全面地反映清洗效能，因为通量的升高既可能是由于污染物得到了去除，也可能是纳滤膜材料发生改变，膜孔变大。故本节实验在前文的基础上进一步考察了清洗前后纳滤膜的脱盐率变化、微观形貌变化、亲水性变化以及红外光谱变化，从多角度评价所选清洗方案的清洗效能。

4.4.3.1　清洗前后脱盐率变化

取一片经过预压的新纳滤膜处理 1000mg/L 的 NaCl 溶液（膜室水温为 30℃±0.1℃，操作压力为 0.8MPa±0.01MPa，回流量为 3.5mL/s±0.05mL/s），分别测定纳滤进水和 30min 内累计渗透液的电导率（测定时溶液温度控制为 25℃），由此计算得到的电导率脱盐率视为未污染纳滤膜的脱盐率；另取一片经过预压的新纳滤膜，首先利用 APAM 浓度为 60mg/L、含油量为 3mg/L 的模拟聚驱采油废水对其进行污染，当通量下降至初始通量值的 70%左右时停止，然后按照上述同样方法测定该受污染纳滤膜对 1000mg/L NaCl 的电导率脱盐率，将其视为受污染纳滤膜的脱盐率；再取一片经过预压的新纳滤膜，利用 APAM 浓度为 60mg/L、含油量为 3mg/L 的模拟聚驱采油废水对其进行污染，当通量下降至初始通量值的 70%左右时停止并采用 4.4.2 部分中确定的优化清洗方案（先用所得复合清洗试剂清洗，再用盐酸清洗）对该受污染纳滤膜进行清洗，清洗后再次采用同样方法测定该纳滤膜对 1000mg/L NaCl 的电导率脱盐率，将其视为清洗后纳滤膜的脱盐率。新膜、受污染纳滤膜以及化学清洗后纳滤膜的脱盐率如图 4-27 所示。

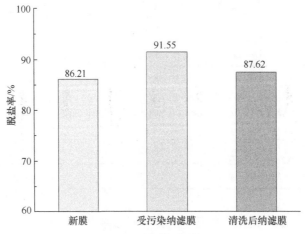

图 4-27　不同纳滤膜的脱盐率

由图 4-27 可知受污染纳滤膜的脱盐率达到了 91.55%，明显高于新膜的 86.21%，这与 4.2.2 部分中所得的结论一致，是由于膜上的污染层强化了纳滤过程对盐离子的截留能力；当受污染纳滤膜经过优化清洗方案的清洗后，对氯化钠的截留率由 91.55%降至了 87.62%，与新膜的 86.21%非常接近，由此说明选定的化学清洗方案不仅有效去除了膜上的污染物，而且并未对纳滤膜的脱盐性能造成破坏。

4.4.3.2　清洗前后膜面微观形貌变化

采用原子力显微镜（AFM）对新膜、受污染纳滤膜以及清洗后纳滤膜进行微观形貌观测，观测范围为 5μm×5μm。受污染纳滤膜与清洗后纳滤膜的获得方法如 4.4.3.1 部分中所述。观测结果如图 4-28 所示（书后另见彩图）。

由图 4-28 可以明显地发现，当纳滤膜被污染后，表面原有的凸起状结构已经被一层厚实的黏性物质完全掩盖，难以再发现新膜具有的凸起结构，这也正是膜通量下降的原因所在。而采用优化清洗方案清洗后，纳滤膜上密实的污染层已经被清除，凹凸状结构重新显现，且膜面形貌特征与新膜几乎相同。从微观形貌的角度说明所定的优化清洗方案能够有效去除膜污染物质，同时并未对膜面固有结构造成破坏。

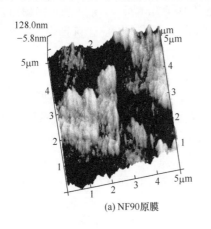

(a) NF90原膜

(b) 污染后纳滤膜

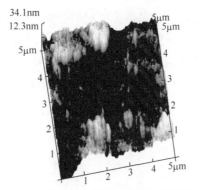

(c) 采用优化清洗方案清洗后纳滤膜

图 4-28　不同纳滤膜的 AFM 图

4.4.3.3　清洗前后膜面亲水性变化

利用接触角测定仪测定新膜、受污染纳滤膜以及清洗后纳滤膜的接触角，测定前的膜片需在室温下自然干燥 72h，测定结果如图 4-29 所示。

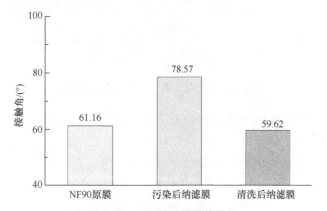

图 4-29　不同纳滤膜的接触角

由图 4-29 可知，污染后纳滤膜的接触角从最初的 61.16°升高至 78.57°，污染层的出现降低了膜面的亲水性，这与前文所得的结论一致，均是由于疏水性的原油污染物。采用优化清洗方案清洗后，纳滤膜的接触角由污染后的 78.57°降至了 59.62°，且稍微低于原膜的 61.16°，说明膜上的污染组分已经被清除，恢复了它较为亲水的膜面特性，接触角比原膜稍低可能是由清洗时残留在膜上的表面活性剂所致。

4.4.3.4　清洗前后膜体红外光谱变化

采用衰减全反射傅里叶转换红外光谱仪（ATR-FTIR）分别测定新膜、受污染纳滤膜以及清洗后纳滤膜的红外光谱，测定结果如图 4-30 所示。

由图 4-30 可知，污染后的纳滤膜分别在 $2850cm^{-1}$、$2919cm^{-1}$、$3327cm^{-1}$ 处出现了明显的吸收峰，4.3.4 部分已经说明，$2850cm^{-1}$ 和 $2919cm^{-1}$ 为原油污染物的特征吸收峰，而 $3327cm^{-1}$ 为 APAM 的特征吸收峰，当采用优化清洗方案清洗后，这 3 处的吸收峰得以消失，表明该两类污染物已经被清洗去除。清洗后纳滤膜与原膜相比，分别在 $2926cm^{-1}$ 和 $2855cm^{-1}$

处出现了一个较弱的吸收峰,这可能是清洗过程中残留在纳滤膜上的表面活性剂中疏水端上的C—H 不对称与对称收缩振动吸收峰, 与清洗后纳滤膜的接触角低于原膜的解释一致。而3200~3700cm⁻¹之间的吸收峰与原膜相比较宽, 这可能是由于测定时膜片干燥不充分, 残留水分中的 O—H 吸收, 除此之外, 清洗后纳滤膜与原膜的红外光谱几乎一致, 说明化学清洗并未对膜体造成损伤。

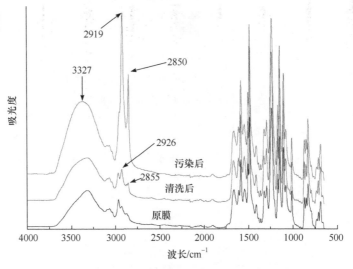

图 4-30 不同纳滤膜的红外光谱测定结果

本部分实验首先通过单因素实验选定 EDTA、焦磷酸钠、SDS 为正交实验的 3 个因素, 然后通过正交实验确定优化清洗方案, 在此基础上进一步考察了该清洗方案对纳滤膜各种性质的影响作用, 以确保清洗时未对膜体造成损伤。得出如下结论:

① EDTA 对 APAM 造成的有机污染具有较好的清洗效果,这一现象进一步说明了 Ca^{2+} 确实在纳滤膜与 APAM 分子的羧基之间起到了架桥连接作用;

② 与原油造成的有机污染相比,APAM 造成的有机污染虽然对膜通量衰减的加剧作用更强, 但 APAM 有机污染层更容易清洗去除;

③ 通过正交实验确定的最佳复合清洗试剂配方为:取 0.5g EDTA、2g 焦磷酸钠、2g SDS溶于 1L 水中, 并用 NaOH 将溶液 pH 值调至 11;

④ 优化清洗方案为: 先用以上碱性复合清洗试剂清洗, 再用 pH=2 的 HCl 溶液进行酸洗。经过该清洗过程后, 受污染纳滤膜的通量可完全恢复到初始水平;

⑤ 优化清洗方案不仅能有效清除膜上的各类污染成分, 还能保证不对纳滤膜的其他性能造成破坏, 清洗后纳滤膜的脱盐率、亲水性、微观形貌以及红外光谱均与新膜相差无几, 充分说明该清洗方案有效实现了受污染纳滤膜的"再生"。

参考文献

[1] Eriksson P. Nanofiltration extends the range of membrane filtration[J]. Environmental Progress, 1988, 7(1): 58-62.

[2] Frenzel I, Stamatialis D F, Wessling M. Water recycling from mixed chromic acid waste effluents by membrane technology[J]. Separation and Purification Technology, 2006, 49(1): 76-83.

[3] Mänttäti M, Viitikko K, Nyströn M. Nanofiltration of biologically treated effluents from the pulp and paper industry[J]. Journal of Membrane Science, 2006, 272(1-2): 152-160.

[4] Mo J H, Lee Y H, Kim J, et al. Treatment of dye aqueous solutions using nanofiltration polyamide composite membranes for the dye wastewater reuse[J]. Dyes and Pigments, 2008, 76(2): 429-434.

[5] White L S. Development of large-scale applications in organic solvent nanofiltration and pervaporation for chemical and refining processes[J]. Journal of Membrane Science, 2006, 286(1-2): 26-35.

[6] Bellona C, Drewes J E. Viability of a low-pressure nanofilter in treating recycled water for water reuse applications: a pilot-scale study[J]. Water Research, 2007, 41(17): 3948-3958.

[7] Childress A E, Elimelech M. Effect of solution chemistry on the surface charge of polymeric reverse osmosis and nanofiltration membranes[J]. Journal of Membrane Science, 1996, 119(2): 253-268.

[8] Bruni L, Bandini S. The role of the electrolyte on the mechanism of charge formation in polyamide nanofiltration membranes[J]. Journal of Membrane Science, 2008, 308(1): 136-151.

[9] 汪锰, 王湛, 李政雄. 膜材料及其制备[M]. 北京: 化学工业出版社, 2003: 89-94.

[10] van der Bruggen B, Vandecasteele C, Van Gestel T, et al. Pressure driven membrane processes in process and waste water treatment and in drinking water production[J]. Environmental Progress, 2003, 22(1): 46-56.

[11] van der Bruggen B, Braeken L, Vandecasteele C. Flux decline in nanofiltration due to adsorption of organic compounds[J]. Separation and Purification Technology, 2002, 29(1): 23-31.

[12] Vrijenhoek M, Hong S, Elimelech M. Influence of membrane surface properties on initial rate of colloidal fouling of reverse osmosis and nanofiltration membranes[J]. Journal of Membrane Science, 2001, 188: 115-128.

[13] Hoek E M V, Elimelech M. Cake-enhanced concentration polarization: a new fouling mechanism for salt-rejecting membranes[J]. Environmental Science & Technology, 2003, 37(24): 5581-5588.

[14] Ivnitsky H, Katz I, Minz D, et al. Bacterial community composition and structure of biofilms developing on nanofiltration membranes applied to wastewater treatment[J]. Water Research, 2007, 41(17): 3924-3935.

[15] Trägårdh G. Membrane cleaning[J]. Desalination, 1989, 71(3): 325-335.

[16] Tang C Y, Kwon Y N, Leckie J O. Effect of membrane chemistry and coating layer on physiochemical properties of thin film composite polyamide RO and NF membranes: I. FTIR and XPS characterization of polyamide and coating layer chemistry[J]. Desalination, 2009, 242(1): 149-167.

[17] 王北福. 超滤-电渗析组合降低聚合物驱采出水矿化度技术研究[D]. 哈尔滨: 哈尔滨工业大学, 2006.

[18] 邓梦洁. 聚驱采油废水中HPAM和油对电渗析离子交换膜污染性能研究[D]. 哈尔滨: 哈尔滨工业大学, 2011.

[19] 荆国林. 电渗析法降低聚合物驱采油污水矿化度技术研究[D]. 哈尔滨: 哈尔滨工业大学, 2004.

[20] 镇祥华. 聚驱油田采出水超滤深度处理与膜污染控制技术[D]. 哈尔滨: 哈尔滨工业大学, 2006.

[21] 徐俊. 聚驱采油废水脱盐技术的试验研究[D]. 哈尔滨: 哈尔滨工业大学, 2006.

[22] Agenson K O, Urase T. Change in membrane performance due to organic fouling in nanofiltration (NF)/reverse osmosis (RO) applications[J]. Separation and Purification Technology, 2007, 55(2): 147-156.

[23] 付升, 于养信, 高光华, 等. 纳滤膜对电解质溶液分离特性的理论研究(I): 单一电解质溶液[J]. 化学学报, 2006, 64(22): 2241-2246.

[24] 付升, 于养信, 王晓琳. 纳滤膜对电解质溶液分离特性的理论研究(Ⅱ): 混合电解质溶液[J]. 化学学报, 2007, 65(10): 923-929.

[25] 王亮, 张宏伟, 张朝晖, 等. 有机物分子尺度对纳滤膜污染的影响研究[J]. 中国给水排水, 2013, 29(019): 85-88.

[26] Hoek E M V, Elimelech M. Cake-enhanced concentration polarization: a new fouling mechanism for salt-rejecting membranes[J]. Environmental Science & Technology, 2003, 37(24): 5581-5588.

[27] Kim S, Lee S, Lee E, et al. Enhanced or reduced concentration polarization by membrane fouling in seawater reverse osmosis (SWRO) processes[J]. Desalination, 2009, 247(1): 162-168.

[28] Escoda A, Fievet P, Lakard S, et al. Influence of salts on the rejection of polyethyleneglycol by an NF organic membrane: pore swelling and salting-out effects[J]. Journal of Membrane Science, 2010, 347(1): 174-182.

[29] Bouranene S, Szymczyk A, Fievet P, et al. Influence of inorganic electrolytes on the retention of polyethyleneglycol by a nanofiltration ceramic membrane[J]. Journal of membrane science, 2007, 290(1): 216-221.

[30] Nilsson M, Trägårdh G, Östergren K. The influence of pH, salt and temperature on nanofiltration performance[J]. Journal of

Membrane Science, 2008, 312(1): 97-106.

[31] Field R W, Wu D, Howell J A, et al. Critical flux concept for microfiltration fouling[J]. Journal of Membrane Science, 1995, 100(3): 259-272.

[32] Nilsson M, Trägårdh G, Östergren K. The influence of pH, salt and temperature on nanofiltration performance[J]. Journal of Membrane Science, 2008, 312(1): 97-106.

[33] Teixeira M R, Rosa M J, Nyström M. The role of membrane charge on nanofiltration performance[J]. Journal of Membrane Science, 2005, 265(1): 160-166.

[34] Ben Amar N, Saidani H, Deratani A, et al. Effect of temperature on the transport of water and neutral solutes across nanofiltration membranes[J]. Langmuir, 2007, 23(6): 2937-2952.

[35] Li Q, Elimelech M. Organic fouling and chemical cleaning of nanofiltration membranes: measurements and mechanisms[J]. Environmental Science & Technology, 2004, 38(17): 4683-4693.

[36] Mohammadi T, Madaeni S S, Moghadam M K. Investigation of membrane fouling[J]. Desalination, 2003, 153(1): 155-160.

[37] Liikanen R, Yli-Kuivila J, Laukkanen R. Efficiency of various chemical cleanings for nanofiltration membrane fouled by conventionally- treated surface water[J]. Journal of Membrane Science, 2002, 195(2): 265-276.

[38] Lee J H, Chung J Y, Chan E P, et al. Correlating chlorine-induced changes in mechanical properties to performance in polyamide-based thin film composite membranes[J]. Journal of Membrane Science, 2013, 433: 72-79.

[39] 梁红莹. 超滤处理聚驱采油废水的效能及膜污染机理研究[D]. 哈尔滨: 哈尔滨工业大学, 2008.

[40] Liikanen R, Yli-Kuivila J, Laukkanen R. Efficiency of various chemical cleanings for nanofiltration membrane fouled by conventionally-treated surface water[J]. Journal of Membrane Science, 2002, 195(2): 265-276.

[41] Ang W S, Lee S, Elimelech M. Chemical and physical aspects of cleaning of organic-fouled reverse osmosis membranes[J]. Journal of Membrane Science, 2006, 272(1): 198-210.

[42] Al-Amoudi A, Williams P, Al-Hobaib A S, et al. Cleaning results of new and fouled nanofiltration membrane characterized by contact angle, updated DSPM, flux and salts rejection[J]. Applied Surface Science, 2008, 254(13): 3983-3992.

[43] Simon A, Nghiem L D, Le-Clech P, et al. Effects of membrane degradation on the removal of pharmaceutically active compounds (PhACs) by NF/RO filtration processes[J]. Journal of Membrane Science, 2009, 340(1): 16-25.

[44] Simon A, Price W E, Nghiem L D. Effects of chemical cleaning on the nanofiltration of pharmaceutically active compounds (PhACs)[J]. Separation and Purification Technology, 2012, 88: 208-215.

[45] Simon A, Price W E, Nghiem L D. Influence of formulated chemical cleaning reagents on the surface properties and separation efficiency of nanofiltration membranes[J]. Journal of Membrane Science, 2013, 432: 73-82.

第5章
结论与趋势分析

5.1 结论

5.1.1 采油废水微滤膜处理优势分析

目前，国内大部分油田进入高含水开采阶段，三元驱采油废水量呈逐年上升趋势。这些三元驱采油废水含油乳化程度高、黏度大、油水分离困难，且含有大量难生物降解物质，如不经过深度处理而直接外排会对周围的环境造成严重危害。随着自然环境的不断恶化和污水排放标准的提高，我国当前普遍采用的三元驱采油废水的传统工艺，其出水水质已不能满足处理要求，因此亟须开发高效处理技术。PTFE 膜滤技术可实现废水水质达到回注标准，降低环境污染风险。本研究从三元驱采油废水的水质特点出发，通过考察 PTFE 膜处理三元驱采油废水过程中的污染物去除效能，深入揭示了膜污染机理，建立了合理有效的膜清洗方法。得出以下结论：

① PTFE 膜处理三元驱采油废水系统最优的运行参数为：膜通量为 10L/（m²·h）、反洗周期为 60min、反洗通量为 90L/（m²·h）和气洗强度为 10m³/（m²·h）；PTFE 膜对三元驱采油废水污染物的去除效果较好，其中油、APAM、TOC、浊度、SS 的去除率分别 74.82%～83.6%、95.8%～98.25%、81.56%～91.47%、94.4%～99.8%、88.42%～98.95%；离子和表面活性剂的存在都会降低 APAM 和油的去除率，在含离子水样中，APAM 可以增大油和表面活性剂的去除率，在含离子水样中，油可以增大 APAM 和表面活性剂的去除率。

② 分析了 PTFE 膜处理三元驱采油废水过程中膜污染物成分与膜污染形式。PTFE 膜处理三元驱采油废水过程中在膜表面存在着有机污染和无机污染，有机污染以 APAM 和油为主，无机污染中 Si 和 Fe 元素含量较高；通过对膜污染阻力的计算，膜孔堵塞阻力远大于滤饼层阻力[分别为 （7.696±0.22）×10¹¹m⁻¹ 和 （2.716±0.13）×10¹¹m⁻¹]，即有机污染物对 PTFE 膜的污染，以膜孔堵塞为主。

③ 基于油和 APAM 在 PTFE 膜上的吸附热力学和动力学两方面研究了其吸附机理。油和 APAM 在膜上的吸附等温线分别属于 Temkin 模型和 Langmuir 模型；热力学参数表明，这两种吸附过程都属于以物理吸附为主的吸附过程，物理吸附力主要是氢键作用，不同的是，油-膜吸附体系是放热过程，而 APAM-膜吸附体系是吸热过程；膜对油的平衡吸附时间约为 16h，膜对 APAM 的平衡吸附时间约为 20h；准一级动力学模型对两种吸附体系拟合程度都是最高的。

④ 通过对油、APAM 和三元驱采油废水膜滤的通量衰减过程进行经典"Cake"模型模拟发现，四种模型对 APAM 膜滤过程的模拟都有很好的适应性，其中完全堵孔、标准堵孔和快速堵孔三种模型较好地模拟了膜滤过程中吸附污染引起的膜通量衰减情况，完全堵孔模型的适应程度尤为明显 （R^2>0.98）；而对油膜滤时，在 3h 内四种模型对膜滤过程的模拟都有很好的适应性 （R^2>0.95），在 3～6h 期间，完全堵孔和标准堵孔模型对膜滤过程的模拟较为准确，标准堵孔模型对 PTFE 膜过滤三元驱采油废水过程的模拟适应性最佳。

⑤ 基于 PTFE 膜处理三元驱采油废水的膜污染机理，建立了膜清洗方法。在单因素实验的基础上，采用 Design-Expert 软件对响应面法实验结果进行回归分析，得到以膜通量恢

复率为响应值的二次多项回归模型，对回归模型求极值可知，膜清洗的最佳条件为：NaOH 1%，NaClO 0.72%，HCl 0.65%，浸泡时间 3.35h，温度 40.0℃；在此清洗条件下 PTFE 膜实际通量恢复率为 99.34%；SEM-EDX、AFM、FTIR 等微观分析结果证明了最优清洗方法的清洗效果。

5.1.2　采油废水超滤膜处理优势分析

聚合物驱油过程中产生的大量污水给人类的生存环境带来了巨大压力，超滤技术不仅能实现污水的达标外排，同时能满足油田回注水的要求，实现水资源的循环高效利用，降低环境污染风险。本研究从油田三次采出水的水质特点出发，以解构和建构理论为指导思想，通过研究超滤过程的宏观现象，辅以微观液-固界面的相互作用深入剖析，阐明了影响油田三次采出水中主要有机污染物对超滤膜的污染机制，优化了运行参数，建立了油田采出水的超滤膜污染模型，并提出相应的污染控制措施。主要得出以下结论：

① 对比研究了 PVDF 膜及 TiO_2/Al_2O_3-PVDF 膜超滤处理油田采出水中主要污染物 APAM 及 O/W 的性能。考察了操作压力、料液浓度、温度、pH 值、矿化度等对膜截留率及透水量的影响，结果表明：两种膜对 APAM 及 O/W 的去除率均可维持在 95% 以上，二者的渗透液浓度均在 0.5mg/L 以下，可达油田低渗透层回注要求；通过响应曲面法优化得到了过程的最佳操作条件，在此基础上建立了改性膜超滤两种污染物的膜通量（膜比通量）预测模型，为膜污染控制奠定理论基础。

② 从吸附体系的热力学、动力学及影响因素等方面研究采出水中两大类典型的有机污染物（APAM 和 O/W）与超滤膜间的吸附污染机理。结果发现：APAM 及 O/W 在膜上的吸附等温线分别为 Langmuir-Freundlich 型和 Redlich-Peterson 型；二者的吸附平衡时间分别约为 12h 和 8h；APAM 在两膜上的吸附能力随 pH 的升高而降低，随温度的升高而升高；阳离子对两膜吸附 APAM 的影响较大，作用的相对大小为 $Na^+ < K^+ < Ca^{2+}$，阴离子作用不显著。在 pH 值 2.0～12.0 的范围内，O/W 在两膜上的吸附量随 pH 值的升高先升高后降低；吸附量随温度的升高而降低。有机物的吸附污染带来的膜通量衰减随压力的升高先下降而后趋于稳定。

③ 针对油田采出水中主要污染物的超滤污染过程进行了数学解构分析，并建立了超滤过程中不同污染阻力引起的膜污染模型。结果表明：堵孔作用引起的膜通量衰减过程持续时间短，4min 即可完成；凝胶层模型能很好地模拟出超滤过程中的浓差极化阶段、凝胶层形成阶段及凝胶层稳定阶段；以污染物-膜的静态吸附动力学为基础，建立的污染超滤膜通量衰减数学模型很好地模拟了超滤过程中吸附污染引起的膜通量衰减情况。通过对 3 种污染模型参数的求解，找出合理的预处理措施，可为有效延缓甚至降低膜污染，提出合理的膜污染清洗方法奠定基础。

④ 经典的"Cake"模型对采出水中主要污染物超滤过程的模拟效果随着超滤时间的延长而变差，且缺少理论基础；自行建立的超滤污染过程的"白金汉"模型能简单、有效地模拟不同废水的超滤过程。通过对膜阻力的计算分析可知，膜自身阻力是构成总阻力的主要部分，其次是堵孔阻力、凝胶阻力和吸附污染阻力。

⑤ 以管式膜组件的形式，将两种膜应用于处理油田采出水的过程中，考察了操作压力

对两种超滤膜透水性能的影响及出水水质随时间的变化趋势。结果表明：高压操作仅对增大膜的初始通量具有较明显的作用，低压操作条件下膜通量相对通量稳定；运行稳定后，两种膜的渗透液浊度低于 0.5NTU；含油量小于 0.6mg/L；含聚量小于 0.2mg/L；TOC 小于 170mg/L。

⑥ 合理的操作条件下采用 PVDF 超滤膜处理油田三次采出水时存在超滤膜的临界通量。长期运行时，临界通量与非临界通量下的产水量相当，但膜污染缓慢、能耗更低。针对不同污染物，建立了不同的清洗方法，针对油田采出水的污染，物理清洗效果不佳，而化学方法中的 NaClO（1%）的清洗效果较好，其次是 HCl（1%）和 SDS（0.5%），不建议采用超声波清洗。

超滤膜技术在油田采出水处理及回用方面具有广阔的发展空间，为更好地实践膜工艺技术，对今后研究工作的建议如下：

① 针对膜的截留分子量、孔径分布、膜表面孔隙率等参数对膜过滤性能的影响展开进一步研究。

② 对油田实际采出水的膜污染机理、模型等进行深入研究，如考虑细菌滋生、矿化物结晶析出等问题给膜过滤性能带来的影响等。

③ 研发油田采出水强化膜前处理工艺与超滤膜集成技术。

5.1.3　采油废水纳滤膜处理优势分析

聚驱采油过程在消耗清水、配聚驱油的同时产生了大量含聚、含油、高矿化度、可生化性差的油田采出水，面对该过程带来的水资源消耗问题和环境污染问题，采用膜技术实现废水回用不失为一种理想的措施选择。基于聚驱采油废水（经过超滤预处理）的水质特征和聚驱采油时配聚用水的水质要求，采用芳香聚酰胺纳滤膜 NF90 对模拟聚驱采油废水进行处理研究，主要得出以下结论。

① 在本研究的条件范围内，矿化度为 5000mg/L 的含聚模拟采油废水经过 NF90 纳滤膜的处理后，综合脱盐率高于 85%（出水矿化度低于 750mg/L），二价阳离子去除率高于 95%（出水总硬度低于 20mg/L），原油去除率高于 70%（出水含油量低于 1mg/L），APAM 则完全截留，出水能够满足配聚用水的水质要求。

② 原油和 APAM 造成的有机污染以及无机盐沉淀造成的无机污染虽然造成了膜通量的下降，但却能够提高纳滤膜过程的脱盐率，实验中并未发现许多研究者提到的"污染层强化浓差极化现象"；纳滤进水中大量盐离子的存在降低了纳滤过程对原油组分的截留率，这主要归结于纳滤膜的"膜孔膨胀"和有机溶质的"盐析效应"。

③ 提高操作压力能够在短时间内提高膜通量和溶质截留率，但却会加速膜污染进程，而膜污染的加剧又会降低膜通量，还可能通过加剧浓差极化的方式降低出水水质；提高进水温度能够增加膜通量，且二者在本实验条件的范围内呈现线性关系，温度提高后盐离子的截留率基本不受影响，而原油的截留率出现了明显的降低（降幅 15%），膜通量衰减也有所加速。因此，在实际应用中要综合考虑操作压力与温度对膜通量、溶质截留率以及膜污染这三方面的影响作用。

④ 模拟聚驱采油废水中的各种成分均对膜污染有所贡献，但阴离子型聚丙烯酰胺（APAM）是造成膜通量衰减的最主要污染成分，其次为纳滤进水中溶解的原油组分，最次为盐离子产生的无机盐沉淀，且 3 种组分对膜污染的进程有着相互影响作用：a. 阳离子（特别是二价阳离子）能对纳滤膜与 APAM 所带的负电荷产生静电屏蔽作用，从而降低甚至消除二者之间的排斥力；b. Ca^{2+} 能够在纳滤膜面与 APAM 分子以及不同 APAM 分子的羧基之间通过络合反应产生架桥连接作用；c. 阳离子能够与带负电的 APAM 分子结合，降低分子链之间的排斥作用，引起 APAM 分子链发生卷曲缠绕，从而降低溶液黏度、提高膜通量；d. 由于 NF90 本身为较为亲水的聚酰胺纳滤膜，故亲水性的 APAM 分子能够在氢键作用以及 Ca^{2+} 的络合架桥作用下率先附着于纳滤膜上，形成较为密实的 APAM 有机污染层，这一污染层的出现一方面导致了膜通量的快速下降，另一方面则对原油组分对纳滤膜的污染产生了"屏蔽"作用，使原油组分难以接近并吸附在纳滤膜面上，而只能混杂在 APAM 污染层中。

⑤ APAM 造成的有机污染能够提高膜面的亲水性，而原油造成的有机污染则能降低膜面的亲水性，因此，二者同时存在时产生的混杂着原油组分的 APAM 有机污染层表现的亲/疏水性介于单独作用的结果之间；与原油造成的有机污染相比，APAM 造成的有机污染虽然对膜通量衰减的加剧作用更强，但 APAM 有机污染层更容易清洗去除。

⑥ 优化清洗方案为：先用以正交实验确定的最佳复合清洗试剂（复合清洗试剂配方为：取 0.5g EDTA、2g 焦磷酸钠、2g SDS 溶于 1L 水中，并用 NaOH 将溶液 pH 值调至 11）清洗，再用 pH=2 的 HCl 溶液进行酸洗，经过该清洗过程后，受污染纳滤膜的通量可完全恢复至初始水平，进一步的实验表明所定优化清洗方案不仅能有效清除膜上的各类污染成分，而且并未对纳滤膜的其他性能造成破坏（清洗后纳滤膜的脱盐率、亲水性、微观形貌以及红外光谱均与新膜相差无几），有效实现了受污染纳滤膜的"再生"。

通过在实验室进行配水实验较为系统地完成了纳滤处理聚驱采油废水的研究，为这一技术的实际应用提供了技术指导。但关于该技术过程仍有以下几方面值得进一步研究：

① 实际废水的水质条件更加复杂多变，与实验室内的配水实验存在许多差异，因此，关于纳滤膜处理聚驱采油废水有待继续进行实际废水的处理研究，并将已经获得的结论与实际废水的处理结果进行对比分析；

② 实验中仅选用了一种纳滤膜（NF90）进行纳滤处理聚驱采油废水的研究，而不同纳滤膜的性能差异较大，因此有必要继续进行其他类型纳滤膜的处理效能研究，优选出更加适宜该处理过程的纳滤膜；

③ 一个运行过程的数学模型对于实际生产过程的预测和控制具有重要意义，因此可以考虑研究建立反映纳滤处理聚驱采油废水时处理效能与膜污染进程的数学模型；

④ 纳滤过程虽然能够较为可靠地完成废水净化任务，但与此同时会产出一定量的浓缩液，这些浓缩液往往具有更大的危害性和处理难度，因此关于浓缩液的妥善处置需要进行更加深入的研究。

5.2　趋势分析

随着全球对水资源需求量的不断增加，淡水资源持续枯竭，日益增强的环保意识持续推动新的监管排放标准，这将迫使石油工业修改其采出水管理策略[1]。在石油开采过程中耗水量巨大，为了环保和降低成本需求，对污水的处理回用技术就显得十分重要。膜法水处理是一项发展迅猛的技术，在油田行业中采用膜法处理污水，可以节约资源，保护环境，降低成本。

5.2.1 采油废水其他膜法处理技术

5.2.1.1 反渗透

反渗透膜（RO）孔径范围为 0.0001～0.001μm，需要高达 60bar（1bar=10^5Pa）的压差来驱动分离过程。与微滤、超滤和纳滤技术相比，RO 膜对微污染物的去除效率更高[2]，出水水质更好。RO 最适用于三级水处理，然而，有必要进行适当的预处理以减缓膜污染。Dastgheib 等研究了去除油田采出水中的氯化钠（15000～32000mg/L）以改善沿海地区作物生长，结果表明在脱盐效率为 63%时，膜渗透通量出现下降，流速的降低主要是由于高渗透压超过了工作压力（69bar）[3]。RO 能够去除采出水中 99%以上的溶解固体总量（TDS）[4]。此外，Wandera 等认为膜法水处理技术的处理效果普遍受到因污垢引起的渗透通量下降的影响。因此，采用渗透通量最大化的策略（例如过滤时间和操作条件）将改善处理过程[5]。

近年来，结合膜技术的组合工艺越来越多地用于处理采油废水[6]。郭等评估了超滤（UF）-RO 膜组合工艺对油田采出水中特定污染物的去除情况，并将渗透水水质与相关水质标准进行了比较。UF-RO 组合工艺可以将进水中 COD、TDS、Cl−、Na+、NH4+和 Ca2+的浓度由 530mg/L、18900mg/L、11000mg/L、6950mg/L、92mg/L、233mg/L 降低至 10.9mg/L、361mg/L、190mg/L、141mg/L、4.0mg/L、1.3mg/L，出水中污染物浓度远低于地表水排放标准[7]。

沸石、聚偏二氟乙烯、聚醚砜和聚酰胺是可用于处理采油废水处理的 RO 膜材料。有研究报道利用合成的沸石 RO 膜降低石油开采过程上游工艺中的盐度，该废水含有高浓度TDS（181600mg/L），在施加压力和渗透通量分别为 55bar 和 0.018kg/（m^2·h）条件下，经处理后 TDS 浓度降低至 11%。类似地，Liu 等开发了一种 MFI 硅酸盐沸石 RO 膜，并用含三种有机溶剂的合成采油废水进行实验；在27.6bar、0.33kg/（m^2·h）条件下，对于100mg/L浓度的有机溶液，有机混合物去除率约为 96.5%；在 0.1mg/L NaCl 条件下，该沸石膜的除盐率能够达到 99.4%[8]。

在聚合反渗透膜方面，Fakhru'l-Razi 等研究了两种聚偏氟乙烯-反渗透膜（PVDF-RO）和三种聚醚砜-反渗透膜（PES-RO）对采油废水的处理效果。利用生物过程处理采油废水（TOC 含量 33～43mg/L）后，这些 RO 膜作为高压下的后处理步骤使用。所有反渗透膜都表现出高性能，去除效率和通量分别为 92%～94%和 80～30L/（m^2·h）。反渗透膜系统运行 18d 后进行化学清洗（1% NaOH 和 0.3% HNO_3处理）和超声波处理；RO 膜通量恢复率为 98%。利用上述膜处理的采油废水水质能够满足再利用的要求[9]。Mondal 和Wickramasinghe 利用 RO 膜-BW30 处理采油废水，在 1.4～7bar 的低压条件下，TOC 和TDS 的浓度分别从 136.4mg/L 和 2090mg/L 降至 45.2mg/L 和 1090mg/L[10]。类似地，Murray-Gulde 等采用聚合 RO 膜（AG 4040FF）处理采油废水进行再利用，主要是在进入人工湿地修复之前，将其用作组合过滤系统中的后处理步骤[11]；在 18.61bar 条件下，采出水中 TOC 和 TDS 浓度分别从 77.4mg/L 和 6554mg/L 成功降至 18.4mg/L 和 295mg/L，流速范围为 0.0～0.028L/s，用 NaOH 溶液清洗 RO 膜后，膜通量恢复率为 90%。

5.2.1.2　膜蒸馏

采油废水处理中最早大规模采用的脱盐技术之一是热脱盐[12]。目前仍在使用的两种著名的脱盐方法（主要在中东地区）是多级闪蒸（MSF）和多效蒸馏（MED）。虽然这两种蒸馏方法都是能源密集型的，但与膜技术相比，它具有两个重要的优点，即超大规模的安装能力和超长的工厂运行周期（在某些情况下超过 20 年）。在一项针对煤层气（CSG）采出水处理的中试研究中将超滤（UF）、反渗透（RO）和多效蒸馏（MED）工艺相结合[13]，用于处理该含有中等含量 TDS 的苦咸水。UF 作为死端模式运行，每 17min 的运行周期重复进行 40s 的气冲和 30s 的反冲洗。UF 工艺和渗透液中 76% 的回收水作为 RO 滤料，RO 系统的水回收率约为 76%；RO 浓缩液送往 MED 进行进一步的水回收，MED 工艺可从 RO 保留液中回收 80% 的进料液。总的来说，该工艺从最初的采出水中回收了 95.2% 的纯化水。由于 RO 和 MED 渗透水纯度高，可将其用作超滤渗透水的稀释剂以达到节能的目的。然而，由于蒸馏方法成本高昂以及更节能的膜技术的出现，这些热技术逐渐不再使用。

膜蒸馏（MD）是另一种重要的热脱盐技术。膜蒸馏是一种无压力驱动的膜分离工艺[14]，主要以膜两侧蒸汽压力差为传质驱动力。在 MD 工艺中，热料液和冷渗透液在疏水微孔膜的两侧进行循环，由于进料侧的蒸气压高于透过侧的蒸气压，在压差梯度作用下，蒸汽分子由热侧透过膜孔迁移至冷侧，产生馏出物。MD 工艺的能源需求（即加热需求）较小，因此某些特殊情况下 MD 在经济上更具竞争力。MD 工艺被归类为低温工艺（通常低于 80℃），因此，与热蒸馏法相比，MD 工艺优点突出，其能够在低温下运行并具有以高效的小型膜组件构成大规模生产体系的灵活性[15-16]。陆地和海上采油平台往往存在空间限制，由于 MD 工艺占地面积小，同时与反渗透（RO）相比，MD 工艺操作压力更低并能够 100% 去除进料溶液中的非挥发性溶质，因此 MD 工艺也许能够成为处理采油废水的理想工艺。

迄今为止讨论的采油废水处理膜技术通过使用选择性阻挡层、利用压力差作为推动力来进行物质分离。所有压力驱动的膜分离污染物，在工艺结束时会产生高度"浓缩盐水"滞留液，但大多数关于采出水回收的研究对"浓缩盐水"滞留液没有提出建设性意见。实际上所有压力驱动的膜分离技术主要是回收渗透水和高度浓缩的滞留采出水，因此，处理或针对性使用压力驱动膜产生的高度浓缩的滞留采出水将是采出水处理的最终前沿。这些饱和或"浓缩盐水"的渗透压非常高，超出了纳滤或 RO 膜的实际操作压力，而 MD 工艺无压力驱动，主要由进料侧和渗透侧温差驱动，进料侧溶液盐度对 MD 工艺性能影响可忽略不计，MD 工艺可以有效地完成"浓盐水"的最终处理。当给水 TDS 从 35000mg/L 增加至 75000mg/L 时，MD 工艺膜通量下降仅为 5%。因此，MD 工艺几乎可以完全除盐并用作采油废水处理最后阶段的回收工艺。然而，给水中有机化合物的存在会对 MD 工艺运行产生阻碍。非润湿现象（接触角）是 MD 工艺有效运行的关键要求之一，自然界中的极性和非极性有机化合物首先会增加给水的润湿性，影响膜的润湿性能，此外，如果有机化合物易挥发，那么这些低沸点化合物和气体在蒸馏过程中很容易通过膜。因此，运行 MD

工艺至关重要的一点是，应尽可能降低给水有机化合物含量，特别是低沸点成分，否则渗透液可能含有有机气体和溶解气体，在回收使用前可能还需要进一步的后处理。

MD 工艺有 4 种不同的操作模式：直接接触膜蒸馏（DCMD）；气隙式膜蒸馏（AGMD）；吹扫气膜蒸馏（SGMD）；真空膜蒸馏（VMD）。不同 MD 装置的区别主要在于蒸汽穿过疏水膜后冷凝回收方式的不同。在 DCMD 中，两侧的液体直接与多孔膜的表面接触。在 VMD 中，不是在渗透侧循环冷却水，而是施加真空将产生的蒸汽冷凝。在 AGMD 中，冷凝面和膜表面之间会形成气隙。在 SGMD 中，冷空气在渗透侧循环以收集蒸汽。4 种工艺的进料侧相似都是热循环水，渗透侧可以使用液体、空气或真空从进料侧收集水蒸气，渗透侧应比进料侧冷却至少 20℃，才可达到有效的蒸馏效果。Macedonio 等报道了使用直接接触膜蒸馏实际处理油田采出水的情况[17]。利用微滤和活性炭对采出水进行预处理用以去除油、悬浮物和 H_2S，使用 4 种不同的膜材料（2 种实验室生产的 PVDF 膜和 2 种市售的 PP 膜）对预处理的采出水进行 DCMD。当进料温度为 50℃、渗透循环温度为 25℃ 时，可获得 4～9L/（$m^2 \cdot h$）的渗透通量。在优化操作条件后，TDS 和总碳的去除率分别达到 99.5% 和 90% 以上。仅就 DCMD 工艺的成本而言，采出水进料温度为 50℃ 时成本为 0.72 美元/m^3，进料温度为 20℃ 时为 1.28 美元/m^3。此外，在利用气隙式膜蒸馏（AGMD）处理阿美海湾油田采出水过程中对 3 种商用膜的性能研究发现，随着膜孔径的增加，水通量也增加[18]。与典型的 MD 工艺一样，渗透通量的增加与进料温度成正比，与冷却剂温度成反比；随着进料温度升高，渗透通量呈指数增长。同时，工艺能耗与膜孔径大小无关。

目前越来越多的研究将膜蒸馏（MD）作为一种实用的采油废水分离技术，特别是对于聚合物膜。例如，Singh 等使用中空纤维膜组件处理蒸汽驱油田采油设施的脱油采出水[19]。Lin 等首次报道使用纳米颗粒改性亲水性玻璃并用聚合物作为涂层[20]，结果表明，这种改性方法对于油田采出水等低表面能污染物的 MD 应用至关重要。Chew 等制备了一种利用表面活性剂稳定的水包油乳液，以模拟油浓度范围为 2～565ppm（1ppm=10^{-6}，下同）的油田采出水，并使用 PVDF 膜在 DCMD 工艺中进行脱盐[21]，结果显示，需要对膜进行表面改性以制备抗污染和抗润湿性能更强的膜来防止膜污染。类似地，Lokare 等研究了使用 DCMD 中的商业疏水 MF 膜对宾夕法尼亚州 Marcellus 页岩非常规气井采出水处理过程中的膜污染行为[22]。该采出水 TDS 高达 300000ppm，其中一个点位采油废水的 TOC 含量约为 19ppm。膜污染实验表明 72h 内 MF 膜对溶解固体和 TOC 的截留率分别为 99.99% 和 78.9%，同时膜表面出现氯化钠沉积物污垢。

Zhang 等使用 DCMD 工艺和商用 PVDF 平板膜处理科罗拉多州 Wattenberg 油田的页岩油气采出水[23]。采用沉淀软化（PS）和核桃壳过滤（WSF）两个预处理步骤有效降低了进料水中的有机污染物浓度，PS 和 WSF 联用对苯、甲苯、乙苯和二甲苯（BTEX）的去除率达 98%，除盐率达 99.9%，回收率达 82.5%。该工艺还将馏出物中总挥发性石油烃（TVPH）浓度降低至仅 0.9ppm，远低于排放限值要求。另一方面，MD 工艺处理未经预处理的原水时，原水中存在的有机污染物、有机密封剂和悬浮物等会导致膜孔堵塞、蒸汽传输受阻，回收率仅为 40% 左右，这进一步支持了 MD 工艺处理页岩油气采出水时进行预处理的重要性。

Zou 等使用 DCMD 工艺和新型中空纤维膜对二叠纪盆地采出水进行 200h 的连续脱盐处理[24]，该采出水 TDS 浓度为 154200ppm，不可吹扫有机碳（NPOC）含量为 57.6ppm。

最初 24h 除盐率稳定在 99.99%，而后至结束钠离子和氯离子的去除率降低至 98.4%左右，渗透通量也从 25.41kg/（m²·h）下降到 15.21kg/（m²·h），主要是由于污染物使部分膜孔湿润导致运行参数下降。DCMD 工艺结束后发现膜表面覆盖多层颗粒沉积物并检测到有碳酸钙存在，这可能会显著影响膜通量。通过使用 DCMD 工艺中的渗透水对膜进行物理清洗，可以有效地将膜污染从 40%降低到 10%。

为了提高膜的抗污染性能，减少油在膜表面的黏附，Wang 和 Lin 使用低表面能的全氟烷基官能团来修饰复合膜表面，并使用二氧化硅纳米粒子（SiNPs）来诱导粗糙度[25]，同时用含氟表面活性剂（FS）乙醇溶液喷涂 CTS/PFO-PVDF 复合材料以进一步降低表面能。在气隙式膜蒸馏（AGMD）工艺中，尝试使用该复合膜处理油和盐浓度分别为 1000ppm 和 35000ppm 的水包油型乳状液，结果表明，复合膜具有疏油性，CTS/PFO-PVDF 膜超纯馏出物未出现油渗透，同时除盐率达到 99.9%以上，在减轻污垢方面表现最佳。

5.2.1.3　正渗透

正渗透（forward osmosis, FO）是近年来受到广泛关注的另一种采油废水处理膜技术[12]。在反渗透（RO）过程中必须施加压力来克服进料的渗透压，迫使水分子通过膜，而在正渗透（FO）中，是在膜的两侧分别放置具有较低渗透压的原料液和具有较高渗透压的驱动溶液，在进料液和驱动溶液之间渗透压差作用下，水能自发地从原料液一侧透过膜到达驱动溶液一侧，实现有效分离。进料液和驱动溶液之间的渗透压差越大，分离效率越高。应该注意的是，在某些情况下，采油废水本身 TDS 浓度非常高，因此驱动溶液的含盐量应比进料液更高。目前已针对 FO 研究了从传统盐溶液（如 NaCl 和 $MgSO_4$）到新型化合物（包括热解盐和可转换极性溶剂）的各种驱动溶液。FO 工作压力低，通常在大环境条件下运行，与 RO 工艺相比，不可逆污垢产生量较少，同时由于形成的污垢不够紧密坚实，因此认为在 FO 过程中去除污垢层应该比 RO 等高压膜更容易[26]。在 FO 工艺中，驱动溶液会随着渗透作用进行而被稀释，因此需对其进行再生（即浓缩）以维持处理能力。由于驱动溶液 TDS 浓度非常高，并且在许多情况下超出了 RO 膜的工作压力，因此 MD 工艺可能是驱动溶液再生的可行选择。有学者提出，FO 和 MD 的结合工艺可能是未来采出水处理的潜在选择之一[26]。Zhang 等利用 FO 和 MD 组合工艺对合成采出水进行回收[27]，膜材料为实验室制备的用于 FO 工艺的 CTA 中空纤维 TFC 膜和用于 MD 工艺的 PVDF 膜。在 FO 工艺中，使用 2mol/L NaCl 作为驱动溶液，合成含 1000ppm 乙酸的含油水样（4000ppm）作为进料液。FO 膜在反应初期显示被污染，24h 后膜通量趋于稳定，超过 99.9%的油和约 80%的乙酸被去除。在 60℃的操作温度下，MD 工艺中盐和乙酸的去除率为 99.99% 和 47%，研究结果展示了 FO 和 MD 组合工艺的优势及应用前景。今后需进一步研究 FO 和 MD 新型组合工艺处理采油废水的实际应用，FO 工艺需要高通量抗污膜，现有 MD 工艺商业膜的低渗透通量不具竞争力，如要经济上可行其渗透通量必须增加至少一个数量级。

5.2.2　采油废水膜法处理技术应用前景

石油天然气行业生产和工艺用水的复杂性使采油废水成为污染处理和成本控制最困难

的废水之一，因此未来的研究必须与探索先进的预处理方法同时进行，膜工艺能否高效运行将完全取决于采出水预处理后进料的初始水质。近几十年来，反渗透（RO）技术的应用范围不断扩展，包括用于多效蒸馏、多级闪蒸、电渗析和混合技术工艺等。相比之下，用于工艺用水和采出水处理的纳滤和反渗透技术的产能（MGD）在传统采出水处理领域占据主导地位（约为 78%）。只有反渗透工艺的出水才能达到饮用水质量，同时还可能需要进行特殊的后处理。根据预处理的采出水质量，纳滤膜（NF）可以在石油工业、灌溉和畜牧业中实现水质的再利用。虽然 RO 膜工艺出水水质比 NF 膜工艺更好，但 NF 膜在油气行业采出水处理过程中循环利用的性价比更高。近年来，FO 膜与热蒸馏[尤其是膜蒸馏（MD）]相结合的研究越来越受到重视。所有用于采出水处理的膜技术都会产生高度"浓缩盐水"，目前对这种浓缩盐水的研究很少，而近年来开发的 MD 工艺将是解决这一问题的理想选择，但首先要解决的是围绕 MD 工艺本身的问题，即高成本（能源）、结垢以及热传导造成的热损失等。

合成方法和改性技术将能够对油田污水处理所涉及的技术进行持续优化。例如，聚合物膜在采出水处理中的性能受到其表面化学性质（如疏水性、超疏水性或泛疏水性）的显著影响。聚四氟乙烯（PTFE）具有较强的憎水性，但也具有较高的油亲和性。聚偏氟乙烯（PVDF）因其优异的可加工性、低廉的成本和可用性，已成为膜蒸馏（MD）工艺处理采出水的常用材料。未经表面化学憎水性改性的聚合物膜，会因膜表面与油的疏水尾之间的疏水吸引而受到油污染。表面活性剂的存在会严重加剧膜表面和孔隙的润湿，进而促进盐在膜上的传输，导致 MD 工艺失效。MD 工艺具有巨大改进潜力，对采出水进行预处理有助于降低 MD 运行过程中的污垢浓度，从而保证后续采出水处理。然而，进料中存在的盐垢仍然是影响 MD 工艺的一个重要问题。全憎水膜能够获得高纯度渗透液，并可对黏附在膜表面的任何垢剂进行简单物理清洗（如冲洗）。虽然真空膜蒸馏（VMD）工艺的膜通量更大，但也需要安装更多泵，进而增加成本，因此在经济上不可行。直接接触膜蒸馏（DCMD）工艺由于易组装和性能卓越，得到了更多的研究。此外，还应考虑膜的表面改性对最终性能的影响，如孔隙率、厚度和耐久性对于长时间运行性能以及实际采出水进料的复杂化学分析。

然而，热进料与膜表面直接接触而引起的温度极化问题也需要改进。利用太阳能或地热能等替代热源的 MD 装置，以及具有强大的抗污染和表面活性剂润湿性能的专用超双疏膜，将是从充分预处理的采出水进料中回收高纯度渗透液的理想装置。虽然使用替代热源为 MD 提供动力、为实现更高效的能源过程打开了新的思路，但仍需要更多的研究来克服太阳能和废热源的不稳定性。微波和射频加热作为一种稳定且更节能的 MD 动力来源，也需要进一步研究以克服膜表面直接加热引起的结垢问题。

总之，对于使用膜技术高效处理油田采出水而言，除了膜工艺的有效性外，资金和运行成本可能是决定因素。例如，反渗透膜回收海水通常操作成本低于 25%，超滤过程由于膜污染严重运行成本可能为 30%～50%，微滤工艺则技术相对成熟且价格具有竞争力。对大多数氟基 MF 膜（如 PVDF、PTFE）进行的 MD 工艺测试表明其渗透通量很低，因此，需要开发新型疏水膜以实现低成本高效率的 MD 工艺。除了膜的生产成本外，实际运行成本往往取决于市场条件、组件性质和操作条件等。例如，高压模块比低压模块更昂贵，而中空纤维模块比螺旋缠绕模块便宜。中空纤维、毛细纤维、螺旋缠绕、平板和框架以及管状组件的成本估算分别为 $5\sim20$ 美元/m²、$10\sim50$ 美元/m²、$5\sim100$ 美元/m²、$50\sim200$ 美元/m²和 $50\sim200$ 美元/m²。膜的实际成本也可能由供需情况决定，在某种程度上，由于反渗透膜产量大，而超滤膜制造商很少，因此，螺旋缠绕反渗透膜比超滤膜组件更便宜。此外，决定膜工艺有效性和寿命的最重要参数是采出水的进料水质。因此，在选择膜工艺时，必须考虑到所有这些条件来确定膜工艺和操作条件。

参考文献

[1] Alzahrani S, Mohammad A W. Challenges and trends in membrane technology implementation for produced water treatment: A review[J]. Journal of Water Process Engineering, 2014, 4: 107-133.

[2] Piemonte V, Prisciandaro M, Mascis L, et al. Reverse osmosis membranes for treatment of produced water: a process analysis[J]. Desalination and Water Treatment, 2015, 55(3): 565-574.

[3] Dastgheib S A, Knutson C, Yang Y, et al. Treatment of produced water from an oilfield and selected coal mines in the Illinois Basin[J]. International Journal of Greenhouse Gas Control, 2016, 54: 513-523.

[4] Szép A, Kohlheb R. Water treatment technology for produced water[J]. Water Science and Technology, 2010, 62(10): 2372-2380.

[5] Wandera D, Wickramasinghe S R, Husson S M. Modification and characterization of ultrafiltration membranes for treatment of produced water[J]. Journal of Membrane Science, 2011, 373(1-2): 178-188.

[6] Amakiri K T, Canon A R, Molinari M, et al. Review of oilfield produced water treatment technologies[J]. Chemosphere, 2022: 134064.

[7] Guo C, Chang H, Liu B, et al. A combined ultrafiltration-reverse osmosis process for external reuse of Weiyuan shale gas flowback and produced water[J]. Environmental Science: Water Research & Technology, 2018, 4(7): 942-955.

[8] Liu N, Li L, McPherson B, et al. Removal of organics from produced water by reverse osmosis using MFI-type zeolite membranes[J]. Journal of Membrane Science, 2008, 325(1): 357-361.

[9] Fakhru'l-Razi A, Pendashteh A, Abidin Z Z, et al. Application of membrane-coupled sequencing batch reactor for oilfield produced water recycle and beneficial re-use[J]. Bioresource technology, 2010, 101(18): 6942-6949.

[10] Mondal S, Wickramasinghe S R. Produced water treatment by nanofiltration and reverse osmosis membranes[J]. Journal of membrane science, 2008, 322(1): 162-170.

[11] Murray-Gulde C, Heatley J E, Karanfil T, et al. Performance of a hybrid reverse osmosis-constructed wetland treatment system for brackish oil field produced water[J]. Water Research, 2003, 37(3): 705-713.

[12] Munirasu S, Haija M A, Banat F. Use of membrane technology for oil field and refinery produced water treatment—A review[J]. Process Safety and Environmental Protection, 2016, 100: 183-202.

[13] Nghiem L D, Elters C, Simon A, et al. Coal seam gas produced water treatment by ultrafiltration, reverse osmosis and multi-effect distillation: A pilot study[J]. Separation and Purification Technology, 2015, 146: 94-100.

[14] Wang P, Chung T S. Recent advances in membrane distillation processes: Membrane development, configuration design and application exploring[J]. Journal of Membrane Science, 2015, 474: 39-56.

[15] Samuel O, Othman M H D, Kamaludin R, et al. Oilfield-produced water treatment using conventional and membrane-based technologies for beneficial reuse: A critical review[J]. Journal of Environmental Management, 2022, 308: 114556.

[16] El-badawy T, Othman M H D, Matsuura T, et al. Progress in treatment of oilfield produced water using membrane distillation and potentials for beneficial re-use[J]. Separation and Purification Technology, 2021, 278: 119494.

[17] Macedonio F, Ali A, Poerio T, et al. Direct contact membrane distillation for treatment of oilfield produced water[J]. Separation and Purification Technology, 2014, 126: 69-81.

[18] Alkhudhiri A, Darwish N, Hilal N. Produced water treatment: application of air gap membrane distillation[J]. Desalination, 2013, 309: 46-51.

[19] Singh D, Prakash P, Sirkar K K. Deoiled produced water treatment using direct-contact membrane distillation[J]. Industrial &

Engineering Chemistry Research, 2013, 52(37): 13439-13448.

[20] Lin S, Nejati S, Boo C, et al. Omniphobic membrane for robust membrane distillation[J]. Environmental Science & Technology Letters, 2014, 1(11): 443-447.

[21] Chew N G P, Zhao S, Loh C H, et al. Surfactant effects on water recovery from produced water via direct-contact membrane distillation[J]. Journal of Membrane Science, 2017, 528: 126-134.

[22] Lokare O R, Tavakkoli S, Wadekar S, et al. Fouling in direct contact membrane distillation of produced water from unconventional gas extraction[J]. Journal of Membrane Science, 2017, 524: 493-501.

[23] Zhang Z, Du X, Carlson K H, et al. Effective treatment of shale oil and gas produced water by membrane distillation coupled with precipitative softening and walnut shell filtration[J]. Desalination, 2019, 454: 82-90.

[24] Zou L, Gusnawan P, Zhang G, et al. Novel Janus composite hollow fiber membrane-based direct contact membrane distillation (DCMD) process for produced water desalination[J]. Journal of Membrane Science, 2020, 597: 117756.

[25] Wang Z, Lin S. The impact of low-surface-energy functional groups on oil fouling resistance in membrane distillation[J]. Journal of Membrane Science, 2017, 527: 68-77.

[26] Shaffer D L, Arias Chavez L H, Ben-Sasson M, et al. Desalination and reuse of high-salinity shale gas produced water: drivers, technologies, and future directions[J]. Environmental Science & Technology, 2013, 47(17): 9569-9583.

[27] Zhang S, Wang P, Fu X, et al. Sustainable water recovery from oily wastewater via forward osmosis-membrane distillation (FO-MD)[J]. Water Research, 2014, 52: 112-121.

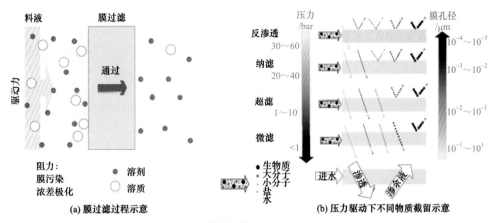

(a) 膜过滤过程示意

(b) 压力驱动下不同物质截留示意

图 1-1　膜过滤概念（1bar=10⁵Pa）

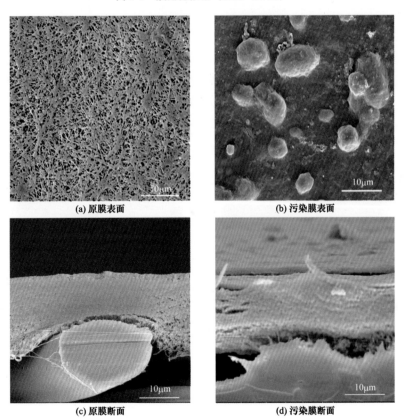

(a) 原膜表面

(b) 污染膜表面

(c) 原膜断面

(d) 污染膜断面

图 2-26　PTFE 膜表面及断面的 SEM 表征

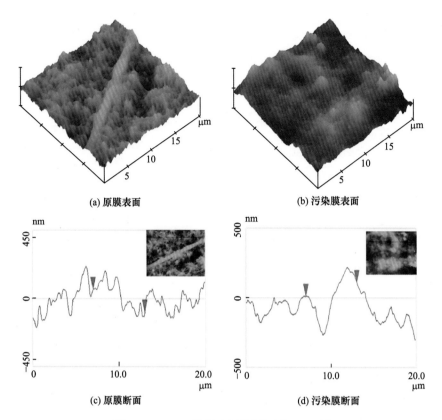

(a) 原膜表面　　　　　　　　　　　(b) 污染膜表面

(c) 原膜断面　　　　　　　　　　　(d) 污染膜断面

图 2-27　PTFE 膜表面及断面的三维 AFM 图

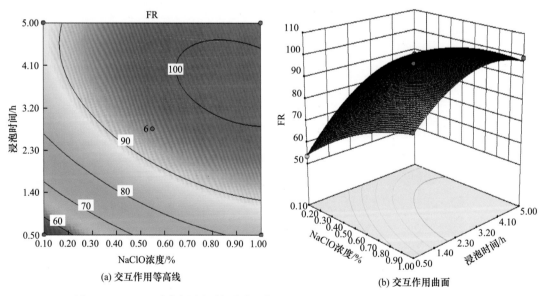

(a) 交互作用等高线　　　　　　　　(b) 交互作用曲面

图 2-64　NaClO 浓度与浸泡时间的交互作用对通量恢复率影响的等高线图及曲面图

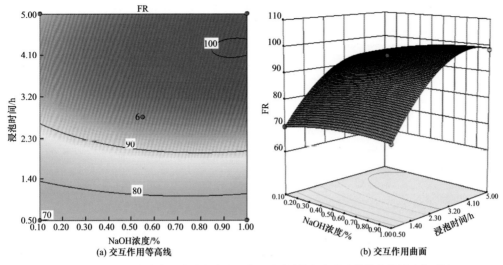

(a) 交互作用等高线 (b) 交互作用曲面

图 2-65 NaOH 浓度与浸泡时间的交互作用对通量恢复率影响的等高线图及曲面图

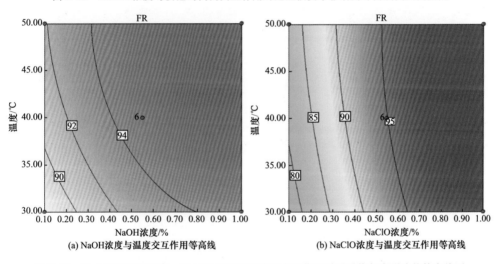

(a) NaOH浓度与温度交互作用等高线 (b) NaClO浓度与温度交互作用等高线

图 2-66 NaOH 浓度与温度、NaClO 浓度与温度的交互作用对通量恢复率影响的等高线图

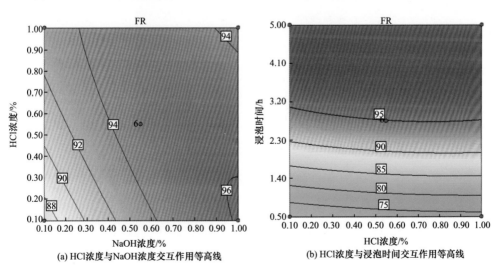

(a) HCl浓度与NaOH浓度交互作用等高线 (b) HCl浓度与浸泡时间交互作用等高线

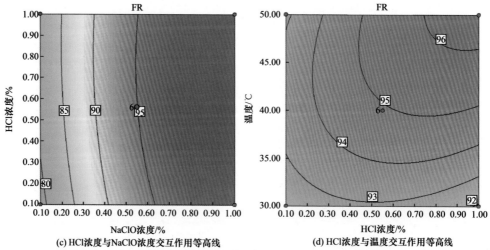

(c) HCl浓度与NaClO浓度交互作用等高线　　　(d) HCl浓度与温度交互作用等高线

图 2-67　HCl 浓度与其他因子的交互作用对通量恢复率影响的等高线图

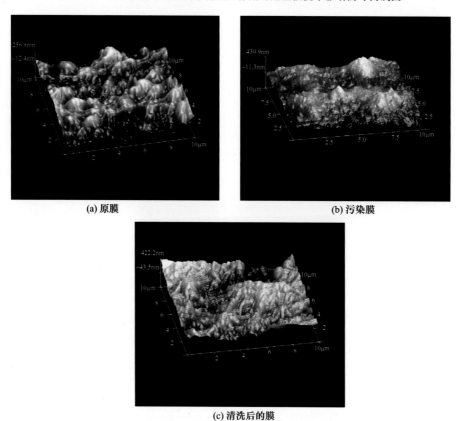

图 2-69　原膜、污染膜和清洗后的污染膜的三维原子力显微镜图

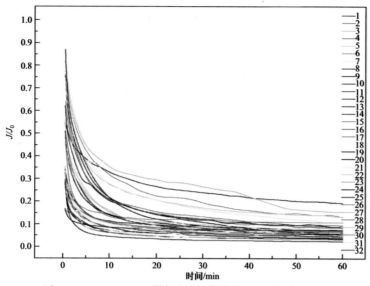

图 3-22 APAM-O/W 模拟废水的超滤膜比通量衰减的过程

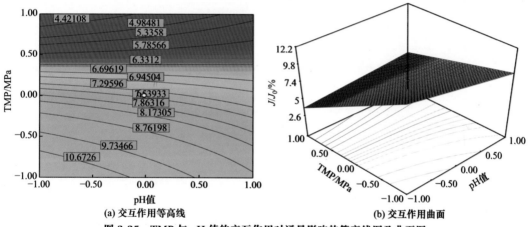

(a) 交互作用等高线

(b) 交互作用曲面

图 3-25 TMP 与 pH 值的交互作用对通量影响的等高线图及曲面图

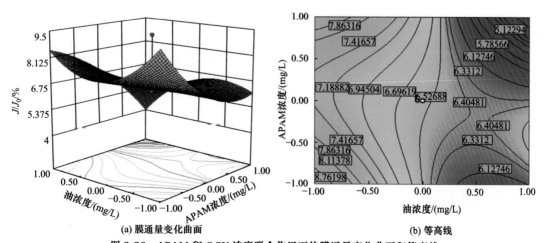

(a) 膜通量变化曲面

(b) 等高线

图 3-28 APAM 和 O/W 浓度联合作用下的膜通量变化曲面和等高线

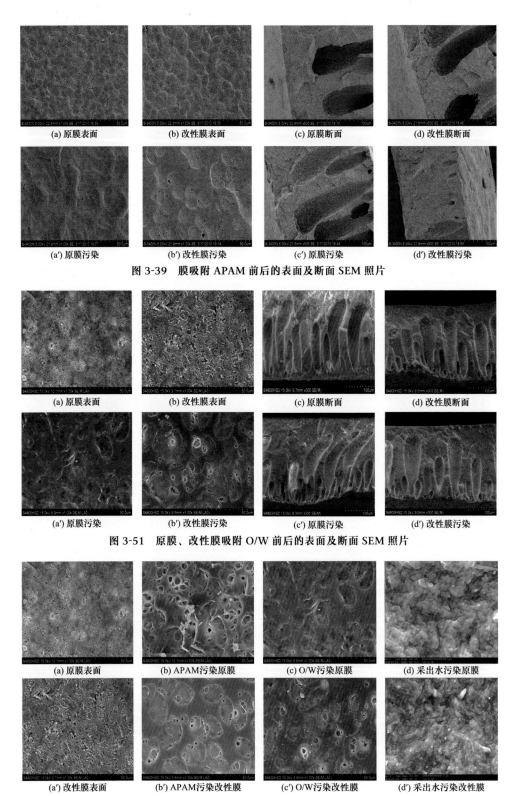

(a) 原膜表面　(b) 改性膜表面　(c) 原膜断面　(d) 改性膜断面

(a′) 原膜污染　(b′) 改性膜污染　(c′) 原膜污染　(d′) 改性膜污染

图 3-39　膜吸附 APAM 前后的表面及断面 SEM 照片

(a) 原膜表面　(b) 改性膜表面　(c) 原膜断面　(d) 改性膜断面

(a′) 原膜污染　(b′) 改性膜污染　(c′) 原膜污染　(d′) 改性膜污染

图 3-51　原膜、改性膜吸附 O/W 前后的表面及断面 SEM 照片

(a) 原膜表面　(b) APAM污染原膜　(c) O/W污染原膜　(d) 采出水污染原膜

(a′) 改性膜表面　(b′) APAM污染改性膜　(c′) O/W污染改性膜　(d′) 采出水污染改性膜

图 3-91　原膜、改性膜受不同污染物污染前后的形貌特征

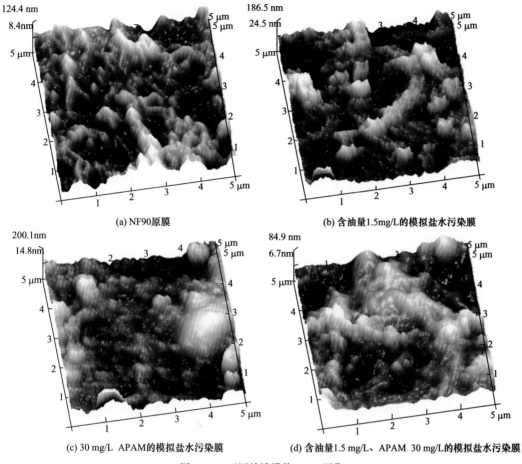

(a) NF90原膜

(b) 含油量1.5mg/L的模拟盐水污染膜

(c) 30 mg/L APAM的模拟盐水污染膜

(d) 含油量1.5 mg/L、APAM 30 mg/L的模拟盐水污染膜

图 4-21　不同纳滤膜的 AFM 图像

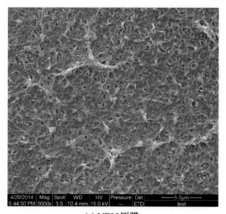

(a) NF90原膜

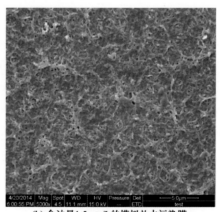

(b) 含油量1.5 mg/L的模拟盐水污染膜

 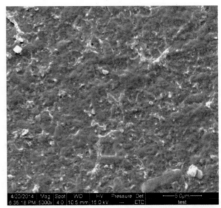

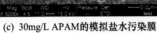

(c) 30mg/L APAM的模拟盐水污染膜　　　(d) 含油量1.5 mg/L、APAM 30 mg/L的模拟盐水污染膜

图 4-22　不同纳滤膜的扫描电镜图

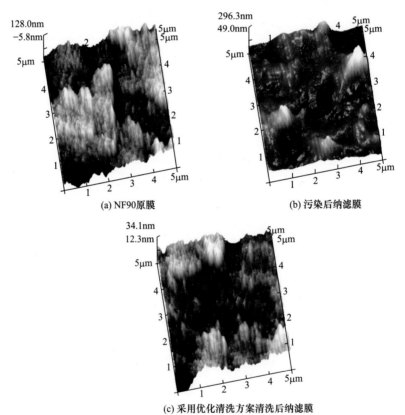

(a) NF90原膜　　　　　　　　　　(b) 污染后纳滤膜

(c) 采用优化清洗方案清洗后纳滤膜

图 4-28　不同纳滤膜的 AFM 图